零件几何量检测

（第2版）

主　编　胡照海
副主编　朱留宪　吴廷婷　邱　红
主　审　朱　超

北京理工大学出版社
BEIJING INSTITUTE OF TECHNOLOGY PRESS

内容简介

本书充分地反映了公差配合与技术测量的最新理论和国家标准，突出公差在实际工作中的应用。

全书共分12个模块，包括：绪论、极限与配合基础、技术测量基础、几何公差、表面粗糙度及测量、光滑极限量规、圆锥的公差配合与测量、滚动轴承的公差与配合、螺纹的公差配合与测量、键和花键的配合与测量、圆柱齿轮传动的公差与测量及尺寸链等。

本书为高等院校机械类各专业的教材，也可供从事机械设计、机械制造、标准化管理和计量测试工作的工厂技术人员参考。

图书在版编目（CIP）数据

零件几何量检测 / 胡照海主编. -- 2版. -- 北京：北京理工大学出版社，2022.1

ISBN 978-7-5763-0993-5

Ⅰ. ①零…　Ⅱ. ①胡…　Ⅲ. ①机械元件-几何量-检测-高等职业教育-教材　Ⅳ. ①TG801

中国版本图书馆CIP数据核字（2022）第027958号

出版发行 / 北京理工大学出版社有限责任公司
社　　址 / 北京市海淀区中关村南大街5号
邮　　编 / 100081
电　　话 / (010)68914775(总编室)
(010)82562903(教材售后服务热线)
(010)68944723(其他图书服务热线)
网　　址 / http://www.bitpress.com.cn
经　　销 / 全国各地新华书店
印　　刷 / 三河市天利华印刷装订有限公司
开　　本 / 787毫米×1092毫米　1/16
印　　张 / 15
字　　数 / 355千字
版　　次 / 2022年1月第2版　2022年1月第1次印刷
定　　价 / 72.00元

责任编辑 / 孟雯雯
文案编辑 / 孟雯雯
责任校对 / 周瑞红
责任印制 / 李志强

前　言

本课程是机械类各专业的一门重要技术基础课。根据高等教育发展的需要，本课程的教学任务是：使学生获得零件几何量检测的基本理论知识；通过零件几何量检测技能的培训，掌握常用测量器具的操作技能；让学生初步掌握零件几何量精度在机械设计中的选用方法。

本教材编写的指导思想是：按照高等院校相关专业的培养目标和人才规格，根据本课程的教学大纲，安排相应的基本理论知识，贯彻最新的国家标准，突出培养学生解决实际工作问题的能力，强化动手能力的训练，并尝试让学生基本学会在机械设计中如何进行零件几何量精度的选用。

本教材比较全面地介绍了互换性、极限与配合基础、技术测量基础、几何公差、表面粗糙度及测量、光滑极限量规、圆锥的公差配合与测量、滚动轴承的公差与配合、螺纹的公差配合与测量、键和花键的配合与测量、圆柱齿轮传动的公差与测量和尺寸链等基本知识；《零件几何量检测》采用最新国家标准，既注重基本知识的讲解和标准的应用，又突出了尺寸、形状和位置、表面粗糙度、光滑极限量规、圆锥、滚动轴承、螺纹、键和花键和齿轮的检测能力的培养；设计了大量的检测实训项目，便于开展理论与实践一体化教学。《零件几何量检测》通过四川省精品资源共享课网站：http：//course. scetc. net/webapps/bb-quickLogin-bb _ bb60/quickLogin. jsp？cid = 825；中国大学资源共享课网站：http：//www. icourses. cn/coursestatic/course _ 4221. html 和中国大学慕课公开课网站：https：//www. icourse163. org/course/SCGCZY-1207067801？from = searchPage 提供完整的讲课和检测技能培训视频、Flash 动画、行业标准、电子教案、教师课堂设计、学生课堂记录、学习指南、知识点、考点、习题集、试题库、实验实训指导书和报告册等全面的教学资源，可供教师授课和学生学习时参考。本书具有以下特点：

1. 校企合作编审，内容新颖实用，体现工学结合

本书在编审过程中特别注重学校与企业的沟通与合作，由教学经验丰富的专业教师和工厂计量检测部门的高级工程师共同编审，组织校内教师和工厂技术人员开展专题研讨会，认真分析、研究当前制造业中生产现场工程技术人员常用公差知识和必备的检测技能，结合专业的培养目标和教学质量要求，形成编写提纲，并分头负责编写。书中所涉及的标准和专用名词全部来自国家和行业的最新标准，反映了国内外本行业的最新动态，紧跟行业技术发展方向。实训内容基于工厂实际的检测案例，实训就是工作，就是完成一个个真实的检测任务，让学生通过“工作”进行学习，真正体现工学结合。

2. 教材框架符合认知规律，便于实现理论与实践一体化教学

本书主要模块和学习单元都是先介绍基本知识，然后是具体的实训内容。主要模块和学习单元均设计了几个检测实训项目，每个检测项目按照工厂检测工作的顺序进行编排，便于

实现理论与实践一体化教学；这些检测项目都是从企业的具体工作中提炼优化的，学生只要完成了这些检测实训项目，基本就可以胜任工厂现场的几何量检测工作。《零件几何量检测》模块和学习单元内容丰富完整，可供教师根据学时多少、专业差异和学生掌握的情况有选择地安排教学。

3. 多层次的课程网络平台，教学资源丰富，方便读者学习交流

由于编者水平有限，书中错误和不足之处在所难免，请读者不吝赐教，以便修订时改进。

编　者

AR 内容资源获取说明

——→扫描二维码即可获取本书 AR 内容资源！

Step1：扫描下方二维码，下载安装“4D 书城”APP；

Step2：打开“4D 书城”APP，点击菜单栏中间的扫码图标●，再次扫描二维码下载本书；

Step3：在“书架”上找到本书并打开，即可获取本书 AR 内容资源！

目　　录

模块一

绪　论

学习单元一　了解本课程的作用和任务

本课程是机械类各专业的一门技术基础课，起着连接基础课及其他技术基础课和专业课的桥梁作用。同时也起着联系设计类课程和制造工艺类课程的纽带作用。

本课程的任务是：研究机械设计中是怎样正确合理地确定各种零部件的几何精度及相互间的配合关系，着重研究测量工具和仪器的测量原理及正确使用方法，掌握一定的测量技术，具体要求如下：

（1）初步建立互换性的基本概念，熟悉有关公差配合的基本术语和定义。

（2）了解多种公差标准，重点是圆柱体公差与配合，几何公差以及表面粗糙度标准。

（3）基本掌握公差与配合的选择原则和方法，学会正确使用各种公差表格，并能完成重点公差的图样标注。

（4）建立技术测量的基本概念，具备一定的技术测量知识，能合理、正确地选择量具、量仪并掌握其调试、测量方法。

机械设计过程，从总体设计到零件设计，是研究机构运动学问题，即完成对机器的功能、结构、形状、尺寸的设计的过程。为了保证实现从零、部件的加工到装配成机器，实现要求的功能，正常运转，还必须对零、部件和机器进行精度设计。本课程就是研究精度设计及机械加工误差的有关问题和几何量测量中的一些问题。所以，这也是一门实践性很强的课程。

学习本课程，是为了获得机械工程技术人员必备的公差配合与检测方面的基本知识、基本技能。随着后续课程的学习和实践知识的丰富，将会加深对本课程的内容的理解。

学习单元二　互换性基础知识认知

1. 互换性的含义

互换性是广泛用于机械制造、军品生产、机电一体化产品的设计和制造过程中的重要原则，并且能取得巨大的经济和社会效益。

在机械制造业中，零件的互换性是指在同一规格的一批零、部件中，可以不经选择、修配或调整，任取一件都能装配在机器上，并能达到规定的使用性能要求。零、部件具有的这种性能称为互换性。能够保证产品具有互换性的生产，称为遵守互换性原则的生产。

汽车、摩托车、拖拉机行业就是运用互换性原理，形成规模经济，取得最佳技术经济效益的。

2. 互换性的分类

互换性按其互换程度可分为完全互换与不完全互换。

1）完全互换性

完全互换是指一批零、部件装配前不经选择，装配时也不需修配和调整，装配后即可满足预定的使用要求。如螺栓、圆柱销等标准件的装配大都属此类情况。

2）不完全互换性

当装配精度要求很高时，若采用完全互换将使零件的尺寸公差很小，加工困难，成本很高，甚至无法加工，这时可采用不完全互换法进行生产，将其制造公差适当放大，以便于加工。在完工后，再用量仪将零件按实际尺寸大小分组，按组进行装配。如此，既保证装配精度与使用要求，又降低成本。此时，仅是组内零件可以互换，组与组之间不可互换，因此，叫分组**互换法**。

在装配时允许用补充机械加工或钳工修刮办法来获得所需的精度，称为**修配法**。用移动或更换某些零件以改变其位置和尺寸的办法来达到所需的精度，称为**调整法**。

不完全互换只限于部件或机构在制造厂内装配时使用。对厂外协作，则往往要求完全互换。究竟采用哪种方式为宜，要由产品精度、产品复杂程度、生产规模、设备条件及技术水平等一系列因素决定。

一般大量生产和成批生产，如汽车、拖拉机厂大都采用完全互换法生产；精度要求很高，如轴承工业，常采用分组装配，即不完全互换法生产；而小批和单件生产，如矿山、冶金等重型机器业，则常采用修配法或调整法生产。

3. 互换性的技术经济意义

互换性原则被广泛采用，因为它不仅仅对生产过程发生影响，而且还涉及产品的设计、使用、维修等各个方面。

在设计方面：由于采用具有互换性的标准件、通用件，可使设计工作简化，缩短设计周期，并便于用计算机辅助设计。

在制造方面：当零件具有互换性时，可以采用分散加工、集中装配。这样有利于组织专业化协作生产，有利于使用现代化的工艺装备，有利于组织流水线和自动线等先进的生产方式。装配时，不需辅助加工和修配，既减轻工人的劳动强度，又缩短装配周期，还可使装配工作按流水作业方式进行。从而保证产品质量，提高劳动生产率和经济效益。

在使用、维修方面：互换性也有其重要意义。当机器的零件突然损坏或按计划定期更换时，便可在最短时间内用备件加以替换，从而提高了机器的利用率和延长机器的使用寿命。

在某些方面，例如战场上使用的武器，保证零（部）件的互换性是绝对必要的。在这些场合，互换性所起的作用很难用价值来衡量。

综上所述，在机械工业中，遵循互换性原则，对产品的设计、制造、使用和维修具有重要的技术经济意义。

互换性不仅在大量生产中广为采用，而且随着现代生产，逐步向多品种、小批量的综合生产系统方向转变。互换性也为小批生产，甚至单件生产所要求。但是应当指出，互换性原则不是在任何情况下都适用，有时零件只能采用单配才能制成或才符合经济原则，例如模具常用修配法制造。然而，即使在这种情况下，不可避免地还要采用具有互换性的刀具、量具

等工艺装备。因此，互换性仍是必须遵循的基本的技术经济原则。

学习单元三　零件的加工误差和公差

1. 机械加工误差

加工精度是指机械加工后，零件几何参数（尺寸、几何要素的形状和相互位置、轮廓的微观不平程度等）的实际值与设计理想值相符合的程度。

加工误差是指实际几何参数对其设计理想值的偏离程度，加工误差越小，加工精度越高。

机械加工误差主要有以下几类。

(1) 尺寸误差：零件加工后的实际尺寸对理想尺寸的偏离程度。理想尺寸是指图样上标注的最大、最小两极限尺寸的平均值，即尺寸公差带的中心值。

(2) 形状误差：指加工后零件的实际表面形状对于其理想形状的差异（或偏离程度），如圆度、直线度等。

(3) 位置误差：指加工后零件的表面、轴线或对称平面之间的相互位置对于其理想位置的差异（或偏离程度），如同轴度、位置度等。

(4) 表面微观不平度：加工后的零件表面上由较小间距和峰谷所组成的微观几何形状误差。零件表面微观不平度用表面粗糙度的评定参数值表示。

加工误差是由工艺系统的诸多误差因素所产生的。如加工方法的原理误差，工件装卡定位误差，夹具、刀具的制造误差与磨损，机床的制造、安装误差与磨损，机床、刀具的误差，切削过程中的受力、受热变形和摩擦振动，还有毛坯的几何误差及加工中的测量误差等。

2. 几何量公差

为了控制加工误差，满足零件功能要求，设计者通过零件图样，提出相应的加工精度要求，这些要求是用几何量公差的标注形式给出的。

几何量公差就是实际几何参数值允许的变动范围。

相对于各类加工误差，几何量公差分为尺寸公差、形状公差、位置公差和表面粗糙度指标允许值及典型零件特殊几何参数的公差等。

图1.1所示为各类不同几何量公差的标注方法及数值。

3. 标准

在现代化生产中，一个机械产品的制造过程往往涉及许多行业和企业，有的还需要国际间的合作。为了满足相互间在技术上的协调要求，必须有一个共同遵守的规范的统一技术要求。

标准是规范技术要求的法规，是在一定范围内共同遵守的技术依据。标准按不同级别颁发，在世界范围，企业共同遵守的是国际标准（ISO）。我国标准分为国家标准（GB）、行

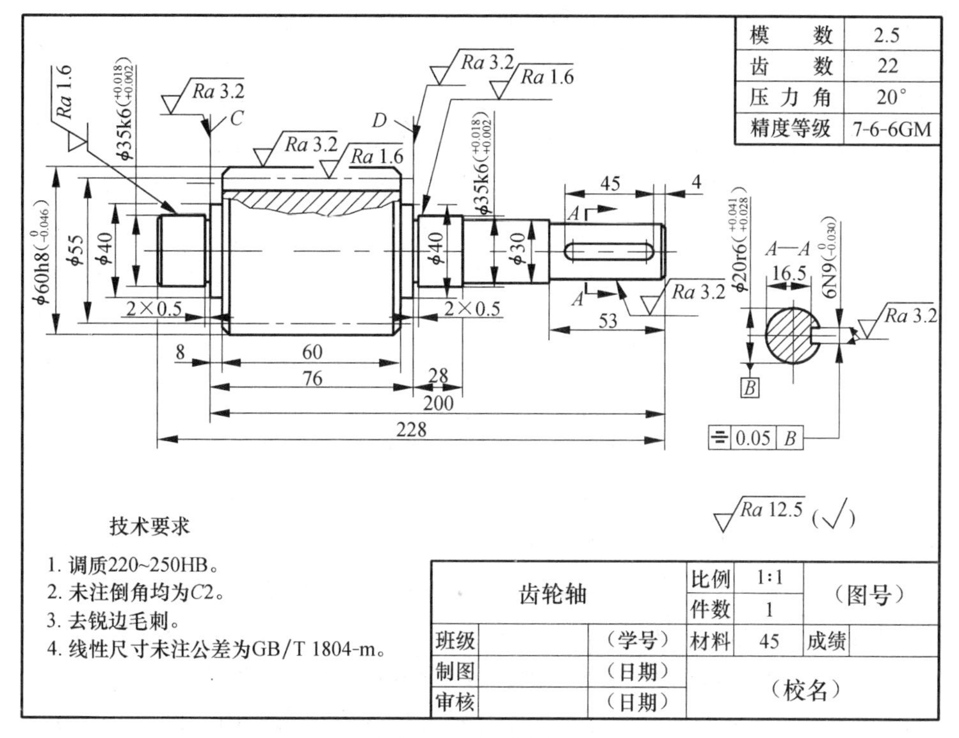

图 1.1　典型零件图

业标准（如机械标准（JB））、地方标准（DB）及企业标准。地方标准和企业标准是在没有国家标准及行业标准可依据、而在某个范围内又需要统一技术要求的情况下制定的技术规范。

标准的范围很广，涉及人们生活的各个方面。按照针对的对象，可以分为基础标准、产品标准、方法标准和安全与环境保护标准等。本书讨论的制造精度标准属于基础标准。

学习单元四　优先数和优先数系

在产品设计或生产中，为了满足不同要求，同一品种的某一参数，从大到小取不同值时(形成不同规格的产品系列)，应该采用一种科学的数值分级制度或称谓。人们由此总结了一种科学的统一的数值标准，即为优先数和优先数系。

如机床主轴转速的分级间距、钻头直径尺寸的分类均符合某一优先数系。优先数系中的任一个数值均称为优先数。

优先数系是国际上统一的数值分级制度，是一种量纲为 1 的分级数系，适用于各种量值的分级。在确定产品的参数或参数系列时，应最大限度地采用优先数和优先数系。

产品（或零件）的主要参数（或主要尺寸）按优先数形成系列，可使产品（或零件）

走上系列化，便于分析参数间的关系，可减轻设计计算的工作量。

优先数的主要优点是：相邻两项的相对差均匀，疏密适中，运算方便，简单易记。在同系列中，优先数的积、商、整数乘方仍为优先数。因此，优先数系得到广泛应用。

优先数系是在几何级数基础上形成的，但其公比值仍可以是各种各样的，如何确定公比值呢？由生产实践可知十进制和二进制的几何级数最能满足工程要求。所谓十进制就是 1，10，100，…，10^n，1，0.1，0.01，…，$1/10^n$ 组成的级数，其中，n 为正整数。1～10、10～100、…和 1～0.1、0.1～0.01、…称为十进段。十进段级数的规律就是每经 m 项就使数值增大 10 倍，设 a 为首项值，公比为 q，则 $aq^m=10a$，故$q=\sqrt[m]{10}=10^{1/m}$。

二进制级数具有倍增性质，如 1，2，4，…，在工程中同样应用十分广泛，如电动机转速为 375 r/min、750 r/min、1 500 r/min、3 000 r/min 即按二进制的规律而变化。如何把二进制和十进制相结合呢？可设在十进制几何级数中每经 x 项构成倍数系列，则 $q^x=10^{x/m}=2$，上式取对数后得 $x/m=\lg 2=0.301\ 03\approx 0.3=3/10$，由此得到优先数列的 x 和 m 值的组合（x 与 m 为正整数时，即能同时满足十进制和二进制），$m/x=10/3$、20/6、30/9、40/12、50/15、60/18、70/21、80/24、…。以 $m/x=10/3$ 为例：当首项为 1 时，公比 $q^{10}=\sqrt[10]{10}\approx 1.25$，即构成 1.00、1.25、1.60、2.00、2.50、3.15、4.00、5.00、6.30、8.00、10.00 等一系列数值，该系列每经 3 项构成倍数系列，每经 10 项构成十倍系列。

我国标准 GB/T 321—2005 与国际标准 ISO 推荐的 m 值是 5、10、20、40、80。除 5 外其他四种都含有倍数系列，5 是为了满足分级更稀的需要而推荐的。5、10、20、40 作为基本系列，80 作为补充系列。系列用国际通用符号 R 表示：

R5 系列　公比为 $q^5=\sqrt[5]{10}\approx 1.6$

R10 系列　公比为 $q^{10}=\sqrt[10]{10}\approx 1.25$

R20 系列　公比为 $q^{20}=\sqrt[20]{10}\approx 1.12$

R40 系列　公比为 $q^{40}=\sqrt[40]{10}\approx 1.06$

R80 系列　公比为 $q^{80}=\sqrt[80]{10}\approx 1.03$

范围为 1～10 的优先数系列见表 1.1。

表 1.1　优先数基本系列

基本系列（常用值）				计算值
R5	R10	R20	R40	
1.00	1.00	1.00	1.00	1.000 0
			1.06	1.059 3
		1.12	1.12	1.122 0
			1.18	1.188 5
	1.25	1.25	1.25	1.258 9
			1.32	1.333 5
		1.40	1.40	1.412 5
			1.50	1.496 2

续表

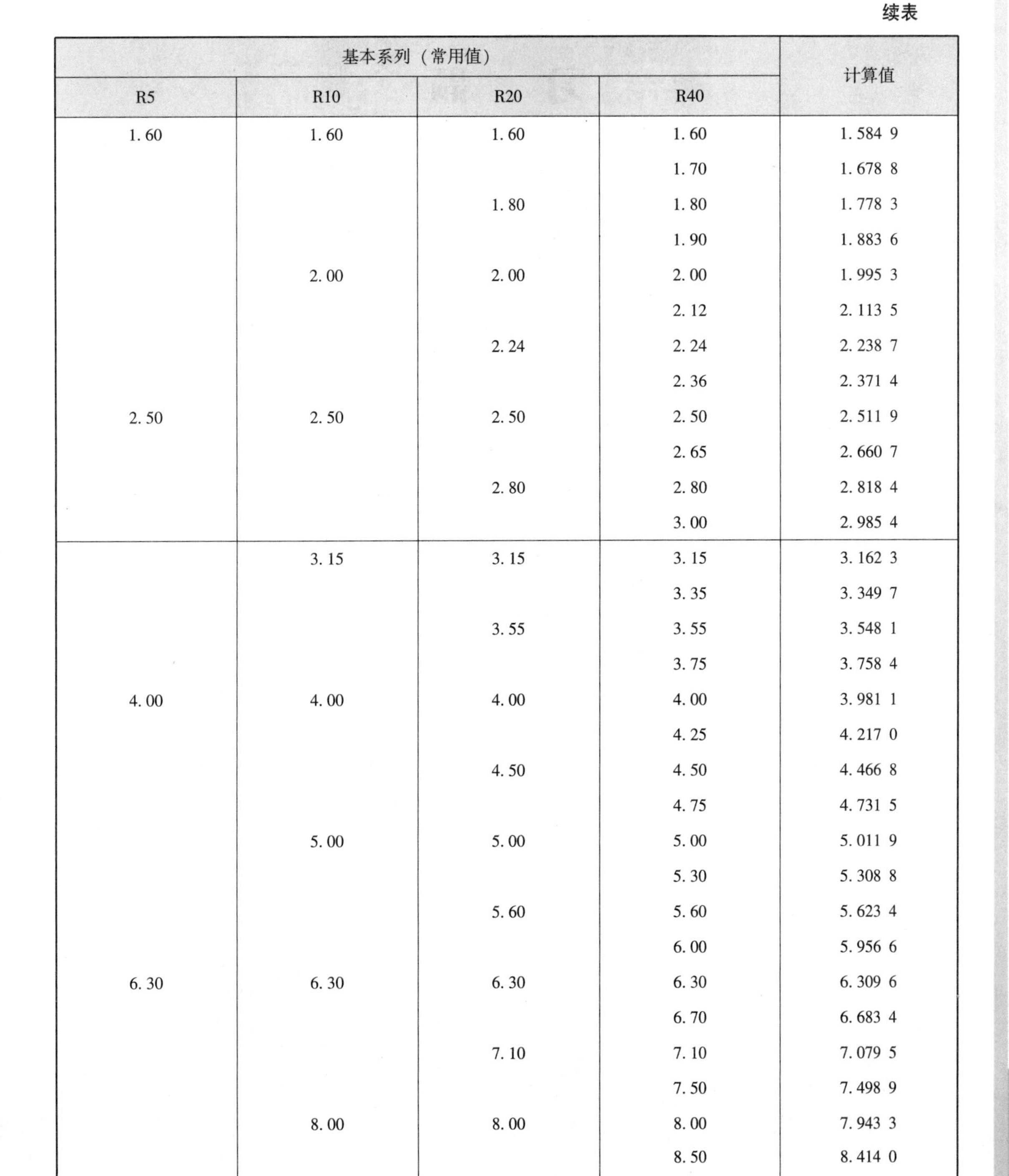

基本系列（常用值）				计算值
R5	R10	R20	R40	
1.60	1.60	1.60	1.60	1.584 9
			1.70	1.678 8
		1.80	1.80	1.778 3
			1.90	1.883 6
	2.00	2.00	2.00	1.995 3
			2.12	2.113 5
		2.24	2.24	2.238 7
			2.36	2.371 4
2.50	2.50	2.50	2.50	2.511 9
			2.65	2.660 7
		2.80	2.80	2.818 4
			3.00	2.985 4
	3.15	3.15	3.15	3.162 3
			3.35	3.349 7
		3.55	3.55	3.548 1
			3.75	3.758 4
4.00	4.00	4.00	4.00	3.981 1
			4.25	4.217 0
		4.50	4.50	4.466 8
			4.75	4.731 5
	5.00	5.00	5.00	5.011 9
			5.30	5.308 8
		5.60	5.60	5.623 4
			6.00	5.956 6
6.30	6.30	6.30	6.30	6.309 6
			6.70	6.683 4
		7.10	7.10	7.079 5
			7.50	7.498 9
	8.00	8.00	8.00	7.943 3
			8.50	8.414 0
		9.00	9.00	8.912 5
			9.50	9.440 6
10.00	10.00	10.00	10.00	10.000 0

习　题

1. 完全互换与不完全互换的区别是什么？各应用于何种场合？
2. 什么是优先数和优先数系？主要优点是什么？R5 系列、R40 系列各表示什么意义？
3. 加工误差、公差、互换性三者的关系是什么？

模块二
极限与配合基础

【学习目标】

知识目标

1. 理解有关尺寸、偏差、公差、配合等方面的术语和定义；
2. 掌握标准中有关标准公差、公差等级的规定；
3. 掌握标准中规定的孔和轴各 28 种基本偏差代号及它们的分布规律；
4. 了解标准中关于一般、常用和优先公差带与配合的规定；
5. 明确标准中关于未注公差的线性尺寸的公差的规定。

能力目标

1. 学会公差带的概念和公差带图的画法；
2. 熟练查取标准公差和基本偏差表格；
3. 正确进行有关间隙与过盈的计算；
4. 学会公差与配合的正确选用。

素养目标

1. 培养学生理论联系实践，提高学生学习的积极性和自觉性；
2. 借助"大国工匠"等关键词，坚定学生理想信念，理清当代青年历史使命与责任担当。

课程思政案例一

学习单元一　基础知识认知

圆柱体的结合（配合），是孔、轴最基本和普遍的形式。为了经济地满足使用要求保证互换性，应对尺寸公差与配合进行标准化。

尺寸公差与配合的标准化是一项综合性的技术基础工作，是推行科学管理、推动企业技术进步和提高企业管理水平的重要手段。它不仅可防止产品尺寸设计中的混乱，有利于工艺过程的经济性、产品的使用和维修，还利于刀具、量具的标准化。机械基础国家标准已成为机械工程中应用最广、涉及面最大的主要基础标准。

随着我国科技的进步，为了满足国际技术交流和贸易的需要，已逐步与国际标准（ISO）接轨。国家技术监督局不断发布实施新标准，同时代替旧标准。我国目前已初步形成并建立了与国际标准相适应的基础公差体系，可以基本满足经济发展和对外交流的需要。

学习单元二　极限与配合的基本术语和定义

为了正确理解和贯彻实施国家标准（GB/T 1800—2009），必须深入、正确地理解以下各种术语的含义以及它们之间的区别和联系。

1. 孔和轴

（1）孔：通常指工件的圆柱形内尺寸要素，也包括非圆柱形的内尺寸要素（由二平行平面或切面形成的包容面）。

（2）轴：通常指工件的圆柱形外尺寸要素，也包括非圆柱形的外尺寸要素（由二平行平面或切面形成的被包容面）。

从装配关系讲，孔为包容面，在它之内无材料，且越加工越大；轴为被包容面，在它之外无材料，且越加工越小。

由此可见，孔、轴具有广泛的含义。不仅表示通常理解的概念，即圆柱形的内、外表面，而且也包括由二平行平面或切面形成的包容面和被包容面。图 2.1 所示的各表面，如 D_1、D_2、D_3 和 D_4 各尺寸确定的各组平行平面或切面所形成的包容面都称为孔；如 d_1、d_2、d_3 和 d_4 各尺寸确定的圆柱形外表面和各组平行平面或切平面所形成的被包容面都称为轴。因而孔、轴分别具有包容和被包容的功能。

如果二平行平面或切平面既不能形成包容面，也不能形成被包容面，则它们既不是孔，也不是轴，如图 2.1 中由 L_1、L_2 和 L_3 各尺寸确定的各组平行平面或切面。

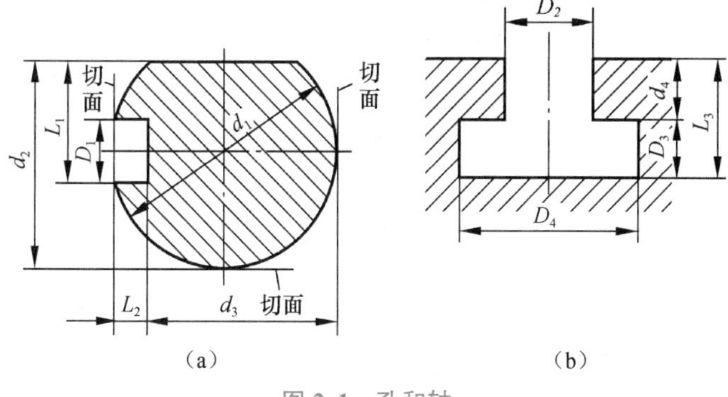

图 2.1 孔和轴

2. 尺寸

(1) 尺寸：以特定单位表示线性尺寸值的数字。在机械制造中一般常用毫米（mm）作为特定单位。

(2) 公称尺寸（D、d）：由图样规范确定的理想形状要素的尺寸，见图 2.2。它的数值一般应按标准长度、标准直径的数值进行圆整。公称尺寸标准化可减少刀具、量具、夹具的规格数量。

(3) 实际（组成）要素：由接近实际（组成）要素所限定的工件实际表面的组成要素部分。实际（组成）要素代替了前国家标准中的实际尺寸的概念。

(4) 提取组成要素：按规定方法，由实际（组成）要素提取有限数目的点所形成的实际（组成）要素的近似替代。

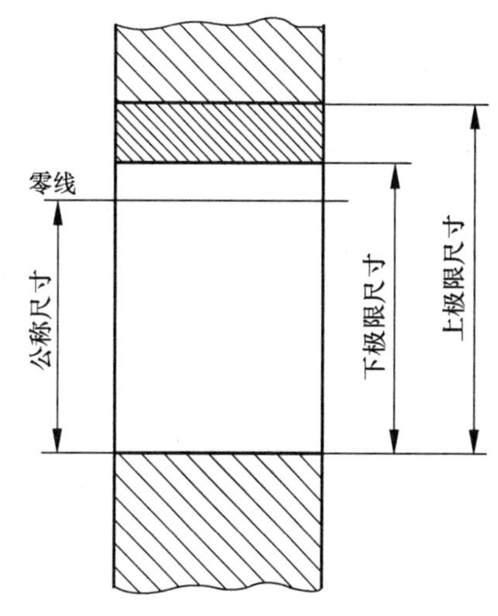

图 2.2 公称尺寸、上极限尺寸和下极限尺寸

(5) 提取组成要素的局部尺寸：一切提取组成要素上两对应点之间距离的统称。它代替了前国家标准中“局部实际尺寸”的概念。

3. 尺寸偏差与公差

(1) 尺寸偏差（简称偏差）：某一尺寸减其公称尺寸所得的代数差。上极限尺寸减其公称尺寸所得的代数差称为上极限偏差；下极限尺寸减其公称尺寸所得的代数差称为下极限偏差；上极限偏差与下极限偏差统称为极限偏差。偏差可以为正、负或零值。

孔上极限偏差 $ES=D_{max}-D$，下极限偏差 $EI=D_{min}-D$

轴上极限偏差 $es=d_{max}-d$， 下极限偏差 $ei=d_{min}-d$

(2) 尺寸公差（简称公差）：上极限尺寸减下极限尺寸之差，或上极限偏差减下极限偏差之差。它是允许尺寸的变动量。公差取绝对值，不存在正、负公差，也不允许为零。

孔公差 $T_D=|D_{max}-D_{min}|=|ES-EI|$

轴公差 $T_d=|d_{max}-d_{min}|=|es-ei|$

4. 零线与公差带

(1) 零线：在极限与配合图解中，表示公称尺寸的一条直线，以其为基准确定偏差和公

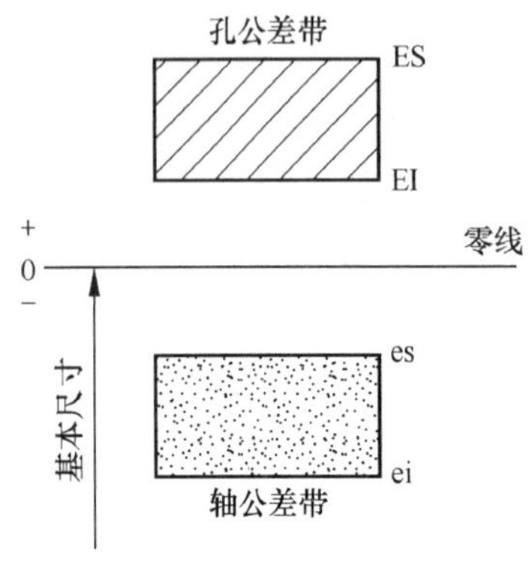

图 2.3　公差带图

差。零线通常沿水平方向绘制，零线以上为正偏差，零线以下为负偏差（图 2.3）。

（2）尺寸公差带（简称公差带）：它是由代表上下极限偏差的两条直线所限定的一个区域。

5. 配合

配合是指公称尺寸相同并且相互结合的孔和轴公差带之间的关系。

间隙或过盈：孔的尺寸减去相配合的轴的尺寸所得的代数差，此差值为正时得间隙，此差值为负时得过盈。

配合可分为间隙配合、过盈配合和过渡配合三种。

1）间隙配合

具有间隙（包括最小间隙等于零）的配合。此时，孔的公差带在轴的公差带之上，如图 2.4 所示。

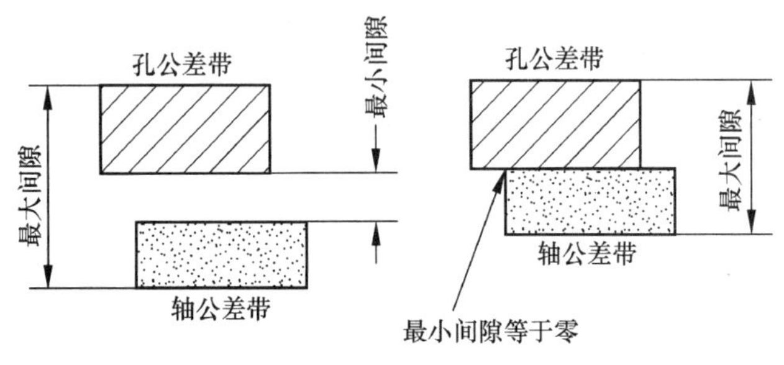

图 2.4　间隙配合

由于孔和轴都有公差，所以实际间隙的大小随着孔和轴的实际尺寸而变化。孔的上极限尺寸减去轴的下极限尺寸所得的差值为最大间隙，也等于孔的上极限偏差减去轴的下极限偏差。以 X 代表间隙，则

最大间隙　　$X_{max}=D_{max}-d_{min}=\mathrm{ES}-\mathrm{ei}$

最小间隙　　$X_{min}=D_{min}-d_{max}=\mathrm{EI}-\mathrm{es}$

2）过盈配合

具有过盈（包括最小过盈等于零）的配合。此时，孔的公差带在轴的公差带之下，如图 2.5 所示。实际过盈的大小也随着孔和轴的实际尺寸而变化。

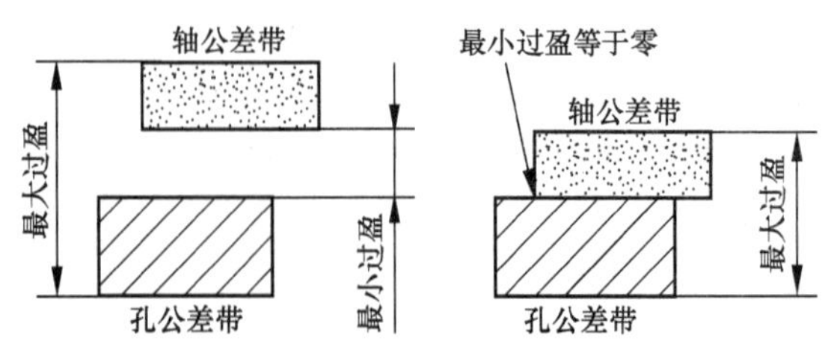

图 2.5　过盈配合

孔的上极限尺寸减去轴的下极限尺寸所得的差值为最小过盈，也等于孔的上极限偏差减去轴的下极限偏差，以 Y 代表过盈，则

最大过盈　$Y_{max}=D_{min}-d_{max}=EI-es$

最小过盈　$Y_{min}=D_{max}-d_{min}=ES-ei$

3）过渡配合

可能具有间隙或过盈的配合。此时，孔的公差带与轴的公差带相互交叠，如图 2.6 所示。

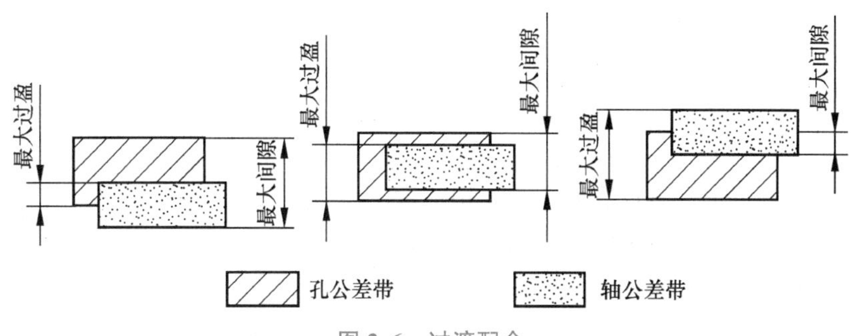

图 2.6　过渡配合

孔的上极限尺寸减去轴的下极限尺寸所得的差值为最大间隙，孔的下极限尺寸减去轴的上极限尺寸所得的差值为最大过盈，则

最大间隙　　$X_{max}=D_{max}-d_{min}=ES-ei$

最大过盈　　$Y_{max}=D_{min}-d_{max}=EI-es$

4）配合公差

配合公差是组成配合的孔和轴的公差之和，它是允许间隙或过盈的变动量。它是设计人员根据相配件的使用要求确定的。配合公差越大，配合精度越低；配合公差越小，配合精度越高。

配合公差的大小为两个界限值的代数差的绝对值，也等于相配合孔的公差和轴的公差之和。取绝对值表示配合公差，在实际计算时常省略绝对值符号。

对于间隙配合，其配合公差 T_f 为最大间隙与最小间隙的代数差的绝对值 $T_f=X_{max}-X_{min}=T_D+T_d$；

对于过盈配合，其配合公差 T_f 为最大过盈与最小过盈的代数差的绝对值 $T_f=Y_{min}-Y_{max}=T_D+T_d$；

对于过渡配合，其配合公差 T_f 为最大间隙与最大过盈的代数差的绝对值 $T_f=X_{max}-Y_{max}=T_D+T_d$；

以上三类配合的配合公差带可以用图 2.7 表示。配合公差完全在零线以上为间隙配合；完全在零线以下为过盈配合；跨在零线上、下两侧为过渡配合。配合公差带两端的坐标值代表极限间隙或极限过盈，上下两端之间距离为配合公差值。

例 2.1　求下列三种孔、轴配合的公称尺寸，上、下极限偏差，公差，上、下极限尺寸，最大、最小间隙或过盈，属于何种配合，求出配合公差，并画出各种极限与配合图解和

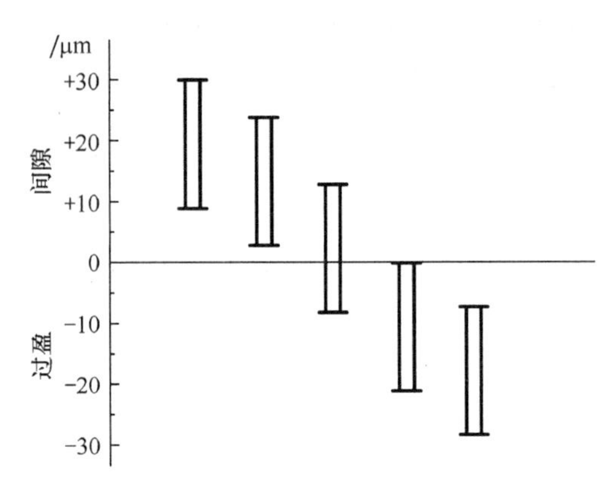

图 2.7　配合公差带

配合公差带图（单位为 mm）。

① 孔 $\phi25^{+0.021}_{0}$ mm 与轴 $\phi25^{-0.020}_{-0.033}$ mm 相配合。

② 孔 $\phi25^{+0.021}_{0}$ mm 与轴 $\phi25^{+0.041}_{+0.028}$ mm 相配合。

③ 孔 $\phi25^{+0.021}_{0}$ mm 与轴 $\phi25^{+0.015}_{+0.002}$ mm 相配合。

解：

	1	2	3
	孔　轴	孔　轴	孔　轴
公称尺寸	25　25	25　25	25　25
上极限尺寸 D_{max}（d_{max}）	25.021　24.980	25.021　25.041	25.021　25.015
下极限尺寸 D_{min}（d_{min}）	25.000　24.967	25.000　25.028	25.000　25.002
上极限偏差 ES（es）	+0.021　−0.020	+0.021　+0.041	+0.021　+0.015
下极限偏差 EI（ei）	0　−0.033	0　+0.028	0　+0.002
公差 T_D（T_d）	0.021　0.013	0.021　0.013	0.021　0.013
最大间隙（X_{max}）	+0.054		+0.019
最小过盈（Y_{min}）		−0.007	
最小间隙（X_{min}）	+0.020		
最大过盈（Y_{max}）		−0.041	−0.015
何种配合	间隙配合	过盈配合	过渡配合
配合公差 T_f	0.034	0.034	0.034

各种极限与配合图解和配合公差带图（单位为 μm）如图 2.8 和图 2.9 所示。

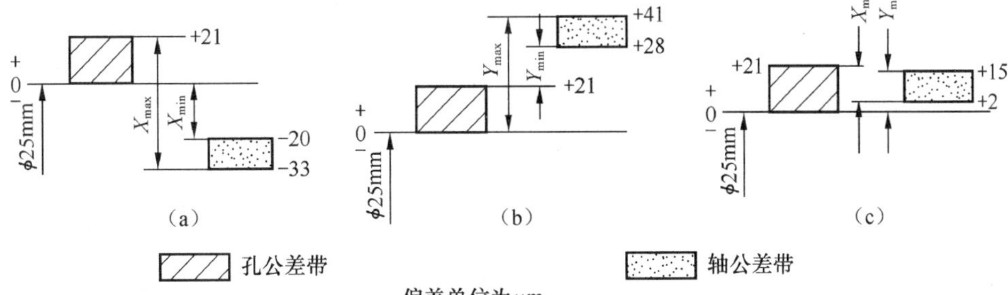

图 2.8　例 2.1 极限与配合图解

(a) 间隙配合；(b) 过盈配合；(c) 过渡配合

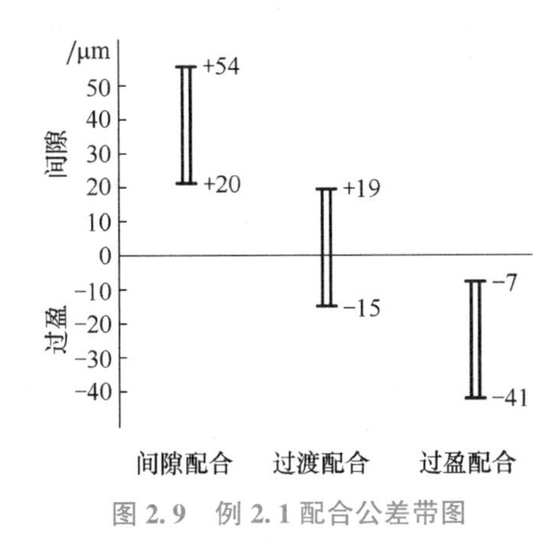

图 2.9　例 2.1 配合公差带图

学习单元三　极限与配合国家标准的组成与特点

1. 标准公差系列

1) 标准公差及其分级

标准公差是本标准极限与配合制中所规定的任一公差。GB/T 1800—2009 规定的标准公差数值见表 2.1 所列。由表可知，标准公差数值由公差等级和公称尺寸决定。

表 2.1　标准公差数值表

公称尺寸/mm	公差等级																			
	(μm)														(mm)					
	IT01	IT0	IT1	IT2	IT3	IT4	IT5	IT6	IT7	IT8	IT9	IT10	IT11	IT12	IT13	IT14	IT15	IT16	IT17	IT18
≤3	0.3	0.5	0.8	1.2	2	3	4	6	10	14	25	40	60	100	140	0.25	0.40	0.60	1.0	1.4

续表

公称尺寸/mm	公差等级																			
	（μm）														（mm）				
	IT01	IT0	IT1	IT2	IT3	IT4	IT5	IT6	IT7	IT8	IT9	IT10	IT11	IT12	IT13	IT14	IT15	IT16	IT17	IT18
>3～6	0.4	0.6	1	1.5	2.5	4	5	8	12	18	30	48	75	120	180	0.30	0.48	0.75	1.2	1.8
>6～10	0.4	0.6	1	1.5	2.5	4	6	9	15	22	36	58	90	150	220	0.36	0.58	0.90	1.5	2.2
>10～18	0.5	0.8	1.2	2	3	5	8	11	18	27	43	70	110	180	270	0.43	0.70	1.10	1.8	2.7
>18～30	0.6	1	1.5	2.5	4	6	9	13	21	33	52	84	130	210	330	0.52	0.84	1.30	2.1	3.3
>30～50	0.6	1	1.5	2.5	4	7	11	16	25	39	62	100	160	250	390	0.62	1.00	1.60	2.5	3.9
>50～80	0.8	1.2	2	3	5	8	13	19	30	46	74	120	190	300	460	0.74	1.20	1.90	3.0	4.6
>80～120	1	1.5	2.5	4	6	10	15	22	35	54	87	140	220	350	540	0.87	1.40	2.20	3.5	5.4
>120～180	1.2	2	3.5	5	8	12	18	25	40	63	100	160	250	400	630	1.00	1.60	2.50	4.0	6.3
>180～250	2	3	4.5	7	10	14	20	29	46	72	115	185	290	460	720	1.15	1.85	2.90	4.6	7.2
>250～315	2.5	4	6	8	12	16	23	32	52	81	130	210	320	520	810	1.30	2.10	3.20	5.2	8.1
>315～400	3	5	7	9	13	18	25	36	57	89	140	230	360	570	890	1.40	2.30	3.60	5.7	8.9
>400～500	4	6	8	10	15	20	27	40	63	97	155	250	400	630	970	1.55	2.50	4.00	6.3	9.7

在公称尺寸 0 至 500 mm 内规定了 IT01、IT0、IT1、…、IT18 共 20 个等级；在>500～3 150 mm 内规定了 IT1～IT18 共 18 个标准公差等级。（精度依次降低。IT 表示国际公差，数字表示公差等级代号。）

同一公差等级、同一尺寸分段内各公称尺寸的标准公差数值是相同的。同一公差等级对所有公称尺寸的一组公差也被认为具有同等精确程度。

2）标准公差因子 i 和 I

标准公差因子 i 和 I 是用以确定标准公差的基本单位，它是公称尺寸 D 的函数，是制定标准公差值数值系列的基础，即 $i=f(D)$ 或 $I=\phi(D)$。

尺寸≤500 mm 时，$i=0.45\sqrt[3]{D}+0.001D$

公式前项主要反映加工误差的影响，i 与 D 之间呈立方抛物线关系。后项为补偿偏离标准温度和量具变形而引起的测量误差，i 与 D 之间呈线性关系。

当尺寸>500～3 150 mm 时，$I=0.004D+2.1$

公式前项为测量误差，后项常数 2.1 为尺寸衔接关系常数。

式中 D 为计算直径（公称尺寸段的几何平均值），以 mm 计；i 和 I 以 μm 计。

公差单位与公称尺寸的关系如图 2.10 所示。

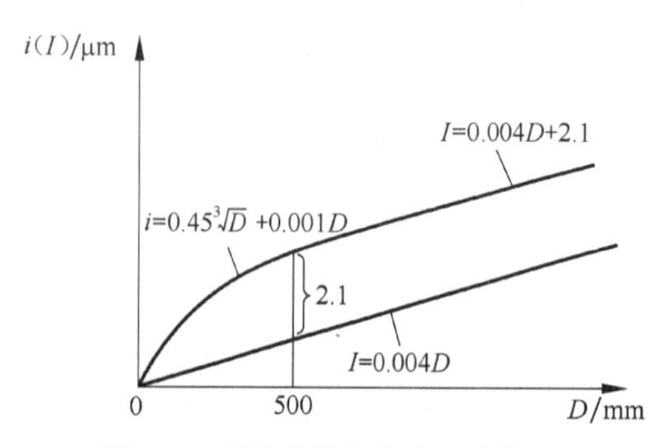

图 2.10　公差单位与公称尺寸关系

3）公差等级系数 a

在公称尺寸一定的情况下，a 的大小反映了加工方法的难易程度，也是决定标准公差

大小 $IT=ai$ 的唯一参数，成为 IT5～IT18 各级标准公差包含的公差因子数。

为了使公差值标准化，公差等级系数 a 选取优先数系 R5 系列，即 $q=\sqrt[5]{10}\approx 1.6$，如 IT6～IT18，每隔 5 项增大 10 倍。

对于≤500 mm 的更高等级，主要考虑测量误差，其公差计算用线性关系式，而 IT2～IT4 的公差值大致在 IT1～IT5 的公差值之间，按几何级数分布。

公称尺寸≤500 mm 的标准公差计算式见表 2.2。

表 2.2　公称尺寸≤500 mm 的标准公差计算式

公差等级	IT01			IT0			IT1		IT2		IT3		IT4	
公差值	$0.3+0.008D$			$0.5+0.012D$			$0.8+0.020D$		$IT1\left(\frac{IT5}{IT1}\right)^{\frac{1}{4}}$		$IT1\left(\frac{IT5}{IT1}\right)^{\frac{1}{2}}$		$IT1\left(\frac{IT5}{IT1}\right)^{\frac{3}{4}}$	
公差等级	IT5	IT6	IT7	IT8	IT9	IT10	IT11	IT12	IT13	IT14	IT15	IT16	IT17	IT18
公差值	$7i$	$10i$	$16i$	$25i$	$40i$	$64i$	$100i$	$160i$	$250i$	$400i$	$640i$	$1\,000i$	$1\,600i$	$2\,500i$

公称尺寸≤500 mm，常用公差等级 IT5～IT18 的公差值按 $T=ai$ 计算。当公称尺寸>500 mm 时，其公差值的计算方法与≤500 mm 相同，不再赘述。

4）尺寸分段

由于公差单位 i 是公称尺寸的函数，按标准公差计算式计算标准公差值时，如果每一个公称尺寸都要有一个公差值，将会使编制的公差表格非常庞大。为简化公差表格，标准规定对公称尺寸进行分段，公称尺寸 D 均按每一尺寸分段的首尾两尺寸 D_1、D_2 的几何平均值代入，即 $D=\sqrt{D_1D_2}$。这样，就使得同一公差等级、同一尺寸分段内各公称尺寸的标准公差值是相同的。

例 2.2　计算确定公称尺寸分段为>18～30 mm、7 级公差的标准公差值。

解： 因其 $D=\sqrt{18\times 30}=23.24$（mm）

$$
\begin{aligned}
i &= 0.45\sqrt[3]{D}+0.001D \\
&= 0.45\sqrt[3]{23.24}+0.001\times 23.24 \\
&= 1.31\ (\mu m)
\end{aligned}
$$

查表 2.2 可得 $IT7=16i=16\times 1.31=20.96\approx 21$（μm）。

根据以上办法分别算出各尺寸段各级标准公差值，构成标准公差数值表 2.1，以供设计时查用。

2. 基本偏差系列

在对公差带的大小进行了标准化后，还需对公差带相对于零线的位置进行标准化。

1）基本偏差代号及其特点

基本偏差是本标准极限与配合制中，确定公差带相对于零线位置的极限偏差（上极限偏差或下极限偏差），一般指靠近零线的那个极限偏差。

当公差带在零线以上时，下极限偏差为基本偏差；公差带在零线以下时，上极限偏差为基本偏差，如图 2.11 所示。

显然，孔、轴的另一极限偏差可由公差带的大小确定。

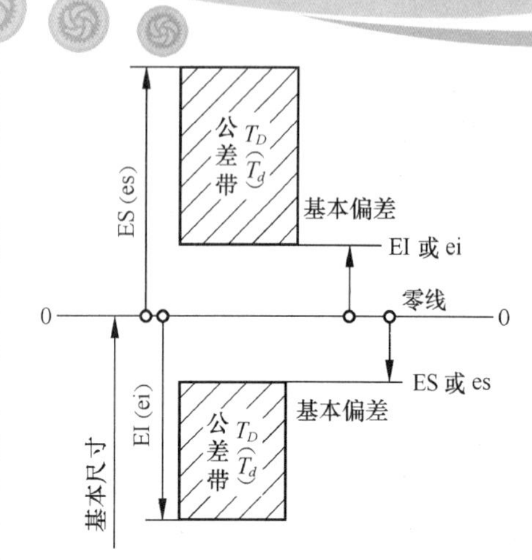

图 2.11　基本偏差示意图

国家标准中已将基本偏差标准化，规定了孔、轴各 28 种公差带位置，分别用拉丁字母表示，在 26 个拉丁字母中去掉易与其他含义混淆的五个字母：I、L、O、Q、W（i、l、o、q、w），同时增加 CD、EF、FG、JS、ZA、ZB、ZC（cd、ef、fg、js、za、zb、zc）七个双字母，共 28 种，基本偏差系列如第 17 页图 2.12 所示。

基本偏差系列中的 H（h）其基本偏差为零，JS（js）与零线对称，上极限偏差ES（es）= +IT/2，下极限偏差 EI（ei）= −IT/2，上下极限偏差均可作为基本偏差。

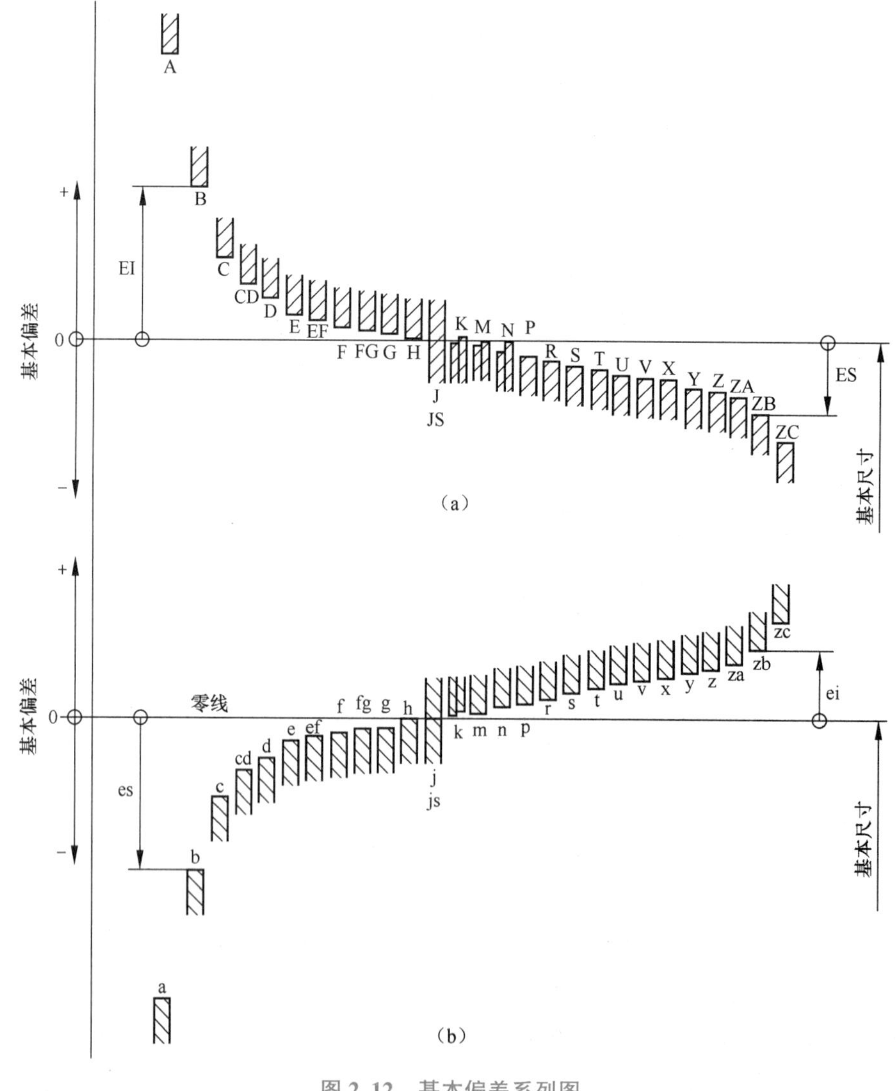

图 2.12　基本偏差系列图

(a) 孔的基本偏差系列；(b) 轴的基本偏差系列

从 A～H（a～h）其基本偏差的绝对值逐渐减小；从 J～ZC（j～zc）一般为逐渐增大。

从图 2.12 可知：孔的基本偏差系列中，A～H 的基本偏差为下极限偏差，J～ZC 的基本偏差为上极限偏差；轴的基本偏差中 a～h 的基本偏差为上极限偏差，j～zc 的基本偏差为下极限偏差。

公差带的另一极限偏差“开口”，表示其公差等级未定。

孔、轴的绝大多数基本偏差数值不随公差等级变化，只有极少数基本偏差（js、k、j）的数值随公差等级变化。

2）公差带及配合的表示方法

孔、轴公差代号用基本偏差代号与公差等级代号组成。

为了以尽可能少的标准公差带形成最多种的配合，标准规定了两种基准制：基孔制和基轴制。如有特殊需要，允许将任一孔、轴公差带组成配合。

（1）基孔制：基本偏差为一定的孔的公差带，与不同基本偏差的轴的公差带形成各种配合的一种制度，如图 2.13（a）所示。

在基孔制中，孔是基准件，称为基准孔；轴是非基准件，称为配合轴。同时规定，基准孔的基本偏差是下极限偏差，且等于零，EI = 0，并以基本偏差代号 H 表示，应优先选用。

（2）基轴制：基本偏差为一定的轴的公差带，与不同基本偏差的孔的公差带形成各种配合的一种制度，如图 2.13（b）所示。

在基轴制中，轴是基准件，称为基准轴；孔是非基准件，称为配合孔。同时规定，基准轴的基本偏差是上极限偏差，且等于零，es = 0，并以基本偏差代号 h 表示。

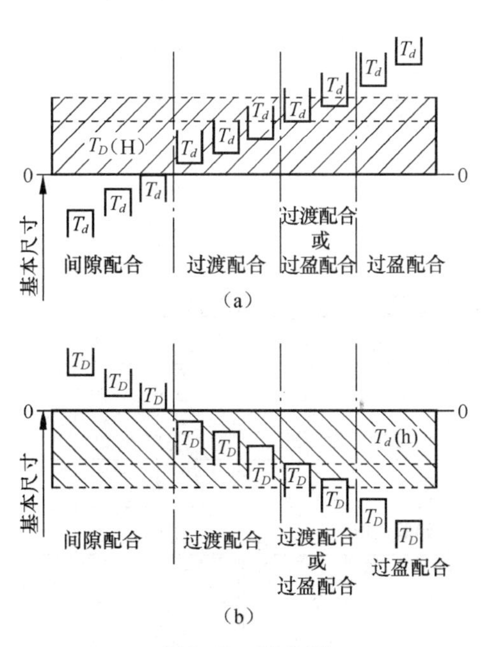

图 2.13　配合制

（a）基孔制配合；（b）基轴制配合

3）基本偏差的构成规律

在孔和轴的各种基本偏差中，A～H 和 a～h 与基准件相配时，可以得到间隙配合；J～N 和 j～n 与基准件相配时，基本上得到过渡配合；P～ZC 和 p～zc 与基准件相配时，基本上得到过盈配合。由于基准件的基本偏差为零，它的另一个极限偏差就取决于其公差等级的高低（公差带的大小），因此某些基本偏差的非基准件（基孔制配合轴或基轴制配合的孔）的公差带在与公差较大的基准件（基孔制或基轴制）相配时可以形成过渡配合，而与公差带较小的基准件相配时，则可能形成过盈配合，如 N、n、P、p 等，如图 2.13 所示。

（1）公称尺寸≤500 mm 时，孔的 28 种基本偏差，除了 JS 与 js 相同，也表示对零线对称分布的公差带，其极限偏差为±IT/2 以外，其余 27 种基本偏差的数值都是由相应代号的轴的基本偏差的数值按照一定的规则（即映射关系）换算得到的。轴的基本偏差数值计算公式见表 2.3。实际应用时查表 2.4（第 22～23 页）。

表 2.3　轴的基本偏差计算公式（D≤500 mm）

偏差代号	适用范围	基本偏差为上极限偏差（es）	偏差代号	适用范围	基本偏差为下极限偏差（ei）
a	D≤120 mm	$-(265+1.3D)$	k	≤IT3 及≥IT8	0
	D>120 mm	$-3.5D$		IT4 至 IT7	$+0.6\sqrt[3]{D}$
b	D≤160 mm	$-(140+0.85D)$	m		+（IT7−IT6）
	D>160 mm	$-1.8D$	n		$+5D^{0.34}$
c	D≤40 mm	$-52D^{0.2}$	p		+IT7+（0 至 5）
	D>40 mm	$-(95+0.8D)$	r		$+\sqrt{ps}$
cd		$-\sqrt{cd}$	s	D≤50 mm	+IT8+（1 至 4）
d		$-16D^{0.44}$		D>50 mm	$+IT7+0.4D$
e		$-11D^{0.41}$	t		$+IT7+0.63D$
ef		$-\sqrt{ef}$	u		$+IT7+D$
f		$-5.5D^{0.41}$	v		$+IT7+1.25D$
fg		$-\sqrt{fg}$	x		$+IT7+1.6D$
g		$-2.5D^{0.34}$	y		$+IT7+2D$
h		0	z		$+IT7+2.5D$
j	IT5 至 IT8	经验数据	za		$+IT8+3.15D$
			zb		$+IT9+4D$
			zc		$+IT10+5D$
$js=\pm\frac{IT}{2}$					
注：表中 D 的单位为 mm，计算结果的单位为 μm。					

（2）在公称尺寸大于 3～500 mm 的基孔制或基轴制中，给定某一公差等级的孔要与更精一级的轴相配（例如 H7/p6 和 p7/h6），并要求具有同等的间隙或过盈（如图 2.14 所示）。此时，计算的孔的基本偏差应附加一个 Δ 值，即

$$ES = ES(\text{计算值}) + \Delta$$

式中：Δ 是公称尺寸段内给定的某一标准公差等级 IT_n 与更精一级的标准公差等级 $IT_{(n-1)}$ 的差值。例如：公称尺寸段 18～30 mm 的 P7：

$$\Delta = IT_n - IT_{(n-1)} = IT7 - IT6$$
$$= (21 - 13)\,\mu m = 8\,\mu m$$

注：这称为特殊规则，仅适用于公称尺寸大于3 mm、标准公差等级小于或等于 IT8 的孔的基本偏差 K、M、N 和标准公差等级小于或等于 IT7 的基本偏差 P 至 ZC。

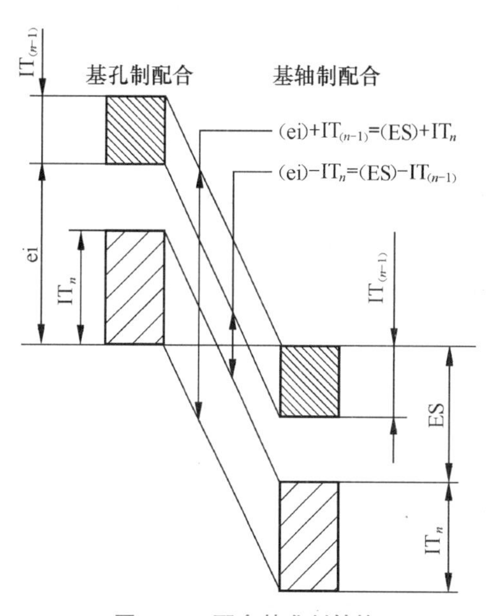

图 2.14　配合基准制转换

孔的基本偏差，一般是最靠近零线的那个极限偏差，即 A 至 H 为孔的下极限偏差（EI），K 至 ZC 为孔的上极限偏差（ES），见表 2.5（第 24～25 页）。

除孔 J 和 JS 外，基本偏差的数值与选用的标准公差等级无关。

3. 国家标准中规定的公差带与配合

1）国家标准中规定的公差带

原则上 GB/T 1801—2009 允许任一孔、轴组成配合。但为了简化标准和使用方便，根据实际需要规定了优先、常用和一般用途的孔、轴公差带，从而有利于生产和减少刀具、量具的规格、数量，方便于技术工作。

表 2.4　轴的基

数值（$d \leqslant 500$ mm）

基本尺寸/mm	基本偏																
	上偏差 es																
	a	b	c	cd	d	e	ef	f	fg	g	h	js	j			k	
	所有公差等级												5～6	7	8	4～7	≤3 >7
≤3	−270	−140	−60	−34	−20	−14	−10	−6	−4	−2	0	偏差等于 $\pm\frac{IT}{2}$	−2	−4	−6	0	0
>3～6	−270	−140	−70	−46	−30	−20	−14	−10	−6	−4	0		−2	−4	—	+1	0
>6～10	−280	−150	80	−56	−40	−25	−18	−13	−8	−5	0		−2	−5	—	+1	0
>10～14 >14～18	−290	−150	−95	—	−50	−32	—	−16	—	−6	0		−3	−6	—	+1	0
>18～24 >24～30	−300	−160	−110	—	−65	−40	—	−20	—	−7	0		−4	−8	—	+2	0
>30～40 >40～50	−310 −320	−170 −180	−120 −130	—	−80	−50	—	−25	—	−9	0		−5	−10	—	+2	0
>50～65 >65～80	−340 −360	−190 −200	−140 −150	—	−100	−60	—	−30	—	−10	0		−7	−12	—	+2	0
>80～100 >100～120	−380 −410	−220 −240	−170 −180	—	−120	−72	—	−36	—	−12	0		−9	−15	—	+3	0
>120～140 >140～160 >160～180	−460 −520 −580	−260 −280 −310	−200 −210 −230	—	−145	−85	—	−43	—	−14	0		−11	−18	—	+3	0
>180～200 >200～225 >225～250	−660 −740 −820	−340 −380 −420	−240 −260 −280	—	−170	−100	—	−50	—	−15	0		−13	−21	—	+4	0
>250～280 >280～315	−920 −1 050	−480 −540	−300 −330	—	−190	−110	—	−56	—	−17	0		−16	−26	—	+4	0
>315～355 >355～400	−1 200 −1 350	−600 −680	−360 −400	—	−210	−125	—	−62	—	−18	0		−18	−28	—	+4	0
>400～450 >450～500	−1 500 −1 650	−760 −840	−440 −480	—	−230	−135	—	−68	—	−20	0		−20	−32	—	+5	0

注：1. 公称尺寸小于 1 mm 时，各级的 a 和 b 均不采用。

2. js 的数值：对 IT7～IT11，若 IT 的数值（μm）为奇数，则取 $js = \pm\frac{IT-1}{2}$。

本偏差

差/μm													
下偏差 ei													
m	n	p	r	s	t	u	v	x	y	z	za	zb	zc
所有公差等级													
+2	+4	+6	+10	+14	—	+18	—	+20	—	+26	+32	+40	+60
+4	+8	+12	+15	+19	—	+23	—	+28	—	+35	+42	+50	+80
+6	+10	+15	+19	+23	—	+28	—	+34	—	+41	+52	+67	+97
+7	+12	+18	+23	+28	—	+33	— +39	+40 +45	— —	+50 +60	+64 +77	+90 +108	+130 +150
+8	+15	+22	+28	+35	— +41	+41 +48	+47 +55	+54 +64	+63 +75	+73 +88	+98 +118	+138 +160	+188 +218
+9	+17	+26	+34	+43	+48 +54	+60 +70	+68 +81	+80 +97	+94 +114	+112 +136	+148 +180	+200 +242	+274 +325
+11	+20	+32	+41 +43	+53 +59	+66 +75	+87 +102	+102 +120	+122 +146	+144 +174	+172 +201	+226 +274	+300 +360	+405 +480
+13	+23	+37	+51 +54	+71 +79	+91 +104	+124 +144	+146 +172	+178 +210	+214 +256	+258 +310	+335 +400	+445 +525	+585 +690
+15	+27	+43	+63 +65 +68	+92 +100 +108	+122 +134 +146	+170 +190 +210	+202 +228 +252	+248 +280 +310	+300 +340 +380	+365 +415 +465	+470 +535 +600	+620 +700 +780	+800 +900 +1 000
+17	+31	+50	+77 +80 +84	+122 +130 +140	+166 +180 +196	+236 +258 +284	+284 +310 +340	+350 +385 +425	+425 +470 +520	+520 +575 +640	+670 +740 +820	+880 +960 +1 050	+1 150 +1 250 +1 350
+20	+34	+56	+94 +98	+158 +170	+218 +240	+315 +350	+385 +425	+475 +525	+580 +650	+710 +790	+920 +100	+1 200 +1 300	+1 550 +1 700
+21	+37	+62	+108 +114	+190 +208	+268 +294	+390 +435	+475 +530	+590 +660	+730 +820	+900 +1 000	+1 150 +1 300	+1 500 +1 650	+1 900 +2 100
+23	+40	+68	+126 +132	+232 +252	+330 +360	+490 +540	+595 +660	+740 +820	+920 +1 000	+1 100 +1 250	+1 450 +1 600	+1 850 +2 100	+2 400 +2 600

表 2.5 孔的基

数值（$D \leqslant 500$ mm）

基本尺寸/mm	基 本																		
	下偏差 EI												上极限偏差 ES						
	A	B	C	CD	D	E	EF	F	FG	G	H	JS	J			K		M	
	所有的公差等级												6	7	8	≤8	>8	≤8	>8
≤3	+270	+140	+60	+34	+20	+14	+10	+6	+4	+2	0	偏差等于 $\pm\frac{IT}{2}$	+2	+4	+6	0	0	−2	−2
>3～6	+270	+140	+70	+36	+30	+20	+14	+10	+6	+4	0		+5	+6	+10	−1+Δ	—	−4+Δ	−4
>6～10	+280	+150	+80	+56	+40	+25	+18	+13	+8	+5	0		+5	+8	+12	−1+Δ	—	−6+Δ	−6
>10～14 >14～18	+290	+150	+95	—	+50	+32	—	+16	—	+6	0		+6	+10	+15	−1+Δ	—	−7+Δ	−7
>18～24 >24～30	+300	+160	+110	—	+65	+40	—	+20	—	+7	0		+8	+12	+20	−2+Δ	—	−8+Δ	−8
>30～40 >40～50	+310 +320	+170 +180	+120 +130	—	+80	+50	—	+25	—	+9	0		+10	+14	+24	−2+Δ	—	−9+Δ	−9
>50～65 >65～80	+340 +360	+190 +200	+140 +150	—	+100	+60	—	+30	—	+10	0		+13	+18	+28	−2+Δ	—	−11+Δ	−11
>80～100 >100～120	+380 +410	+220 +240	+170 +180	—	+120	+72	—	+36	—	+12	0		+16	+22	+34	−3+Δ	—	−13+Δ	−13
>120～140 >140～160 >160～180	+460 +520 +580	+260 +280 +310	+200 +210 +230	—	+145	+85	—	+43	—	+14	0		+18	+26	+41	−3+Δ	—	−15+Δ	−15
>180～200 >200～225 >225～250	+660 +740 +820	+340 +380 +420	+240 +260 +280	—	+170	+100	—	+50	—	+15	0		+22	+30	+47	−4+Δ	—	−17+Δ	−17
>250～280 >280～315	+920 +1 050	+480 +540	+300 +330	—	+190	+110	—	+56	—	+17	0		+25	+36	+55	−4+Δ	—	−20+Δ	−20
>315～355 >355～400	+1 200 +1 350	+600 +680	+360 +400	—	+210	+125	—	+62	—	+18	0		+29	+39	+60	−4+Δ	—	−21+Δ	−21
>400～450 >450～500	+1 500 +1 650	+760 +840	+440 +480	—	+230	+135	—	+68	—	+20	0		+33	+43	+66	−5+Δ	—	−23+Δ	−23

注：1. 公称尺寸小于 1 mm 时，各级的 A 和 B 及大于 8 级的 N 均不采用。

2. Js 的数值：对 IT7～IT11，若 IT 的数值（μm）为奇数，则取 $Js=\pm\frac{IT-1}{2}$。

3. 特殊情况：当公称尺寸大于 250～315 mm 时，M6 的 ES 等于−9（不等于−11）。

4. 对小于或等于 IT8 的 K、M、N 和小于或等于 IT7 的 P 至 ZC，所需 Δ 值从表内右侧栏选取。例如：大于 6～10 mm 的

本偏差

偏 差/μm															Δ/μm					
		上偏差 ES																		
N		P～ZC	P	R	S	T	U	V	X	Y	Z	ZA	ZB	ZC						
≤8	>8	≤7	>7												3	4	5	6	7	8
-4	-4	在>7级的相应数值上增加一个Δ值	-6	-10	-14	—	-18	—	-20	—	-26	-32	-40	-60	0					
-8+Δ	0		-12	-15	-19	—	-23	—	-28	—	-35	-42	-50	-80	1	1.5	1	3	4	6
-10+Δ	0		-15	-19	-23	—	-28	—	-34	—	-42	-52	-67	-97	1	1.5	2	3	6	7
-12+Δ	0		-18	-23	-28	—	-33	— -39	-40 -45	— —	-50 -60	-64 -77	-90 -108	-130 -150	1	2	3	3	7	9
-15+Δ	0		-22	-28	-35	— -41	-41 -48	-47 -55	-54 -64	-65 -75	-73 -88	-98 -118	-136 -160	-188 -218	1.5	2	3	4	8	12
-17+Δ	0		-26	-34	-43	-48 -54	-60 -70	-68 -81	-80 -95	-94 -114	-112 -136	-148 -180	-200 -242	-274 -325	1.5	3	4	5	9	14
-20+Δ	0		-32	-41 -43	-53 -59	-66 -75	-87 -102	-102 -120	-122 -146	-144 -174	-172 -210	-226 -274	-300 -360	-400 -480	2	3	5	6	11	16
-23+Δ	0		-37	-51 -54	-71 -79	-91 -104	-124 -144	-146 -172	-178 -210	-214 -254	-258 -310	-335 -400	-445 -525	-585 -690	2	4	5	7	13	19
-27+Δ	0		-43	-63 -65 -68	-92 -100 -108	-122 -134 -146	-170 -190 -210	-202 -228 -252	-248 -280 -310	-300 -340 -380	-365 -415 -465	-470 -535 -600	-620 -700 -780	-800 -900 -1 000	3	4	6	7	15	23
-31+Δ	0		-50	-77 -80 -84	-122 -130 -140	-166 -180 -196	-236 -258 -284	-284 -310 -340	-350 -385 -425	-425 -470 -520	-520 -575 -640	-670 -740 -820	-880 -960 -1 050	-1 150 -1 250 -1 350	3	4	6	9	17	26
-34+Δ	0		-56	-94 -98	-158 -170	-218 -240	-315 -350	-385 -425	-475 -525	-580 -650	-710 -790	-920 -1 000	-1 200 -1 300	-1 550 -1 700	4	4	7	9	20	29
-37+Δ	0		-62	-108 -114	-190 -208	-268 -294	-390 -435	-475 -530	-590 -660	-730 -820	-900 -1 000	-1 150 -1 300	-1 500 -1 650	-1 900 -2 100	4	5	7	11	21	32
-40+Δ	0		-68	-126 -132	-232 -252	-330 -360	-490 -540	-595 -660	-740 -820	-920 -1 000	-1 100 -1 250	-1 450 -1 600	-1 850 -2 100	-2 400 -2 600	5	5	7	13	23	34

P6，Δ=3，所以 ES=（-15+3）μm=-12 μm。

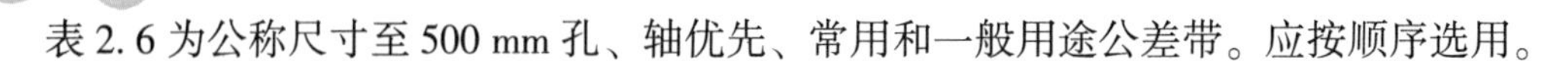

表 2.6 为公称尺寸至 500 mm 孔、轴优先、常用和一般用途公差带。应按顺序选用。

表 2.6　公称尺寸至 500 mm 孔、轴优先，常用和一般用途公差带

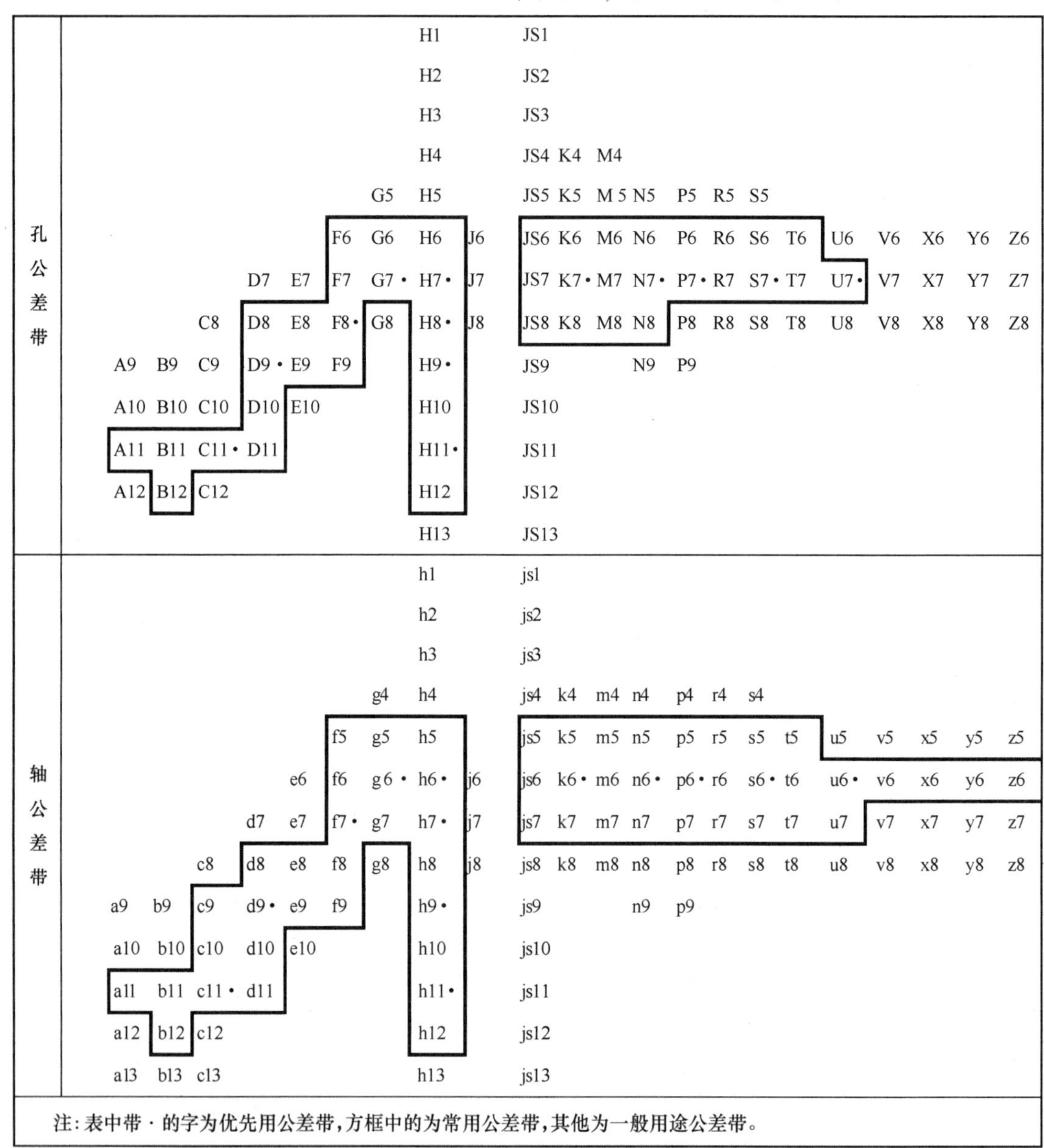

孔公差带								H1		JS1												
								H2		JS2												
								H3		JS3												
								H4		JS4	K4	M4										
							G5	H5		JS5	K5	M5	N5	P5	R5	S5						
						F6	G6	H6	J6	JS6	K6	M6	N6	P6	R6	S6	T6	U6	V6	X6	Y6	Z6
				D7	E7	F7	G7·	H7·	J7	JS7	K7·	M7	N7·	P7·	R7	S7·	T7	U7·	V7	X7	Y7	Z7
			C8	D8	E8	F8·	G8	H8·	J8	JS8	K8	M8	N8	P8	R8	S8	T8	U8	V8	X8	Y8	Z8
	A9	B9	C9	D9·	E9	F9		H9·		JS9			N9	P9								
	A10	B10	C10	D10	E10			H10		JS10												
	A11	B11	C11·	D11				H11·		JS11												
	A12	B12	C12					H12		JS12												
								H13		JS13												
轴公差带								h1		js1												
								h2		js2												
								h3		js3												
							g4	h4		js4	k4	m4	n4	p4	r4	s4						
						f5	g5	h5		js5	k5	m5	n5	p5	r5	s5	t5	u5	v5	x5	y5	z5
					e6	f6	g6·	h6·	j6	js6	k6·	m6	n6·	p6·	r6	s6·	t6	u6·	v6	x6	y6	z6
				d7	e7	f7·	g7	h7·	j7	js7	k7	m7	n7	p7	r7	s7	t7	u7	v7	x7	y7	z7
			c8	d8	e8	f8	g8	h8	j8	js8	k8	m8	n8	p8	r8	s8	t8	u8	v8	x8	y8	z8
	a9	b9	c9	d9·	e9	f9		h9·		js9			n9	p9								
	a10	b10	c10	d10	e10			h10		js10												
	a11	b11	c11·	d11				h11·		js11												
	a12	b12	c12					h12		js12												
	a13	b13	c13					h13		js13												

注：表中带 · 的字为优先用公差带，方框中的为常用公差带，其他为一般用途公差带。

表 2.6 中，轴的优先公差带 13 种，常用公差带 59 种，一般用途公差带 119 种；孔的优先公差带 13 种。常用公差带 44 种，一般用途 105 种。

2）国家标准中规定的配合

国家标准中孔、轴公差带进行组合可得 30 万种配合，远远超过了实际需要。现将尺寸≤500 mm 范围内，对基孔制规定 13 种优先配合和 59 种常用配合，见表 2.7；对基轴制规定了 13 种优先配合和 47 种常用配合，见表 2.8。

表 2.7　基孔制优先，常用配合

基准孔	轴																				
	a	b	c	d	e	f	g	h	js	k	m	n	p	r	s	t	u	v	x	y	z
	间隙配合								过渡配合			过盈配合									
H6						H6/f5	H6/g5	H6/h5	H6/js5	H6/k5	H6/m5	H6/n5	H6/p5	H6/r5	H6/s5	H6/t5					
H7						H7/f6	◤H7/g6	◤H7/h6	H7/js6	◤H7/k6	H7/m6	◤H7/n6	◤H7/p6	H7/r6	◤H7/s6	H7/t6	◤H7/u6	H7/v6	H7/x6	H7/y6	H7/z6
H8					H8/e7	◤H8/f7	H8/g7	◤H8/h7	H8/js7	H8/k7	H8/m7	H8/n7	H8/p7	H8/r7	H8/s7	H8/t7	H8/u7				
				H8/d8	H8/e8	H8/f8		H8/h8													
H9			H9/c9	◤H9/d9	H9/e9	H9/e9		◤H9/h9													
H10			H10/c10	H10/d10				H10/h10													
H11	H11/a11	H11/b11	◤H11/c11	H11/d11				◤H11/h11													
H12		H12/b12						H12/h12													

注：1. $\frac{H6}{n5}$、$\frac{H7}{p6}$在公称尺寸≤3 mm 和$\frac{H8}{r7}$在≤100 mm 时，为过渡配合。
2. 标注◤的配合为优先配合。

表 2.8　基轴制优先，常用配合

基准轴	孔																				
	A	B	C	D	E	F	G	H	Js	K	M	N	P	R	S	T	U	V	X	Y	Z
	间隙配合								过渡配合			过盈配合									
h5						F6/h5	G6/h5	H6/h5	JS6/h5	K6/h5	M6/h5	N6/h5	P6/h5	R6/h5	S6/h5	T6/h5					
h6						F7/h6	◤G7/h6	◤H7/h6	JS7/h6	◤K7/h6	M7/h6	◤N7/h6	◤P7/h6	R7/h6	◤S7/h6	F7/h6	◤T7/h6				
h7					E8/h7	◤F8/h7		◤H8/h7	JS8/h7	K8/h7	M8/h7	N8/h7									
h8				D8/h8	E8/h8	F8/h8		H8/h8													
h9				D9/h9	E9/h9	F9/h9		H9/h9													
h10				D10/h10				H10/h10													
h11	A11/h11	B11/h11	◤C11/h11	D11/h11				◤H11/h11													
h12		H12/b12						H12/h12													

注：标注◤的配合为优先配合。

4. 温度条件

国家标准规定的数值均以标准温度 20℃为准，当温度偏离标准温度时，应进行修正。

5. 一般公差

未注公差的线性尺寸的公差（GB/T 1804—2000）

一般公差是指在车间通常加工条件下可保证的公差，是机床设备在正常维护和操作情况下，能达到的经济加工精度。采用一般公差时，在该尺寸后不标注极限偏差或其他代号，所以也称未注公差。

一般公差主要用于较低精度的非配合尺寸。当功能上允许的公差等于或大于一般公差时，均应采用一般公差；当要素的功能允许比一般公差大的公差，且注出更为经济时，如装配所钻盲孔的深度，则相应的极限偏差值要在尺寸后注出。在正常情况下，一般可不必检验。

一般公差适用于金属切削加工的尺寸和一般冲压加工的尺寸。对非金属材料和其他工艺方法加工的尺寸亦可参照采用。

在 GB/T 1804—2000 中，规定了四个公差等级，其线性尺寸一般公差的公差等级及其极限偏差数值见表 2.9；其倒圆半径与倒角高度尺寸一般公差的公差等级及其极限偏差数值见表 2.10。

表 2.9　线性尺寸的极限偏差数值　　mm

公差等级	尺寸分段							
	0.5~3	>3~6	>6~30	>30~120	>120~400	>400~1 000	>1 000~2 000	>2 000~4 000
精密（f）	±0.05	±0.05	±0.1	±0.15	±0.2	±0.3	±0.5	—
中等（m）	±0.1	±0.1	±0.2	±0.3	±0.5	±0.8	±1.2	±2
粗糙（c）	±0.2	±0.3	±0.5	±0.8	±1.2	±2	±3	±4
最粗（v）	—	±0.5	±1	±1.5	±2.5	±4	±6	±8

表 2.10　倒圆半径和倒角高度尺寸的极限偏差数值　　mm

公差等级	尺寸分段			
	0.5~3	>3~6	>6~30	>30
精密（f）	±0.2	±0.5	±1	±2
中等（m）				
粗糙（c）	±0.4	±1	±2	±4
最粗（v）				

在图样上、技术文件或相应的标准中，用本标准的表示方法为：

GB/T 1804—m　其中 m 表示用中等级。

学习单元四　极限与配合在设计中的应用

正确应用公差与配合是机械设计中的一个重要问题。几乎所有机器中的零件连接都少不了孔、轴结合的形式，这种结合的意义不仅在于把零件组装到一起，而更重要的是要保证机器的正常工作。为此，孔、轴的结合特性应与机器的使用要求相适应，也就是说，孔、轴结合应具有适度的松紧，并把这一松紧程度的变动量限制在一定的范围。这就是我们所说的公差与配合的含义。如果公差与配合选用不当，将会影响机器的技术性能，甚至不能进行工作。例如，测绘制造的机械产品，其所用材料、零件的尺寸和结构形状完全与原机一样，但使用性能却远不及原机优良。经过反复试验，修改所选用的公差与配合后，产品的技术性能才达到了原机的水平，这样的实例在生产实践中是经常遇到的。

在机械产品的设计中，正确地选择公差与配合是一项比较复杂的工作。总的指导原则应当是：以保证产品的技术性能要求为前提，最大限度地降低制造成本，力争达到最佳技术经济综合指标。为了实现这一目标，除正确地选用公差与配合外，还必须采取合理的工艺措施，这两者是不可分割的。

正确地选用公差与配合，应当包括以下几个方面的内容。

1. 正确使用公差与配合国家标准

公差与配合国家标准的应用主要是两个方面的内容：一是根据产品使用性能要求所提出的间隙（或过盈）范围，设计者选择适当的公差配合，即确定配合代号；二是工艺人员根据图样上的配合代号，通过查表确定孔、轴的极限偏差和零件的公差数值，以便合理地确定工艺系统和工艺过程。

1）根据极限间隙（或极限过盈）确定公差与配合

（1）由极限间隙（或极限过盈）求配合公差 T_f。

$$T_f = X_{\max} - X_{\min} = Y_{\min} - Y_{\max} = X_{\max} - Y_{\max}$$

（2）根据配合公差求孔、轴公差。由 $T_f=T_h+T_s$，查标准公差表，可得到孔、轴的公差等级。如果在公差表中找不到任何两个相邻或相同等级的公差之和恰为配合公差，此时应按下列关系确定孔、轴的公差等级：

$$T_D + T_d \leqslant T_f$$

同时考虑到孔、轴精度匹配和“工艺等价原则”，孔和轴的公差等级应相同或孔比轴低一级的关系而用任意两个公差等级进行组合。

（3）确定基准制。

（4）由极限间隙（或极限过盈）确定非基准件的基本偏差代号。

• 基孔制

间隙配合：轴的基本偏差为上极限偏差 es，且为负值，其公差带在零线以下，如图 2.15 所示。由图可知，轴的基本偏差 $|es|=X_{min}$。由 X_{min} 查轴的基本偏差表便可得到轴的基本偏差代号。

过盈配合：轴的基本偏差为下极限偏差 ei，且为正值，其公差带在零线以上，如图 2.16 所示。由图可知，轴的基本偏差 $ei=ES+|Y_{min}|$。根据计算结果查轴的基本偏差表，便可得到轴的基本偏差代号。

过渡配合：轴的基本偏差为下极限偏差。但从轴的基本偏差表可以看出，其值有正也有负，有时为零，如图 2.17 所示。由图可知，轴的基本偏差均为 $ei=T_d-X_{max}$。

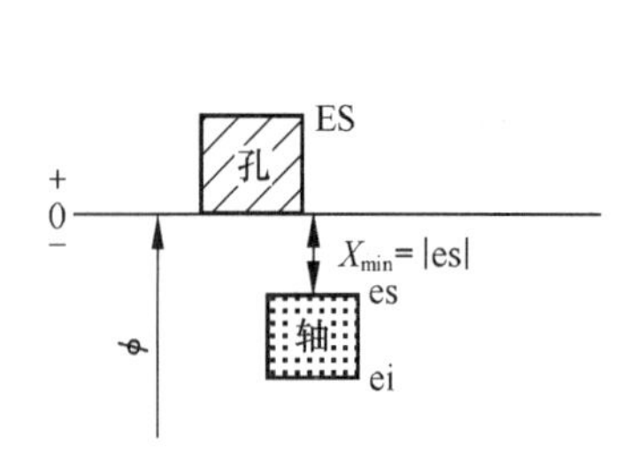

图 2.15　基孔制间隙配合的孔、轴公差带

图 2.16　基孔制过盈配合的孔、轴公差带

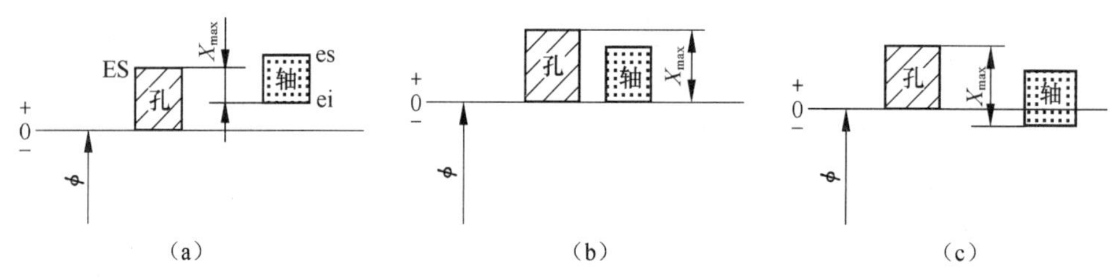

图 2.17　基孔制过渡配合轴的基本偏差

(a) 基本偏差为正值；(b) 基本偏差为零；(c) 基本偏差为负值

当根据已知条件计算出轴的基本偏差数值而查取轴的基本偏差代号时，如果表中没有哪一个代号的数值与计算出的数值相同，则应按下述原则近似地取某一代号：

对于间隙配合或过盈配合　$X'_{min}>X_{min}$ 或 $|Y'_{min}|>|Y_{min}|$；

对于过渡配合　$X'_{max}<X_{max}$。

式中，X'_{min}、Y'_{min} 和 X'_{max} 分别为由所取基本偏差代号形成的最小间隙、最小过盈和最大间隙；X_{min}、Y_{min} 和 X_{max} 分别为由已知条件给定的最小间隙、最小过盈和最大间隙。

• 基轴制

间隙配合：孔的基本偏差为下极限偏差，且为正值。孔公差带在零线以上，如图 2.18 所示。孔的基本偏差 $EI=X_{min}$，由孔的基本偏差表按 X_{min} 的数值，可查取孔的基本偏差代号。

过盈配合：孔的基本偏差为上极限偏差，且为负值，其公差带在零线以下，如图 2.19 所示。孔的基本偏差为 $ES=Y_{min}+ei$。由孔的基本偏差表，可按计算出的 ES 查取孔的基本偏

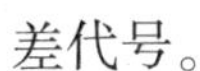
差代号。

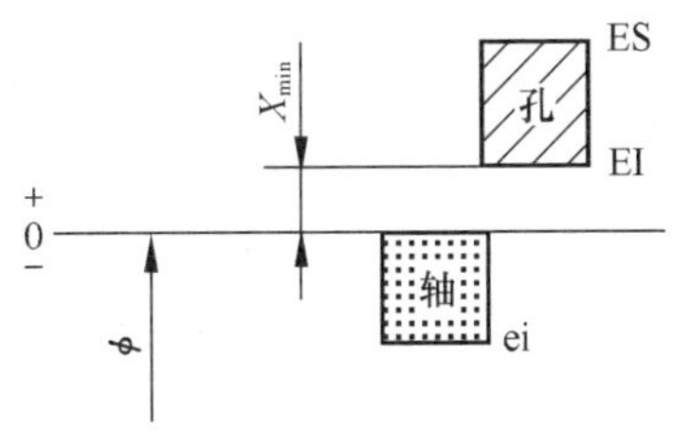

图 2.18　基轴值间隙配合的孔、轴公差带

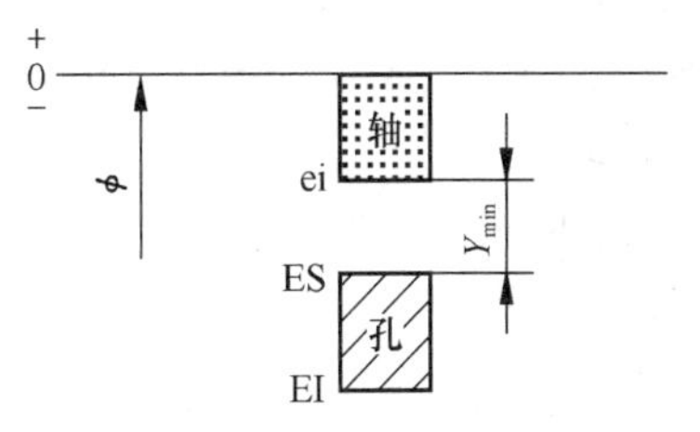

图 2.19　基轴值过盈配合的孔、轴公差带

过渡配合：孔的基本偏差为上极限偏差，但其值有正也有负，有时为零，如图 2.20 所示。由图可知，孔的基本偏差为 $ES = X_{max} - T_d$。按计算出的 ES 值查孔的基本偏差表，即可获得孔的基本偏差代号。当取近似代号时，所遵守的原则与基孔制相同。

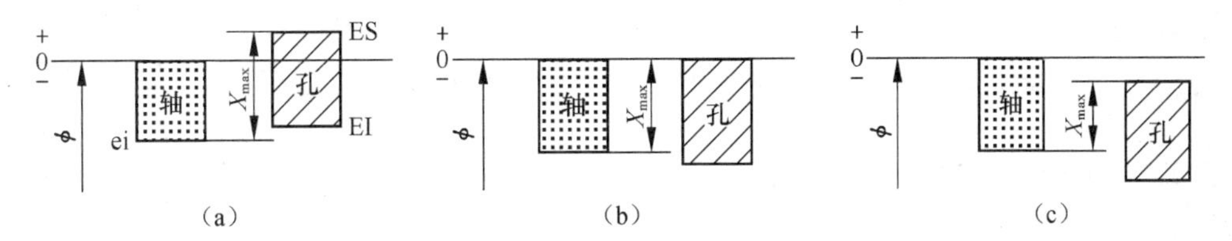

图 2.20　基轴制过渡配合孔的基本偏差

(a) 基本偏差为正值；(b) 基本偏差为零；(c) 基本偏差为负值

(5) 验算极限间隙或过盈。首先按孔、轴的标准公差计算出另一极限偏差，然后按所取的配合代号计算极限间隙或极限过盈，看是否符合由已知条件限定的极限间隙或极限过盈。如果验算结果不符合设计要求，可采用更换基本偏差代号或变动孔、轴公差等级的方法来改变极限间隙或极限过盈的大小，直至所选用的配合符合设计要求为止。

例 2.3　孔、轴的公称尺寸为 $\phi 30$ mm，要求配合间隙为 $X_{min} = +20$ μm，$X_{max} = +55$ μm。试确定公差配合。

解： ① 计算配合公差：$T_f = X_{max} - X_{min}$。

② 查公差表确定孔、轴的公差等级。IT7 = 21 μm IT6 = 13 μm，孔用 IT7，轴用 IT6，IT7+IT6 = 34 μm $< T_f = 35$ μm。

③ 假定采用基孔制。

④ 查轴的基本偏差表，确定轴的基本偏差代号为 f。

⑤ 验算极限间隙。先画出孔、轴公差带图，如图 2.21 所示，并查出孔、轴的各极限偏差，可得 $X'_{min} = +20$ μm，$X'_{max} = +54$ μm。经验算可知，所选配合 $\phi 30$H7/f6 是合适的。

例 2.4　孔、轴的公称尺寸为 $\phi 30$ mm，配合要求 $Y_{min} = -26$ μm，$Y_{max} = -63$ μm。试确定公差配合。

解： ① 计算配合公差：$T_f = Y_{min} - Y_{max} = 37$ μm。

② 查公差表确定孔、轴公差等级。IT7 = 21 μm，IT6 = 13 μm，IT7+IT6 = 34 μm $< T_f = 37$ μm，所以孔可用 IT7，轴用 IT6。

③ 假定采用基轴制。

④ 查孔的基本偏差代号。因为这是一个过盈配合，所以孔的基本偏差应为上极限偏差 $ES=Y_{min}+ei=-26+(-13)=-39$（μm）。查孔的基本偏差表，可得孔的基本偏差代号为 U（其值为-40 μm）。

⑤ 验算极限过盈。先画出孔、轴公差带图，如图 2.22 所示，并查公差表算出孔的下极限偏差。计算结果为 $Y'_{min}=-27$ μm，$Y'_{max}=-61$ μm。符合设计要求，所以选取的配合代号为 ϕ30U7/h6。

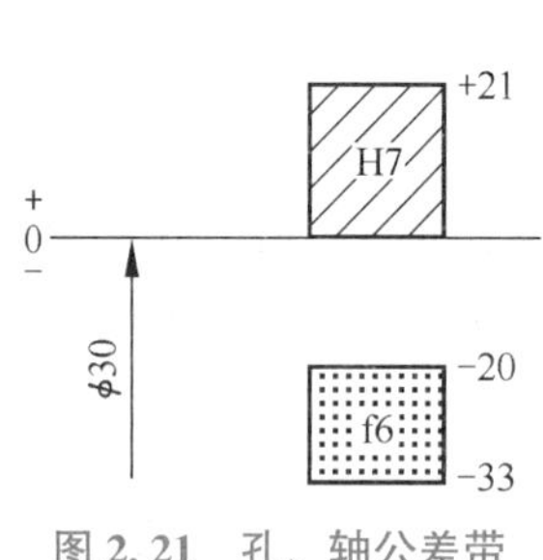

图 2.21 孔、轴公差带

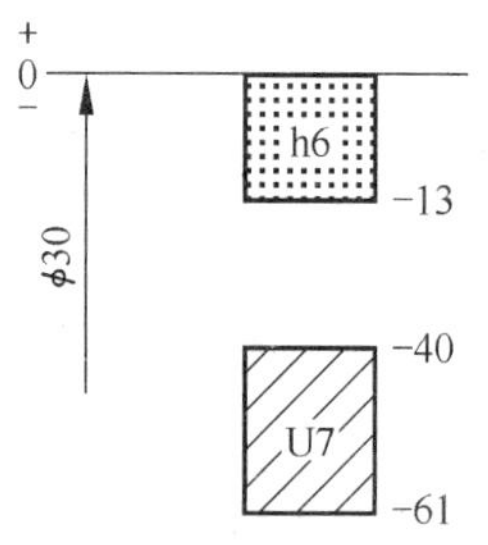

图 2.22 孔、轴公差带

例 2.5 孔、轴的公称尺寸为 ϕ30 mm，配合要求为 $X_{max}=20$ μm，$Y_{max}=-16$ μm。试确定公差配合。

解：① 计算配合公差：$T_f=X_{max}-Y_{max}=36$ μm。

② 查公差表确定孔、轴公差等级。IT7=21 μm，IT6=13 μm，IT7+IT6=34 μm<$T_f=36$ μm，所以孔可用 IT7，轴用 IT6。

③ 假定采用基孔制。

④ 查轴的基本偏差代号。因为已知条件给定的是最大间隙和最大过盈，所以这肯定是一个过渡配合。因此轴的基本偏差为下极限偏差，其值为 $ei=T_d-X_{max}=21-20=+1$ μm。查基本偏差表，可取轴的基本偏差代号为 k。

⑤ 验算最大间隙和最大过盈。画出公差带图，并计算轴的上极限偏差，如图 2.23 所示。计算结果为 $X'_{max}=+19$ μm，$Y'_{max}=-15$ μm，符合设计要求，故所选配合代号为 ϕ30H7/k6。

2）根据配合代号确定孔、轴的公差和极限偏差

工艺人员在制定工艺过程时，必须根据图样给定的配合代号求得孔、轴的公差和极限偏差。其步骤如下：

（1）根据孔、轴公差等级查标准公差值。以 ϕ30H7/k6 为例，查得 IT7 = 21 μm，IT6=13 μm。

（2）查非基准件的基本偏差值。本例 t 为非基准件的基本偏差（下极限偏差）代号，它的数值 ei=+41 μm。

（3）计算另一极限偏差的数值。ES=+21 μm，es=+54 μm。

（4）画公差带图并计算极限间隙或极限过盈和配合公差。本例公差带图如图 2.24 所示。这是一个过盈配合，因此有：$Y_{min}=ES-ei=-20$ μm；$Y_{max}=EI-es=-54$ μm。

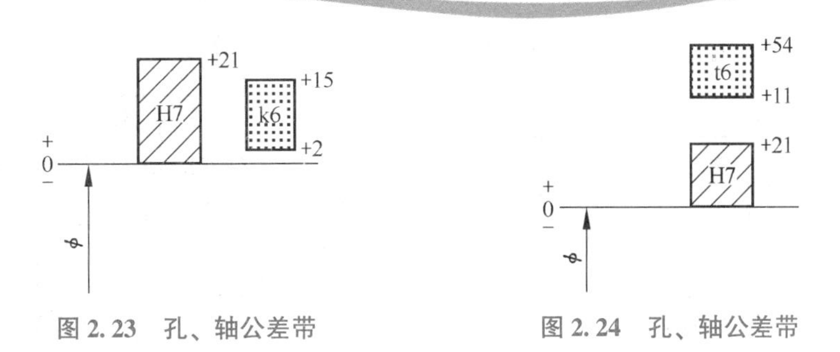

图 2. 23　孔、轴公差带　　　　图 2. 24　孔、轴公差带

配合公差：$T_f = Y_{\min} - Y_{\max} = 34\ \mu\text{m}$

工艺人员根据孔、轴公差选择加工设备，制定工艺程序，根据极限过盈确定装配方法。

2. 公差与配合的选用

公差与配合的选用主要包括确定基准制、公差等级和配合三个方面的内容。

1）基准制的确定

基准制的确定要从零件的加工工艺、装配工艺和经济性等方面考虑。也就是说所选择的基准制应当有利于零件的加工、装配和降低制造成本。在一般情况下优先采用基孔制，因为加工孔需要定值刀具和量具，如钻头、铰刀、拉刀和塞规。采用基孔制可减少这些刀具和量具的品种、规格数量。加工轴所用的刀具一般为非定值刀具，如车刀、砂轮等。同一把车刀可以加工不同尺寸的轴件，这显然是经济合理的选择。但采用基孔制并非在任何情况下都是有利的，如在下面几种情况下就应当采用基轴制。

（1）在同一公称尺寸的轴上，同时安装几个不同松紧配合的孔件时，如活塞连杆机构中，销轴需要同时与活塞和连杆孔形成不同的配合。如图 2. 25 所示，销轴两端与活塞孔的配合为 M6/h5，销轴与连杆孔的配合为 H6/h5，显然它们的配合松紧是不同的，此时应当采用基轴制。这样销轴的直径尺寸通常是相同的（h5），便于加工。活塞孔和连杆孔则分别按 M6 和 H6 加工，装配时也比较方便，不致将连杆孔表面划伤。相反，如果采用基孔制，由于活塞孔和连杆孔尺寸相同，为了获得不同松紧的配合，销轴的尺寸势必应当两端大中间小，这样的销轴难装配，装配时容易将连杆孔表面划伤。

（2）采用冷拉棒材直接作轴时，因不需再加工，所以可获得较明显的经济效益。此时把轴视为标准件，因此要采用基轴制。这种情况在农机等行业中比较常见。

（3）标准件的外表面与其他零件的内表面配合时，也要采用基轴制，如轴承外圈与机座孔的配合应采用基轴制。但轴承的内圈与轴配合时，则应采用基孔制。基准制实际上是根据某些需要确定的，所以有时也可采用不同基准制的配合，即相配合的孔和轴都不是基准件。如图 2. 26 所示，轴承盖与轴承孔的配合和轴承挡圈与轴颈的配合分别为 ϕ100J7/e9 和 ϕ55D9/j6，它们既不是基孔制也不是基轴制。轴承孔的公差带 J7 是它与轴承外圈配合决定的，轴颈的公差带 j6 是它与轴承内圈的配合决定的。为了使轴承盖与轴承孔和挡圈与轴颈获得更松的配合，前者不能采用基轴制，后者不能采用基孔制，从而决定了必须采用不同基准制的配合。

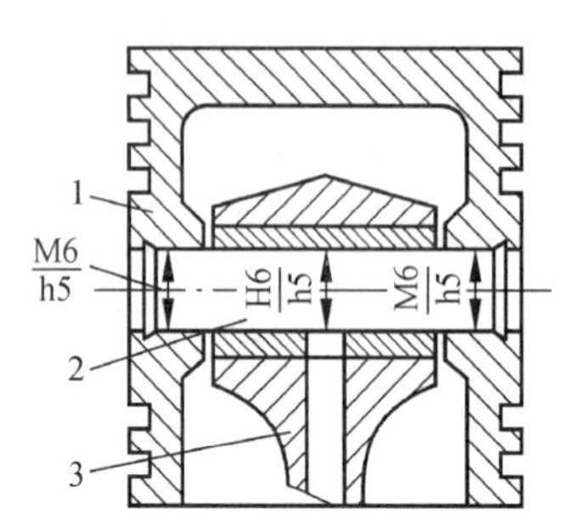

图 2.25　活塞连杆机构中的配合

1—活塞；2—活塞销；3—连杆

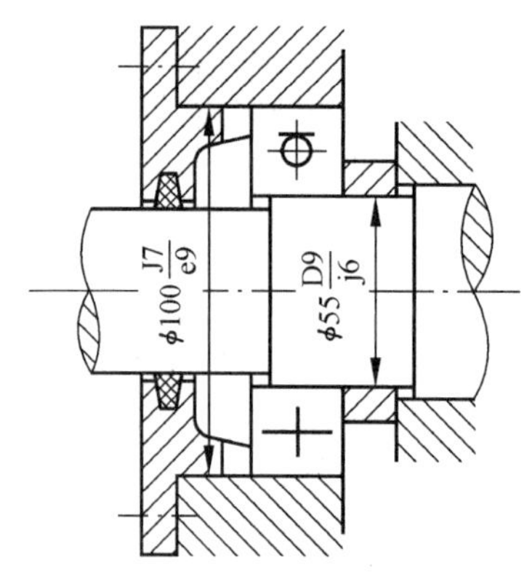

图 2.26　轴承盖与轴承孔、轴套与轴的配合

2）公差等级的确定

选择公差等级就是解决制造精度与制造成本之间的矛盾。

在满足配合精度要求的前提下，应尽量选择较低的公差等级。在确定公差等级时要注意以下几个问题。

（1）一般的非配合尺寸要比配合尺寸的公差等级低。

（2）遵守工艺等价原则——孔、轴的加工难易程度相当。在公称尺寸等于或小于 500 mm 时，孔比轴要低一级；在公称尺寸大于 500 mm 时，孔、轴的公差等级相同。这一原则主要用于中高精度（公差等级≤IT8）的配合。

（3）在满足配合要求的前提下，孔、轴的公差等级可以任意组合，不受工艺等价原则的限制。如图 2.26 所示，轴承盖与轴承孔的配合要求很松，它的连接可靠性主要是靠螺钉连接来保证。对配合精度要求很低，相配合的孔件和轴件既没有相对运动，又不承受外界负荷，所以轴承盖的配合外径采用 IT9 是经济合理的。孔的公差等级是由轴承的外径精度所决定的，如果轴承盖的配合外径按工艺等价原则采用 IT6，则反而是不合理的。这样做势必要提高制造成本，同时对提高产品质量又起不到任何作用。同理，轴承挡圈的公差等级为 IT9，轴颈的公差等级为 IT6 也是合理的。

（4）与标准件配合的零件，其公差等级由标准件的精度要求所决定。如与轴承配合的孔和轴，其公差等级由轴承的精度等级来决定。与齿轮孔相配的轴，其配合部位的公差等级由齿轮的精度等级所决定。

（5）用类比法确定公差等级时，一定要查明各公差等级的应用范围和公差等级的选择实例，表 2.11 和表 2.12 可供参考。

表 2.11　公差等级的应用

应用	公差等级（IT）																			
	01	0	1	2	3	4	5	6	7	8	9	10	11	12	13	14	15	16	17	18
量块																				

续表

应　用	公差等级（IT）																			
	01	0	1	2	3	4	5	6	7	8	9	10	11	12	13	14	15	16	17	18
量规			—	—	—	—	—	—	—											
配合尺寸							—	—	—	—	—	—	—	—	—					
特别精密零件的配合				—	—	—	—													
非配合尺寸（大制造公差）														—	—	—	—	—	—	—
原材料公差										—	—	—	—	—	—	—				

表 2.12　公差等级的选择实例

公差等级	应用条件说明	应用举例
IT01	用于特别精密的尺寸传递基准	特别精密的标准量块
IT0	用于特别精密的尺寸传递基准及宇航中特别重要的极个别精密配合尺寸	特别精密的标准量块，个别特别重要的精密机械零件尺寸，校对检验 IT6 级轴用量规的校对量规
IT1	用于精密的尺寸传递基准，高精密测量工具，特别重要的极个别精密配合尺寸	高精密标准量规，校对检验 IT7 至 IT9 级轴用量规的校对量规，个别特别重要的精密机械零件尺寸
IT2	用于高精密的测量工具，特别重要的精密配合尺寸	检验 IT6 至 IT7 级工件用量规的尺寸制造公差，校对检验 IT8 至 IT11 级轴用量规的校对塞规，个别特别重要的精密机械零件的尺寸 S
IT3	用于精密测量工具，小尺寸零件的高精度的精密配合及与/P4 级滚动轴承配合的轴径和外壳孔径	检验 IT8 至 IT11 级工件用量规和校对检验 IT9 至 IT13 级轴用量规的校对量规，与特别精密的/P4 级滚动轴承内环孔（直径至 100 mm）相配的机床主轴、精密机械和高速机械的轴径，与/P4 级向心球轴承外环外径相配合的外壳孔径，航空工业及航海工业中导航仪器上特殊精密的个别小尺寸零件的精密配合
IT4	用于精密测量工具，高精度的精密配合和/P4 级、/P5 级滚动轴承配合的轴径和外壳孔径	检验 IT9 至 IT12 级工件用量规和校对 IT12 至 IT14 级轴用量规的校对量规，与/P4 级轴承孔（孔径大于 100 mm 时）及与/P5 级轴承孔相配的机床主轴，精密机械和高速机械的轴径，与/P4 级轴承相配的机床外壳孔，柴油机活塞销及活塞销座孔径，高精度（1 级至 4 级）齿轮的基准孔或轴径，航空及航海工业用仪器中特殊精密的孔径
IT5	用于机床、发动机和仪表中特别重要的配合，在配合公差要求很小、形状精度要求很高的条件下，这类公差等级能使配合性质比较稳定，故它对加工要求较高，一般机械制造中较少应用	检验 IT11 至 IT14 级工作用量规和校对 IT14 至 IT15 级轴用量规的校对量规，与/P5 级滚动轴承相配的机床箱体孔，与/P6 级转动轴承孔相配的机床主轴，精密机械及高速机械的轴径，机床尾座套筒，高精度分度盘轴颈，分度头主轴，精密丝杆基准轴颈，高精度镗套的外径等，发动机中主轴的外径，活塞销外径与活塞的配合，精密仪器中轴与各种传动件轴承的配合，航空、航海工业仪表中重要的精密孔的配合，5 级精度齿轮的基准孔及 5 级、6 级精度齿轮的基准轴

续表

公差等级	应用条件说明	应用举例
IT6	广泛用于机械制造中的重要配合，配合表面有较高均匀性的要求，能保证相当高的配合性质，使用可靠	检验IT12至IT15级工件用量规和校对IT15至IT16级轴用量规的校对量规，与/P6级滚动轴承相配的外壳孔及与滚子轴承相配的机床主轴轴颈，机床制造中，装配式齿轮、涡轮、联轴器，带轮、凸轮的孔径，机床丝杠支承轴颈，矩形花键的定心直径，摇臂钻床的立柱等，机床夹具的导向件的外径尺寸，精密仪器光学仪器，计量仪器中的精密轴，航空、航海仪器仪表中的精密轴，无线电工业、自动化仪表、电子仪器、邮电机械中的特别重要的轴，以及手表中特别重要的轴，导航仪器中主罗经的方位轴、微电机轴，电子计算机外围设备中的重要尺寸，医疗器械中牙科直车头，中心齿轮轴及X线机齿轮箱的精密轴等，缝纫机中重要轴类尺寸，发动机中的气缸套外径，曲轴主轴颈，活塞销，连杆衬套，连杆和轴瓦外径等，6级精度齿轮的基准孔和7级、8级精度齿轮的基准轴径，以及特别精密（1级2级精度）齿轮的顶圆直径
IT7	应用条件与IT6相类似，但它要求的精度可比IT6稍低一点，在一般机械制造业中应用相当普遍	检验IT14至IT16级工件用量规和校对IT16级轴用量规的校对量规，机床制造中装配式青铜涡轮轮缘孔径，联轴器、带轮、凸轮等的孔径，机床卡盘座孔，摇壁钻床的摇臂孔，车床丝杠的轴承孔等，机床夹头导向件的内孔（如固定钻套、可换钻套、衬套、镗套等），发动机中的连杆孔、活塞孔、铰制螺栓定位孔等，纺织机械中的重要零件，印染机械中要求较高的零件，精密仪器光学仪器中精密配合的内孔，手表中的离合杆压簧等，导航仪器中主罗经壳底座孔，方位支架孔，医疗器械中牙科直车头中心齿轮轴的轴承孔及X线机齿轮箱的转盘孔，电子计算机、电子仪器、仪表中的重要内孔，自动化仪表中的重要内孔，缝纫机中的重要轴内孔零件，邮电机械中的重要零件的内孔，7级、8级精度齿轮的基准孔和9级、10级精密齿轮的基准轴
IT8	用于机械制造中属中等精度，在仪器、仪表及钟表制造中，由于公称尺寸较小，所以属较高精度范畴，在配合确定性要求不太高时，可应用较多的一个等级，尤其是在农业机械、纺织机械、印染机械、自行车、缝纫机、医疗器械中应用最广	检验IT16级工件用量规，轴承座衬套沿宽度方向的尺寸配合，手表中跨齿轴，棘爪拨针轮等与夹板的配合，无线电仪表工业中的一般配合，电子仪器仪表中较重要的内孔；计算机中变数齿轮孔和轴的配合，医疗器械中牙科车头的钻头套的孔与车针柄部的配合，导航仪器中主罗经粗刻度盘孔月牙形支架与微电机汇电环孔等，电机制造中铁心与机座的配合，发动机活塞油环槽宽，连杆轴瓦内径，低精度（9至12级精度）齿轮的基准孔和11～12级精度齿轮和基准轴，6至8级精度齿轮的顶圆
IT9	应用条件与IT8相类似，但要求精度低于IT8时用	机床制造中轴套外径与孔，操纵件与轴、空转带轮与轴，操纵系统的轴与轴承等的配合，纺织机械、印染机械中的一般配合零件，发动机中机油泵体内孔，气门导管内孔，飞轮与飞轮套，圈衬套，混合气预热阀轴，气缸盖孔径、活塞槽环的配合等，光学仪器、自动化仪表中的一般配合，手表中要求较高零件的未注公差尺寸的配合，单键连接中键宽配合尺寸，打字机中的运动件配合等
IT10	应用条件与IT9相类似，但要求精度低于IT9时用	电子仪器仪表中支架上的配合，导航仪器中绝缘衬套孔与汇电环衬套轴，打字机中铆合件的配合尺寸，闹钟机构中的中心管与前夹板、轴套与轴，手表中尺寸小于18 mm时要求一般的未注公差尺寸及大于18 mm要求较高的未注公差尺寸，发动机中油封挡圈孔与曲轴带轮毂

续表

公差等级	应用条件说明	应用举例
IT11	用于配合精度要求较低，装配后可能有较大的间隙，特别适用于要求间隙较大，且有显著变动而不会引起危险的场合	机床上法兰盘止口与孔、滑块与滑移齿轮、凹槽等，农业机械、机车车厢部件及冲压加工的配合零件，钟表制造中不重要的零件，手表制造用的工具及设备中的未注公差尺寸；纺织机械中较粗糙的活动配合，印染机械中要求较低的配合，医疗器械中手术刀片的配合，磨床制造中的螺纹连接及粗糙的动连接，不作测量基准用的齿轮顶圆直径公差
IT12	配合精度要求很粗糙，装配后有很大的间隙，适用于基本上没有什么配合要求的场合，要求较高的未注公差尺寸的极限偏差	非配合尺寸及工序间尺寸，发动机分离杆，手表制造中工艺装备的未注公差尺寸，计算机行业切削加工中未注公差尺寸的极限偏差，医疗器械中手术刀柄的配合，机床制造中扳手孔与扳手座的连接
IT13	应用条件与 IT12 相类似，	非配合尺寸及工序间尺寸，计算机、打字机中切削加工零件及图片孔、二孔中心距的未注公差尺寸
IT14	用于非配合尺寸及不包括在尺寸链中的尺寸	在机床、汽车、拖拉机，冶金矿山、石油化工、电机、电器、仪器、仪表、造船、航空、医疗器械、钟表、自行车、缝纫机、造纸与纺织机械等工业中对切削加工零件未注公差尺寸的极限偏差，广泛应用此等级
IT15	用于非配合尺寸及不包括在尺寸链中的尺寸	冲压件，木模铸造零件，重型机床制造，当尺寸大于 3 150 mm 时的未注公差尺寸
IT16	用于非配合尺寸及不包括在尺寸链中的尺寸	打字机中浇铸件尺寸，无线电制造中箱体外形尺寸，手术器械中的一般外形尺寸公差，压弯延伸加工用尺寸，纺织机械中木件尺寸公差，塑料零件尺寸公差，木模制造和自由锻造时用
IT17	用于非配合尺寸及不包括在尺寸链中的尺寸	塑料成型尺寸公差，手术器械中的一般外形尺寸公差
IT18	用于非配合尺寸及不包括在尺寸链中的尺寸	冷作、焊接尺寸用公差

（6）在满足设计要求的前提下，应尽量考虑工艺的可能性和经济性。各种加工方法所能达到的精度可参考表 2.13。

表 2.13　各种加工方法的加工精度

加工方法	公差等级（IT）																	
	01	0	1	2	3	4	5	6	7	8	9	10	11	12	13	14	15	16
研磨	—	—	—	—	—	—	—											

续表

加工方法	公差等级（IT）																	
	01	0	1	2	3	4	5	6	7	8	9	10	11	12	13	14	15	16
珩						—	—	—	—									
圆磨							—	—	—	—								
平磨							—	—	—	—								
金刚石车							—	—	—									
金刚石镗							—	—	—									
拉削							—	—	—	—								
绞孔								—	—	—	—	—						
车									—	—	—	—	—					
镗									—	—	—	—	—					
铣										—	—	—	—					
刨、插												—	—					
钻孔												—	—	—	—			
滚压、挤压												—	—					
冲压												—	—	—	—	—		
压铸													—	—	—	—		
粉末冶金成型								—	—	—								
粉末冶金烧结									—	—	—	—						
砂型铸造、气割																		—
锻造																	—	

（7）表面粗糙度是影响配合性质的一个重要因素，在选择公差等级时应同时考虑表面粗糙度的要求。普通材料用一般加工方法所能达到的表面粗糙度数值可参考表 2. 14，公差等级与表面粗糙度的对应关系见表 2. 15。

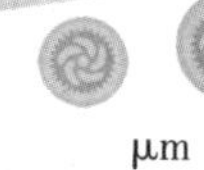

表 2.14　一般生产过程所能得到的典型粗糙度数值　μm

方　法	粗糙度数值*Ra*											
	50	25	12.5	6.3	3.2	1.6	0.8	0.4	0.2	0.1	0.05	0.025
火焰切割												
粗磨												
锯												
刨和插												
钻削												
化学铣												
电火花加工												
铣削												
拉削												
铰孔												
镗、车削												
滚筒光整												
电解磨削												
滚压抛光												
磨削												
珩磨												
抛光												
研磨												
超精加工												
砂型铸造												
热滚孔												
锻												
永久模铸造												
熔模铸造												
挤压												
冷轧、拉拔												
压铸												

注:1. 符号:粗实线为平均适用,虚线为不常适用。

表 2.15　公差等级与表面粗糙度的对应关系

公差等级（IT）	公称尺寸/mm	表面粗糙度 Ra 值不大于		公差等级（IT）	公称尺寸/mm	表面粗糙度 Ra 值不大于		公差等级（IT）	公称尺寸/mm	表面粗糙度 Ra 值不大于	
		轴	孔			轴	孔			轴	孔
5	<6	0.2	0.2	8	<3	0.8	0.8	11	<10	3.2	3.2
	>6～30	0.4	0.4		>3～30	1.6	1.6		>10～120	6.3	6.3
	>30～180	0.8	0.8		>30～250	3.2	3.2				
	>180～500	1.6	1.6		>250～500	3.2	6.3		>120～500	12.5	12.5
6	<10	0.4	0.8	9	<6	1.6	1.6	12	<80	6.3	6.3
	>10～80	0.8	0.8		>6～120	3.2	3.2		>80～250	12.5	12.5
	>80～250	1.6	1.6		>120～400	6.3	6.3				
	>250～500	3.2	3.2		>400～500	12.5	12.5		>250～500	25	25
7	<0	0.8	0.8	10	<10	3.2	3.2	13	<30	6.3	6.3
	>6～120	1.6	1.6		>10～120	6.3	6.3		>30～120	12.5	12.5
	>120～500	3.2	3.2		>120～250	12.5	12.5		>120～500	25	25

3）配合的选择

配合的选择主要从以下几个方面考虑。

（1）配合件之间有无相对运动。

有相对转动或滑动时应采用间隙配合；如不许有相对运动时应采用过盈配合。在传递转矩时，如果采用间隙配合或过渡配合必须通过键将孔、轴连接起来。

（2）配合件的定心要求。

当定心要求比较高时，应采用过渡配合，如滚动轴承与轴颈的配合。

（3）工作时的温度变化。

如工作时的温度与装配时的温度相差比较大，在选择配合时必须充分考虑装配间隙或过盈的变化。例如，铝制的活塞与钢制的气缸配合，在工作时要求间隙为 0.1～0.3 mm。配合直径为 $\phi190$ mm，气缸工作时的温度为 $t_1=110℃$，活塞工作时的温度为 $t_2=180℃$，钢和铝的线膨胀系数分别为 $\alpha_1=12\times10^{-6}/℃$，$\alpha_2=24\times10^{-6}/℃$。

由于温度变化引起的间隙变化量为

$$\begin{aligned}\Delta X &= 190\times[12\times(110-20)-24\times(180-20)]\times10^{-6}\\ &=-0.5244(\mathrm{mm})\end{aligned}$$

为保持正常工作，就不能按间隙为 0.1～0.3 mm 来选择配合，而应当按 0.624 4～0.824 4 mm 选择配合。

4）装配变形对配合性质的影响

对于过盈配合的薄壁筒形零件，在装配时容易产生变形，如轴套与壳体孔的配合需要有一定的过盈，以便轴套的固定，轴套内孔与轴颈的配合要保证有一定的间隙。但是轴套在压入壳体孔时，轴套内孔在压力下要产生收缩变形，使孔径缩小，导致轴套内孔与轴颈的配合性质发生变化，使机构不能正常工作。

在这种情况下，要选择较松的配合，以补偿装配变形对间隙的减小量。也可采取一定的工艺措施，如轴套内孔的尺寸留下一定的余量，先将轴套压入壳体孔，然后再加工内孔。

5）生产批量的大小

在一般情况下，生产批量的大小决定了生产方式。大批量生产时，通常采用调整法加工。例如在自动机上加工一批轴件和一批孔件时，将刀具位置调至被加工零件的公差带中心，这样加工出的零件尺寸大多数处于极限尺寸的平均值附近。因此，它们形成的配合其松紧趋中。

在单件小批生产时，多用试切法加工。由于工人存在着怕出废品的心态，零件的尺寸刚刚由最大实体尺寸一方进入公差带内，则立即停车不再加工，这样多数零件的实际尺寸都分布在最大实体尺寸一方，由它们形成的配合当然也就趋紧。

在选择配合时，一定要根据以上情况适当调整，以满足配合性质的要求。

6）间隙或过盈的修正

实际上影响配合间隙或过盈的因素很多，如材料的力学性能、所受载荷的特性、零件的形状误差、运动速度的高低等都会对间隙或过盈产生一定的影响，在选择配合时，都应给予考虑。表 2.16 列举了若干种影响间隙或过盈的因素及修正意见，可供选择配合时参考。

表 2.16　间隙或过盈修正表

具体情况	过盈应增或减	间隙应增或减
材料许用应力小	减	—
经常拆卸	减	—
有冲击载荷	增	减
工作时孔的温度高于轴的温度	增	减
工作时孔的温度低于轴的温度	减	增
配合长度较大	减	增
零件形状误差较大	减	增
装配时可能歪斜	减	增
旋转速度较高	增	增
有轴向运动	—	增
润滑油黏度较大	—	增
表面粗糙度较高	增	减
装配精度较高	减	减
孔的材料线膨胀系数大于轴的材料	增	减
孔的材料线膨胀系数小于轴的材料	减	增
单件小批生产	减	增

7）应尽量选用优先配合

优先配合是国家标准推荐的首选配合，在选择配合时应优先考虑。如果这些配合不能满足设计要求，则应考虑常用配合。优先和常用配合都不能满足要求时，可由孔、轴的一般公差带自行组合。

优先配合的选用说明列于表 2. 17 供参考。

表 2. 17　优先配合选用说明

优先配合		说　明
基孔制	基轴制	
$\frac{H11}{c11}$	$\frac{C11}{h11}$	间隙非常大，用于很松的，转动很慢的动配合，要求大公差与大间隙的外露组件，要求装配方便的很松的配合
$\frac{H9}{d9}$	$\frac{D9}{h9}$	间隙很大的自由转动配合，用于精度非主要要求时，或有大的温度变动、高转速或大的轴颈压力时
$\frac{H8}{f7}$	$\frac{F8}{h7}$	间隙不大的转动配合，用于中等转速与中等轴颈压力的精确转动，也用于装配较易的中等定位配合
$\frac{H7}{g6}$	$\frac{G7}{h6}$	间隙很小的滑动配合，用于不希望自由转动，但可自由移动和滑动并精密定位时，也可用于要求明确的定位配合
$\frac{H7}{h6}$、$\frac{H8}{h7}$ $\frac{H9}{h9}$、$\frac{H11}{h11}$	$\frac{H7}{h6}$、$\frac{H8}{h7}$ $\frac{H9}{h9}$、$\frac{H11}{h11}$	均为间隙定位配合，零件可自由装拆，而工作时一般相对静止不动。在最大实体条件下的间隙为零，在最小实体条件下的间隙由公差等级决定
$\frac{H7}{k6}$	$\frac{K7}{h6}$	过渡配合，用于精密定位
$\frac{H7}{n6}$	$\frac{N7}{h6}$	过渡配合，允许有较大过盈的更精密定位
$\frac{H7}{p6}$	$\frac{P7}{h6}$	过盈定位配合，即小过盈配合，用于定位精度特别重要时，能以最好的定位精度达到部件的刚性及对中的性能要求，而对内孔承受压力无特殊要求，不依靠配合的紧固性传递摩擦载荷
$\frac{H7}{s6}$	$\frac{S7}{h6}$	中等压入配合，适用于一般钢件，或用于薄壁件的冷缩配合，用于铸铁件可得到最紧的配合
$\frac{H7}{u6}$	$\frac{U7}{h6}$	压入配合，适用于可以受高压力的零件或不宜承受大压入力的冷缩配合

8）用类比法选择配合

所谓类比法就是根据所设计机器的使用要求，参照同类型机器中所用的配合，再加以修正来确定配合的一种方法。这种方法简便实用，目前在生产实际中被普遍采用。表2.18列出了三大类配合的应用实例，供用类比法选择配合时参考。需要指出，用类比法选择配合时，务必查明各种情况，在此基础上进行适当修正，不可盲目地生搬硬套。因此，在用类比法选择配合时，应当同时参考表2.16、表2.17和表2.18，综合考虑各种情况，以便使选择的配合更合理。

表2.18　配合的应用实例

配　合	基本偏差	配合特性	应用实例
间隙配合	a、b	可得到特别大的间隙，应用很少	H12/b12　H12/b12 管道法兰连接用的配合
	g	配合间隙很小，制造成本高，除很轻负荷的精密装置外，不推荐用于转动配合，多用IT5、6、7级，最适合不回转的精密滑动配合，也用于插销等定位配合，如精密连杆轴承、活塞及滑阀、连杆销等	钻套　衬套　钻模板　G7　H7/g6　H7/n6 钻套与衬套的结合
	h	多用IT4～11级，广泛用于无相对转动的零件，作为一般的定位配合，若没有温度、变形影响，也用于精密滑动配合	H6/h5 车床尾座体孔与顶尖套筒的结合

续表

配合	基本偏差	配合特性	应用实例
过渡配合	js	为完全对称偏差（±IT/2），平均起来为稍有间隙的配合，多用于IT4～7级，要求间隙比h轴小，并允许略有过盈的定位配合，如联轴器，可用手或木槌装配	齿圈 轮辐 $\frac{H7}{Js6}$ 齿圈与钢轮辐的结合
	k	平均起来没有间隙的配合，适用IT4～7级，推荐用于稍有过盈的定位配合，例如为了消除振动用的定位配合，一般用木槌装配	箱体 后轴承座 $\frac{H6}{k5}$ 某车床主轴后轴承座与箱体孔的结合
	m	平均起来具有不大过盈的过渡配合。适用IT4～7级，一般可用木槌装配，但在最大过盈时，要求相当的压入力	$\frac{H7}{n6}$（$\frac{H7}{m6}$） 涡轮青铜轮缘与轮辐的结合
	n	平均过盈比m轴稍大，很少得到间隙，适用IT4～7级，用锤或压力机装配，通常推荐用于紧密的组件配合，H6/n5配合时为过盈配合	$\frac{H7}{n6}$ 冲床齿轮与轴的结合

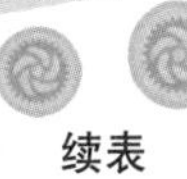

续表

配　合	基本偏差	配合特性	应用实例
过盈配合	p	与H6或H7配合时是过盈配合，与H8孔配合时则为过渡配合。对非铁制零件，为较轻的压入配合，当需要时易于拆卸。对钢、铸铁或铜、钢组件装配是标准压入配合	$\frac{H7}{p6}$ 卷扬机的绳轮与齿圈的结合
	r	对铁制零件为中等打入配合，对非铁制零件，为轻打入的配合，当需要时可以拆卸。与H8孔配合，直径在100 mm以上时为过盈配合，直径小时为过渡配合	$\frac{H7}{p6}$ 涡轮与轴的结合
	s	用于钢和铁制零件的永久性和半永久性装配，可产生相当大的结合力。当用弹性材料，如轻合金时，配合性质与铁制零件的p轴相当。例如套环压装在轴上、阀座等配合。尺寸较大时，为了避免损伤配合表面，需用热胀或冷缩法装配	$\frac{H7}{s6}$ 水泵阀座与壳体的结合
	t u v x y z	过盈量依次增大，一般不推荐	$\frac{H7}{t6}$ 联轴器与轴的结合

习　题

1. 试说明下列概念是否正确：

① 公差是零件尺寸允许的最大偏差。

② 公差一般为正，在个别情况下也可以为负或零。

③ 过渡配合可能有间隙，也可能有过盈。因此过渡配合可能是间隙配合，也可能是过盈配合。

2. 求下列各种孔轴配合的公称尺寸，上极限偏差、下极限偏差，公差，上极限尺寸、下极限尺寸，最大间隙、最小间隙（或过盈），属于何种配合，求出配合公差，并画出各种极限与配合图解和配合公差带图，单位为 mm。

① 孔 $\phi20^{+0.033}_{0}$ 与轴 $\phi20^{-0.020}_{-0.041}$ 相配合。

② 孔 $\phi40^{+0.025}_{0}$ 与轴 $\phi40^{+0.033}_{+0.017}$ 相配合。

③ 孔 $\phi60^{-0.021}_{-0.051}$ 与轴 $\phi60^{0}_{-0.019}$ 相配合。

3. 使用标准公差与基本偏差表，查出下列公差带的上、下极限偏差。

ϕ32d9　　ϕ80p6　　ϕ20v7　　ϕ170h11　　ϕ28k7　　ϕ280m6

ϕ40C11　　ϕ140M8　　ϕ25Z6　　ϕ30js6　　ϕ35P7　　ϕ60J6

4. 查出下列孔、轴配合中孔和轴的上、下极限偏差，说明配合性质，画出公差与配合图解。

$\phi40\dfrac{H8}{f7}$　　$\phi25\dfrac{P7}{h6}$　　$\phi60\dfrac{H7}{h6}$　　$\phi32\dfrac{H8}{js7}$　　$\phi16\dfrac{D8}{h8}$　　$\phi100\dfrac{G7}{h6}$

5. 有一对孔、轴配合公称尺寸为 50 mm，要求配合间隙为 45～115 μm，试定它们的公差等级，并选适当的配合。

6. 图 2.27 为一机床传动轴配合，齿轮与轴由键连接，轴承内外圈与轴和机座的配合采用 ϕ50k6 和 ϕ110J7。试确定齿轮与轴、挡环与轴、端盖与机座的公差等级和配合性质，并画出公差与配合图解（如采用任意孔、轴公差带配合，需进行计算）。

7. 试确定图 2.28 中 C616 车床尾架中的：

① 手轮和螺杆轴 0807（ϕ12 mm）；

② 后盖 812 和螺杆轴 0807（ϕ15 mm）；

③ 螺母 0810 和套 0803（ϕ30 mm）；

④ 套 0803 和尾架座 0802（ϕ45 mm）的公差带和配合性质，并画出公差与配合图解。

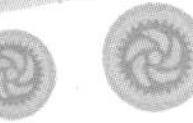

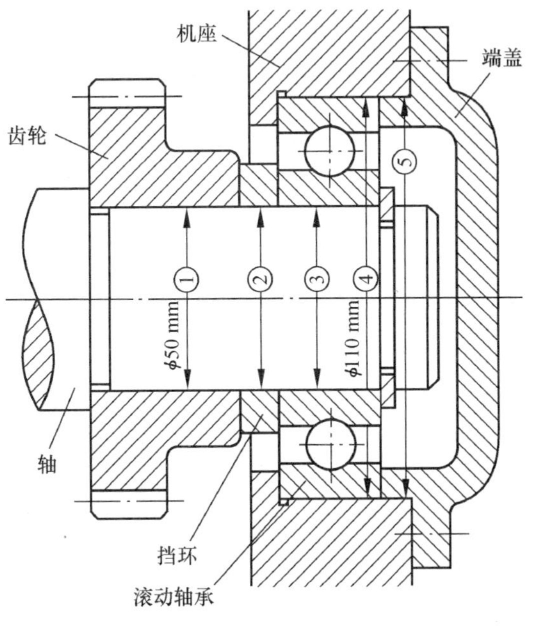

图 2.27　滚动轴承装配图

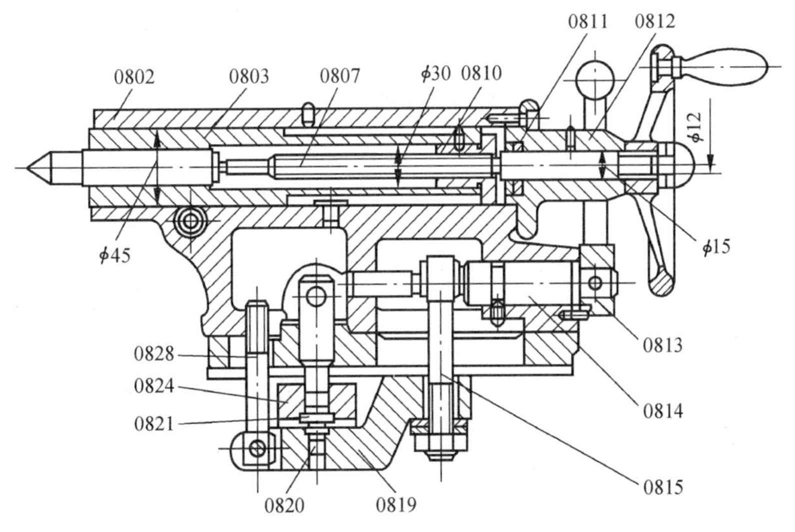

图 2.28　C616 车床尾部架部件的结构图

8. 公差配合的选用应当包括哪几个方面的内容？
9. 确定基准制时应考虑哪些问题？
10. 确定公差等级时应考虑哪些问题？
11. 确定配合时应考虑哪些问题？
12. 根据哪些因素来考虑对配合松紧的修正？

【学习评价】

评　价　项　目		分值	自评分
知识目标	理解有关尺寸、偏差、公差、配合等方面的术语和定义	10	
	掌握标准中有关标准公差、公差等级的规定	10	
	掌握标准中规定的孔和轴各28种基本偏差代号及它们的分布规律	8	
	了解标准中关于一般、常用和优先公差带与配合的规定	7	
	明确标准中关于未注公差的线性尺寸的公差的规定	5	
能力目标	学会公差带的概念和公差带图的画法	10	
	熟练查取标准公差和基本偏差表格	10	
	正确进行有关间隙与过盈的计算	10	
	学会公差与配合的正确选用	10	
素养目标	培养学生理论联系实践，提高学生学习的积极性和自觉性	10	
	借助“大国工匠”等关键词，坚定学生理想信念，厘清当代青年历史使命与责任担当	10	

模块三
技术测量基础

【学习目标】

知识目标

1. 了解测量的基本概念及其四要素；
2. 了解长度基准和量值传递的概念；
3. 了解测量误差的概念；
4. 掌握计量器具的分类和常用的度量指标；
5. 掌握测量方法的分类和特点。

能力目标

1. 掌握量块使用方法；
2. 掌握孔轴的直径检测方法；
3. 学会长度尺寸的精密测量方法；
4. 学会验收极限的应用。

素养目标

1. 养成严谨细致的工作素养；
2. 克服自身问题，养成精益求精的工作理念；
3. 遵章守法，不弄虚作假，不出假检测报告。

课程思政案例二

学习单元一　技术测量的基本概念

1. 有关测量的基本概念

本课程的技术测量主要研究对零件的几何量（包括长度、角度、表面粗糙度、几何形状和相互位置等）进行测量或检验。

所谓测量，就是把被测量与具有计量单位的标准量进行比较，从而确定被测量是计量单位的倍数或分数的实验过程。可用公式表示为

$$L = qE$$

式中　L——被测值；

q——比值；

E——计量单位。

所谓检验，是指确定被测几何量是否在规定的极限范围内，从而判定是否合格，而不一定能得出具体的量值。

由于测量器具和标准件存在误差，需要对它们用高精度的计量器具，按照国家规定的检定程序定期地进行检验，并给出校正值，这种方法就是检定。

机械制造业技术测量是属于度量学的一个部分，一个完整的几何量测量过程包括被测对象、计量单位、测量手段和测量精度等四个要素。

被测对象——在几何量测量中，被测对象是指长度、角度、表面粗糙度、形位误差等。

计量单位——用以度量同类量值的标准量。长度的计量单位是米（m），机械制造中常用毫米（mm）作为特定单位。角度的计量单位是度（°）、分（′）、秒（″）。

测量手段——指测量原理、测量方法、测量器具和测量条件的总和。

测量条件是指测量时零件和测量器具所处的环境，如温度、湿度、振动和灰尘等。测量时标准温度是20℃，计量室的相对湿度应以50%～60%为宜，应远离振动，清洁度要高等。

测量精度——指测量结果与真值一致的程度。

2. 长度单位、基准和尺寸传递

1）长度单位和基准

在我国法定计量单位中，长度单位是米（m），与国际单位制一致。机械制造中常用的单位是毫米（mm）；测量技术中常用的单位是微米（μm）。

$$1\ \text{m} = 10^3\ \text{mm};\ 1\ \text{mm} = 10^3\ \mu\text{m}$$

随着科学技术的进步，人类对“米”的定义也是在一个发展和完善的过程中。1983年第十七届国际计量大会通过“米”的新定义为“光在真空中在1/299 792 458 s时间间隔内行程的长度”。新定义并未规定某个具体辐射波长作为基准，它有以下几个特点：

（1）将反映物理量单位概念的定义本身与单位的复现方法分开。这样，随着科学技术的发展，复现单位的方法可不断改进，复现精度可不断提高，而不受定义的局限。

（2）定义的理论基础及复现方法均以真空中光速为给定的常数为基础。

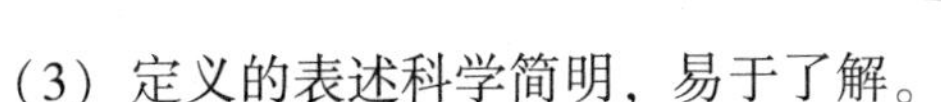

(3) 定义的表述科学简明，易于了解。

米定义的复现主要采用稳频激光。我国使用碘吸收稳定的 0.633 μm 氦氖激光辐射作为波长标准。

2) 量值的传递系统

在生产实践中，不便于直接利用光波波长进行长度尺寸的测量，通常要经过中间基准将长度基准逐级传递到生产中使用的各种计量器具上，这就是量值的传递系统。我国长度量值传递系统如图 3.1 所示，从最高基准谱线开始，通过两个平行的系统向下传递。

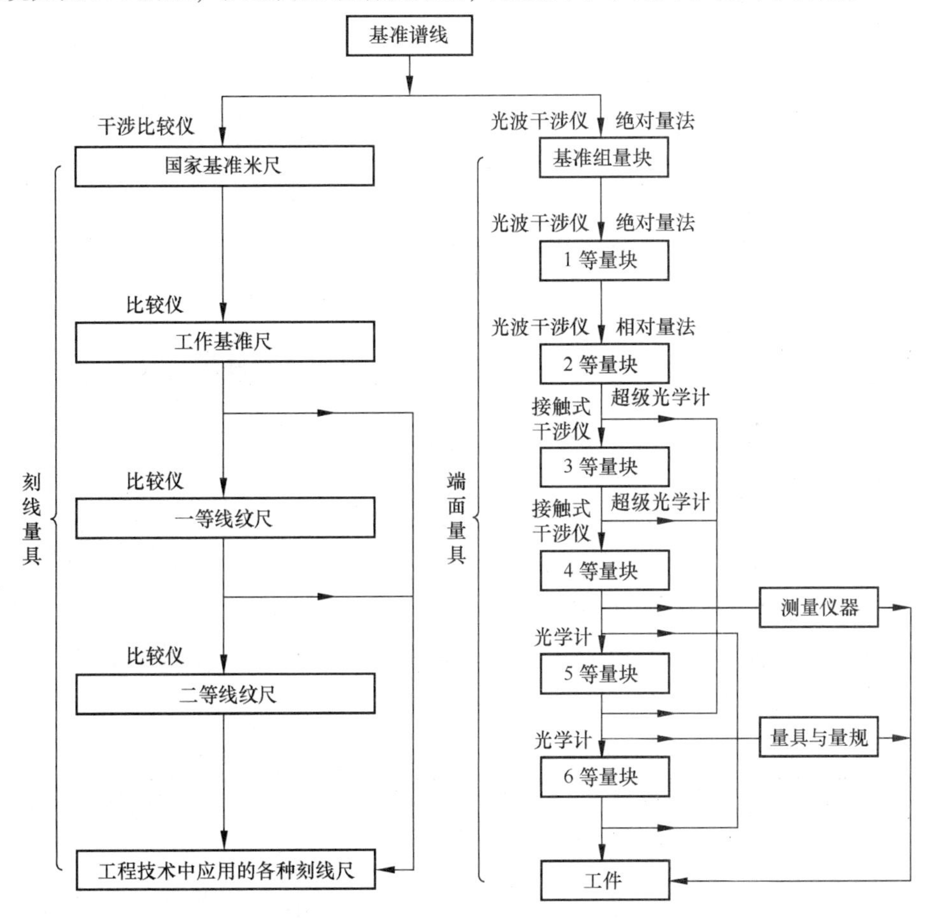

图 3.1　长度量值传递系统

3. 量块的基本知识

量块又称块规，它是无刻度的平面平行端面的量具。量块除作为标准器具进行长度量值传递之外，还可以作为标准器来调整仪器、机床或直接检测零件。

1) 量块的材料、形状和尺寸

量块通常用线膨胀系数小，性能稳定、耐磨、不易变形的材料制成，如铬锰钢等。它的形状有长方体和圆柱体，但绝大多数是长方体，如图 3.2 所示。其上有两个相互平行、非常光洁的工作面，称为测量

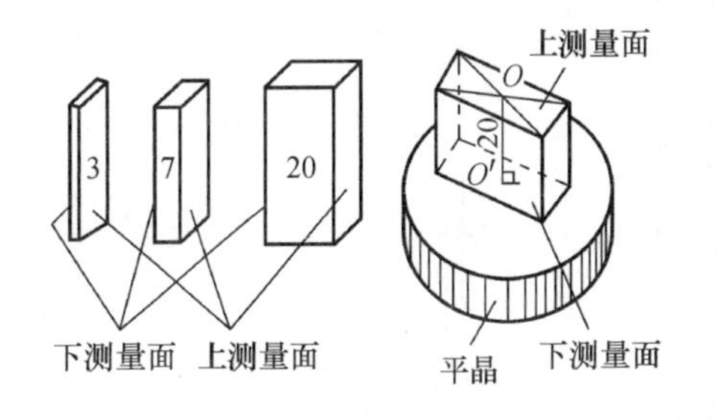

图 3.2　量块

面。量块的工作尺寸是指中心长度 OO'，即从一个测量面上的中点至与该量块另一测量面相研合的辅助体表面（平晶）之间的距离。

2）量块的精度等级

量块的精度可按“级”和“等”两种方法来分。按 GB/T 6093—2001 的规定，量块按制造精度（即量块长度的极限偏差和长度变动量允许值）分为 5 级：0、1、2、3 和 K 级。0 级精度最高，3 级精度最低，K 级为校准级，用来校准 0、1、2 级量块。

量块长度的极限偏差是指量块中心长度与标称长度之间允许的最大偏差。

在计量部门，量块按检定精度（即中心长度测量极限误差和平面平行性允许偏差）分为 6 等：1、2、3、4、5、6 等。其中 1 等最高，精度依次降低，6 等最低。

值得注意的是，由于量块平面平行性和研合性的要求，一定的级只能检定出一定的等。量块按级使用时，应以量块的标称长度作为工作尺寸，该尺寸包含了量块的制造误差；量块按等使用时，应以检定后所给出的量块中心长度的实际尺寸作为工作尺寸，该尺寸排除量块制造误差的影响，仅包含较小的测量误差。因此，量块按“等”使用比按“级”使用时的测量精度高。例如，标称长度为 50 mm 的 0 级量块，其长度的极限偏差为±0. 000 20 mm，若按“级”使用，不管该量块的实际尺寸如何，均按 50 mm 计，则引起的测量误差就为±0. 000 20 mm。但是，若该量块经过检定后，确定为四等，其实际尺寸为 50. 000 12 mm，测量极限误差为±0. 000 35 mm。显然，按“等”使用，即按尺寸为 50. 000 12 mm 使用的测量极限误差为±0. 000 35 mm，比按“级”使用测量精度高。

3）量块的特性和应用

量块的基本特性除上述的稳定性、耐磨性和准确性之外，还有一个重要特性——研合性。所谓研合性，是指量块的一个测量面与另一量块的测量面或另一经精密加工的类似的平面，通过分子吸力作用而粘合的性能。利用这一特性，把量块研合在一起，便可以组成所需要的各种尺寸。我国成套量块，每套具有一定数量不同尺寸的量块，将其装在特制的木盒内，常用成套量块见表 3. 1。

表 3. 1　成套量块尺寸表（摘自 GB/T 6093—2001）

套　别	总块数	级　别	尺寸系列/mm	间隔/mm	块　数
1	91	0，1	0. 5		1
			1		1
			1. 001，1. 002，…，1. 009	0. 001	9
			1. 01，1. 02，…，1. 49	0. 01	49
			1. 5，1. 6，…，1. 9	0. 1	5
			2. 0，2. 5，…，9. 5	0. 5	16
			10，20，…，100	10	10
2	83	0，1，2	0. 5		1
			1		1
			1. 005		1
			1. 01，1. 02，…，1. 49	0. 01	49
			1. 5，1. 6，…，1. 9	0. 1	5
			2. 0，2. 5，…，9. 5	0. 5	16
			10，20，…，100	10	10

续表

套　别	总块数	级　别	尺寸系列/mm	间隔/mm	块　数
3	46	0，1，2	1		1
			1.001，1.002，…，1.009	0.001	9
			1.01，1.02，…，1.09	0.01	9
			1.1，1.2，…，1.9	0.1	9
			2，3，…，9	1	8
			10，20，…，100	10	10
4	38	0，1，2	1		1
			1.005		1
			1.01，1.02，…，1.09	0.01	9
			1.1，1.2，…，1.9	0.1	9
			2，3，…，9	1	8
			10，20，…，100	10	10

在使用组合量块时，为了减小量块组合的累积误差，应尽量减少使用的块数，一般不超过4~5块。为了迅速选择量块，应根据所需尺寸的最后一位数字选择量块，每选一块至少减少所需尺寸的一位小数。

例：从83块一套的量块中选取尺寸为38.935 mm量块组，其选取方法为：

38.935

−1.005　　第一块量块尺寸为1.005 mm

37.93

−1.43　　第二块量块尺寸为1.43 mm

36.5

−6.5　　第三块量块尺寸为6.5 mm

30　　第四块量块尺寸为30 mm

为了扩大量块的应用范围，可采用量块附件，量块附件中主要是夹持器和各种量爪，如图3.3所示。量块及其附件装配后，可用于测量外径、内径或作精密划线等。

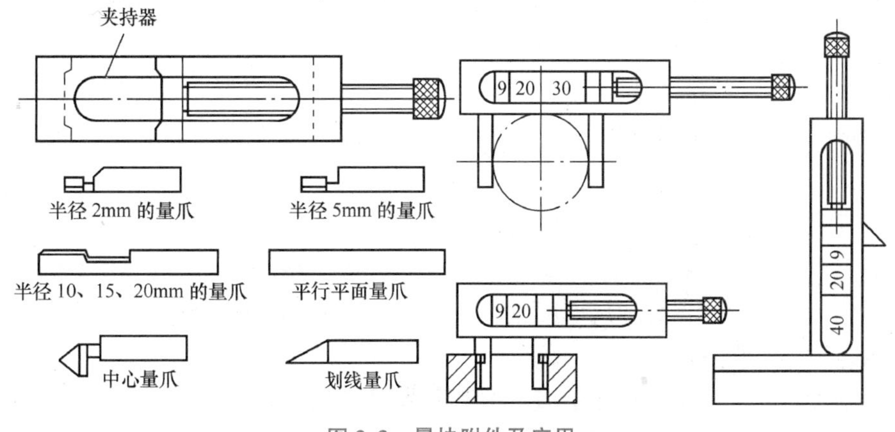

图3.3　量块附件及应用

学习单元二　计量器具和测量方法的分类

1. 计量器具的分类

计量器具（或称为测量器具）是指用于测量的量具、量规、量仪（测量仪器）和计量装置等四类。通常把没有传动放大系统的测量工具称为量具，如游标卡尺、直角尺和量规等；把具有传动放大系统的测量器具称为量仪，如机械比较仪、测长仪和投影仪等。

1）量具

量具通常是指结构比较简单的测量工具，包括单值量具、多值量具和标准量具等。

（1）单值量具是用来复现单一量值的量具。例如量块、角度块等，通常都是成套使用。

（2）多值量具是一种能复现一定范围的一系列不同量值的量具，如线纹尺等。

（3）标准量具是用作计量标准，供量值传递用的量具，如量块、基准米尺等。

2）量规

量规是一种没有刻度的、用以检验零件尺寸或形状或相互位置的专用检验工具。它只能判定零件是否合格，而不能得出具体尺寸。如光滑极限量规，位置量规等。

3）量仪

量仪即计量仪器，是指能将被测的量值转换成可直接观察的指示值或等效信息的计量具。按工作原理和结构特征，量仪可分为机械式、电动式、光学式、气动式以及它们的组合形式——光机电一体的现代量仪。

4）计量装置

计量装置是确定被测量值所必需的计量器具和辅助设备的总体。

2. 计量器具的基本技术指标

（1）刻度间距：计量器具刻度标尺或度盘上两相邻刻线中心线间的距离。为了便于读数，刻度间距不宜太小，一般为 1~2.5 mm。

（2）分度值：计量器具标尺上每刻线间距所代表的被测量的量值。一般长度计量器具分度值有 0.1 mm、0.01 mm、0.001 mm、0.000 5 mm 等。如图 3.4 所示，表盘上的分度值为 1 μm。

（3）测量范围：计量器具所能测量的最大与最小值范围。如图 3.4 所示测量范围 0~180 mm。

（4）示值范围：计量器具标尺或度盘内全部刻度所代表的最大与最小值的范围。图 3.4 所示的示值范围为±20 μm。

（5）灵敏度：对于给定的被测量值，被观测变量的增量 ΔL 与相应的被测量的增量 Δx 之比，即

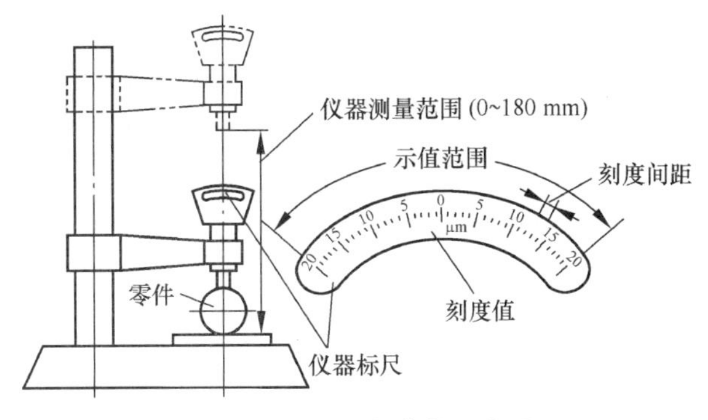

图 3.4　测量器具参数示意图

$$S = \Delta L/\Delta x$$

在分子、分母是同一类量的情况下，灵敏度亦称放大比或放大倍数。

（6）示值误差：测量器具示值减去被测量的真值所得的差值。

（7）测量的重复性误差：在相同的测量条件下，对同一被测量进行连续多次测量时，测得值的分散程度即为重复性误差。它是计量器具本身各种误差的综合反映。

（8）不确定度：表示由于测量误差的存在而对被测几何量不能肯定的程度。

3. 测量方法的分类

测量方法是指测量时所采用的方法、计量器具和测量条件的综合，但实际工作中，一般单纯从获得测量结果的方式来理解测量方法。按不同的角度，测量方法有不同的分类。

（1）按是否直接量出所需的量值，分为**直接测量**和**间接测量**。

直接测量：从计量器具的读数装置上直接测得被测参数的量值或相对于标准量的偏差。直接测量又可分为绝对测量和相对测量。若测量读数可直接表示出被测量的全值，这种测量方法就称为绝对测量法。例如，用游标卡尺测量零件尺寸。若测量读数仅表示被测量相对于已知标准量的偏差值，则这种方法为相对测量法。例如，使用量块和千分表测量零件尺寸，先用量块调整计量器具零位，后用零件替换量块，则该零件尺寸就等于计量器具标尺上读数值和量块值的代数和。

间接测量：测量有关量，并通过一定的函数关系，求得被测之量的量值。例如，用正弦尺测量工件角度。

（2）按测量时是否与标准器比较可分为**绝对测量**和**相对测量**。

绝对测量：测量时，被测量的全值可以直接由计量器具的读数装置上获得。例如用测长仪测量轴径。

相对测量：测量时，先用标准器调整计量器具调零位，然后再把被测件放进去测量，由计量仪器的读数装置上读出被测的量相对于标准器的偏差。例如用量块调整比较仪测量轴的直径，被测量值等于计量仪器所示偏差值与标准量值的代数和。

（3）按零件被测参数的多少，可分为**单项测量**和**综合测量**。

单项测量：分别测量零件的各个参数。例如分别测量齿轮的齿形、齿距。

综合测量：同时测量零件几个相关参数的综合效应或综合参数。例如，齿轮的综合测量。

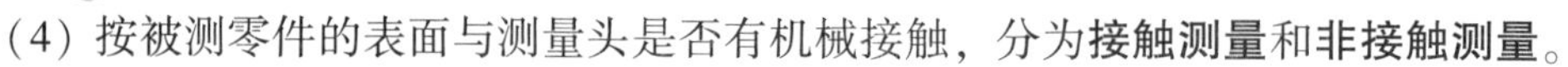

(4) 按被测零件的表面与测量头是否有机械接触，分为**接触测量**和**非接触测量**。

接触测量：被测零件表面与测量头有机械接触，并有机械作用的测量力存在。

非接触测量：被测零件表面与测量头没有机械接触。如光学投影测量、激光测量、气动测量等。

(5) 按测量技术在机械制造工艺过程中所起的作用，可分为**主动测量**和**被动测量**。

主动测量：零件在加工过程中进行的测量。这种测量方法可以直接控制零件的加工过程，能及时防止废品的产生。

被动测量：零件加工完毕后所进行的测量。这种测量方法仅能发现和剔除废品。

(6) 按被测工件在测量过程中所处的状态可分为**静态测量**和**动态测量**。

静态测量：在测量过程中，工件的被测表面与计量器具的测量头处于相对静止状态。例如用外径千分尺测量轴径。

动态测量：在测量过程中，工件的补测表面与计量器具的测量头处于相对运动状态。例如用圆度仪测量圆度误差。

学习单元三 长度测量中常用计量器具和新技术应用

1. 游标类量具

游标类量具是利用游标读数原理制成的一种常用量具。将主尺刻度（$n-1$）格宽度等于游标刻度 n 格的宽度，使游标一个刻度间距与主尺一个刻度间距相差一个读数值。游标量具的分度值有 0.1、0.05、0.02 mm 三种。

为了读数方便，有的游标卡尺上装有测微表头，图 3.5 所示的是带表卡尺，它是通过机械传动系统，将两测量爪相对移动转变为指示表指针的回转运动，并借助尺身刻度和指示表，对两测量爪相对移动所分隔的距离进行读数。

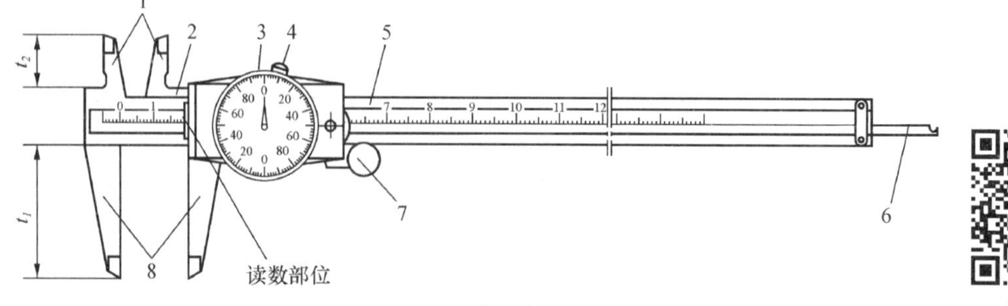

图 3.5 带表卡尺

1—刀口形内测量爪；2—尺框；3—指示表；4—紧定螺钉；
5—尺身；6—深度尺；7—微动装置；8—外测量爪

游标卡尺

图 3.6 所示的是电子数显卡尺，它具有非接触线性电容式测量系统，由液晶显示器显示，具有高度为 4.7 mm 的五位数及“一”位，小字体“5”和“IN”在使用英制时才显示。其外形结构各部分名称如图注。

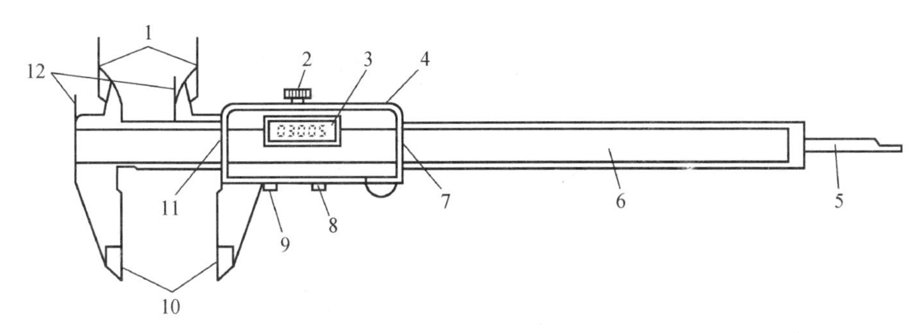

图 3.6　电子数显卡尺

1—内测量面；2—固紧螺钉；3—液晶显示器；4—数据输出端口；5—深度尺；6—容尺；7、11—去尘板；8—置零按钮；9—公英制换算按钮；10—外测量面；12—台阶测量面

2. 测微螺旋副类量具

测微螺旋副类量具是利用螺旋副进行测量的一种机械式读数装置。这类量具除了有外径千分尺外，还有内径千分尺、深度千分尺。一般千分尺的读数不太方便，图 3.7（a）所示是一种新型千分尺的读数部分，其读数为 12.840 mm，在其固定套筒上能显示 1 284，小数点后的第三位数 0 则由固定套筒上的游标刻度读出。图 3.7（b）所示是带有数字显示的千分尺，图上显示的测量值为 5.300 mm。它是用微型光栅、集成电路、镍铬电池组成数字显示的读数部分。

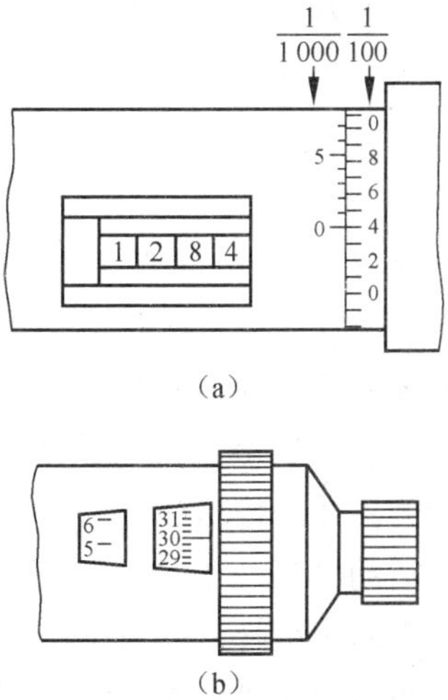

（a）

（b）

图 3.7　数显千分尺读数部分

3. 机械量仪

机械量仪是以杠杆、齿轮、扭簧等机械零件组成的传动部件，将测量杆微小的直线位移传动放大，转变为指针的角位移，最后由指针在刻度盘上指出示值。机械量仪种类很多，主要介绍下列几种。

1）百分表

百分表是应用最多的一种机械量仪，图 3.8 是它的外形图和传动原理图。

外径千分尺

从图 3.8 可知，当切有齿条的测量杆 5 上下移动时，带动与齿条啮合的小齿轮 1 转动，此时与小齿轮固定在同一轴上的大齿轮 2 也随着转动。通过大齿轮 2 即可带动中间齿轮 3 及与中间齿轮固定在同一轴上的指针 6。这样通过齿轮传动系统可将测量杆的微小位移经放大并转变为指针的偏转，并由指针在刻度盘上指示出相应的示值。

为了消除齿轮传动系统中由于齿侧间隙而引起的测量误差，在百分表内装有游丝 8，由游丝产生的扭转力矩作用在大齿轮 7 上，大齿轮 7 也与中间齿轮 3 啮合，这样可以保证齿轮在正反转时都在同一齿侧面啮合，弹簧 4 是控制百分表测量力的。

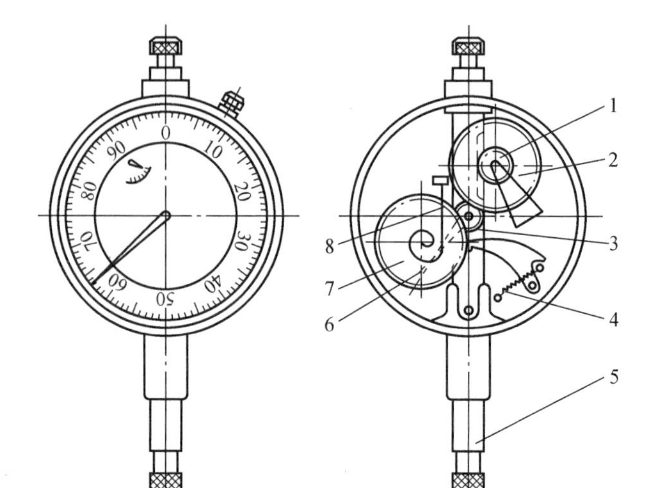

图 3.8　百分表

1—小齿轮；2，7—大齿轮；3—中间齿轮；4—弹簧；5—测量杆；6—指针；8—游丝

百分表分度值为 0.01 mm，表盘沿圆周刻有 100 条等分刻线。因此，百分表的齿轮传动系统是测量杆移动 1 mm，指针回转一圈。

百分表的示值范围通常有：0～3 mm、0～5 mm 和 0～10 mm 三种。

2）内径百分表

内径百分表是一种用相对测量法测量孔径的常用量仪，它可测量 6～1 000 mm 的内尺寸，特别适宜于测量深孔。

内径百分表的结构如图 3.9 所示，它由百分表和表架组成。百分表 7 的测量杆与传动杆 5 始终接触，弹簧 6 是控制测量力的，并经传动杆 5、杠杆 8 向外顶着活动测量头 1。测量时，活动测量头 1 的移动使杠杆 8 回转，通过传动杆 5 推动百分表的测量杆，使百分表的指针偏转。由于杠杆 8 是等臂的，当活动测量头移动 1 mm 时，传动杆 5 也移动 1 mm，推动百分表指针回转一圈。所以，活动测量头的移动量，可以在百分表上读出来。

内径百分表测孔径

内径百分表测孔径 1

定位装置 9 起找正直径位置的作用，因为可换测量头 2 和活动测量头 1 的轴线实为定位装置的中垂线，此定位装置保证了可换测量头和活动测量头的轴线位于被测孔的直径位置上。

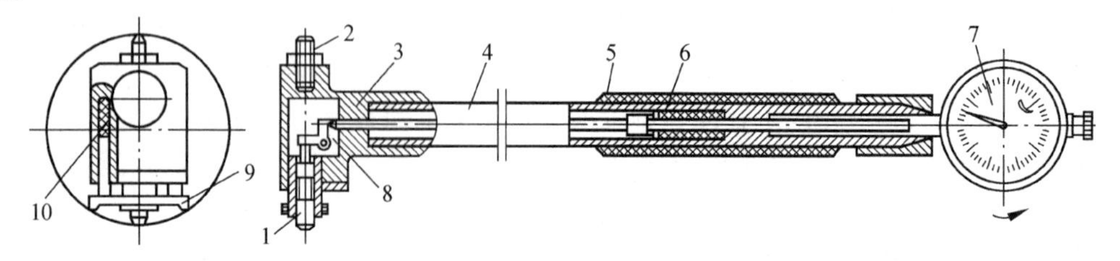

图 3.9　内径百分表

1—活动测量头；2—可换测量头；3—测头主体；4—套管；5—传动杆；6—弹簧；7—百分表；8—杠杆；9—定位装置；10—弹簧

内径百分表活动测量头允许的移动量很小，它的测量范围是由更换或调整可换测量头的长度而达到的。

3）杠杆百分表

杠杆百分表是把杠杆测头的位移，通过机械传动系统，转变为指针在表盘上的角位移。沿表盘圆周上有均匀的刻度，分度值为 0.01 mm，示值范围一般为±0.4 mm。杠杆百分表的外形与传动原理如图 3.10 所示。它是由杠杆、齿轮传动机构组成，将杠杆测头 5 位移，使扇形齿轮 4 绕其轴摆动，并传动与它啮合的小齿轮 1，使固定在小齿轮同一轴上的指针 3 偏转。当杠杆测头的位移为 0.01 mm 时，杠杆齿轮传动机构使指针正好偏转一小格，这样就得到 0.01 mm 的读数值。

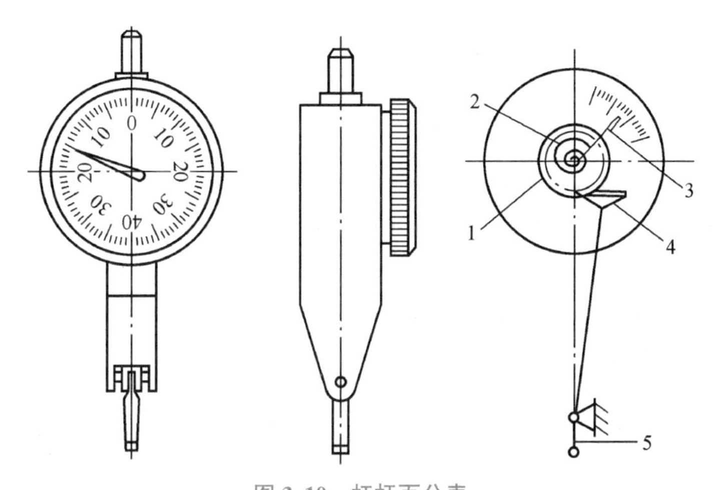

图 3.10　杠杆百分表

1—小齿轮；2—游丝；3—指针；4—扇形齿轮；5—杠杆测头

杠杆百分表的体积较小，杠杆测头方向可以改变，在校正工件和测量工件时都很方便，尤其对于小孔的测量和在机床上校正零件时，由于地位限制，百分表放不进去，这时使用杠杆百分表就显得比较方便。

4）杠杆式卡规

杠杆式卡规是一种相对法测量工件尺寸的量仪，它的工作原理是利用杠杆齿轮变换装置，将测量杆的位移，经变换放大为指针在刻度盘上的读数。如图 3.11 所示，当测量杆 2 移动时使杠杆 3 转动，在杠杆的另一末端为扇形齿轮，可使小齿轮 6 和固定在小齿轮轴上的指针 7 转动，在刻度盘 8 上便可读出示值。为了消除传动中的空程，装有游丝 9、弹簧 4 控制测量力，为了防止测量面磨损和测量方便，装有退让杠杆 5，10 为止动装置。

杠杆式卡规的分度值有 0.002 mm 和 0.001 mm 两种，其测量范围有 0～25 mm、25～50 mm、…、125～150 mm 六种。

5）杠杆式千分尺

杠杆式千分尺相当于外径千分尺与杠杆式卡规组合而成。其外形如图 3.12 所示，螺旋测微部分的分度值为 0.01 mm，杠杆齿轮部分的分度值为 0.001 mm 或 0.002 mm，用指示表指示读数。表盘的示值范围为±0.02 mm，测量范围为 0～25 mm、25～50 mm。

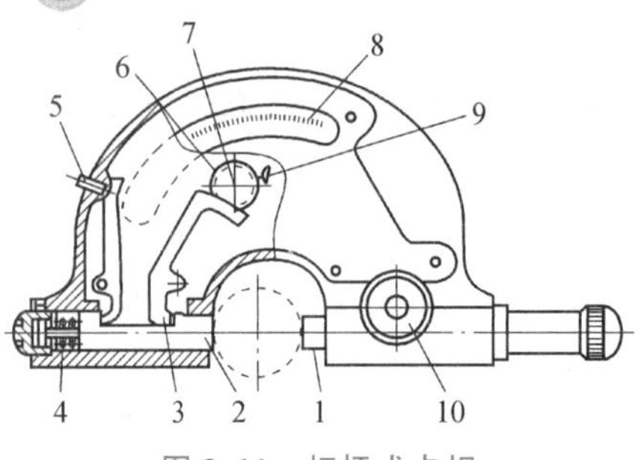

图 3.11　杠杆式卡规

1—测砧；2—测量杆；3—杠杆；4—弹簧；
5—退让杠杆；6—小齿轮；7—指针；
8—刻度盘；9—游丝；10—止动装置

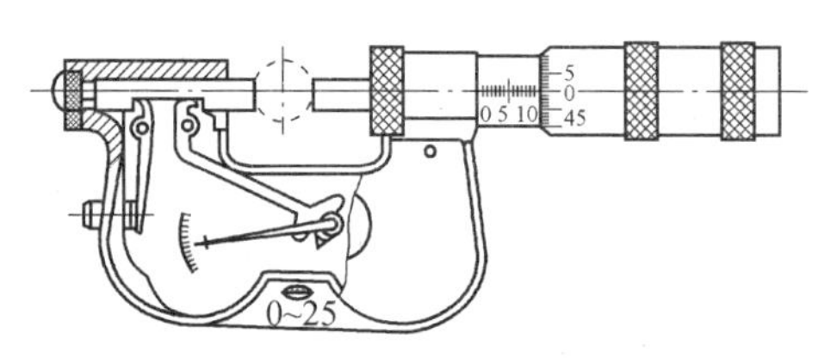

图 3.12　杠杆式千分尺

杠杆千分尺是一种测量外尺寸的计量器具，可以用作相对测量或绝对测量。

6）杠杆比较仪

杠杆比较仪可用来进行比较测量，其外形和结构如图 3.13 所示。比较仪上的测量杆 4 装在弹簧片上（图上未示出），保证测量杆移动时既无摩擦阻力，又无径向间隙，测量杆的末端是刀口 3，用来支承组合的 V 形刀架 2，V 形刀架连接指针 1，自动定位的上刀口是 V 形刀架可以绕它摆动的一个支点。两刀口支点间的距离为杠杆短臂 o，框架指针 1 即杠杆长臂 R。两刀口应彼此平行，故刀口 3 末端做成圆锥体放在测量杆的银孔中可活动，于是两刀口的平行度就可自行调整了。测量力由弹簧 6 控制，整个内部构件都装在圆筒 5 内。

杠杆比较仪是利用不等臂杠杆放大原理，其放大比 $K=\frac{R}{a}$。因杠杆短臂 $a=0.1$ mm，杠杆长臂 $R=100$ mm，故放大比 $K=1\ 000$。

杠杆比较仪的分度值为 0.001 mm，标尺主值范围为±30 μm。

7）杠杆齿轮比较仪

杠杆齿轮比较仪是将测量杆的直线位移，通过杠杆齿轮传动系统转变为指针在表盘上的角位移。表盘上有不满一周的均匀刻度。图 3.14 是它的外形和传动原理示意图，当测量杆移动时，使杠杆绕轴转动，并通过杠杆短臂 R_4 和长臂 R_3 将位移量放大，同时，扇形齿轮带动与其啮合的小齿轮转动，这时小齿轮分度圆半径 R_2 与指针长度 R_1 又起放大作用，使指针在标尺上指示出相应的测量杆位移值。

杠杆齿轮比较仪的放大比

$$K=\frac{R_1}{R_2}\times\frac{R_3}{R_4}=\frac{50}{1}\times\frac{100}{5}=1\ 000$$

杠杆齿轮比较仪的分度值为 0.001 mm，标尺的示值范围为±0.1 mm。

4. 新技术的应用

随着科学技术的迅速发展，测量技术已从应用机械原理、几何光学原理发展到应用更多的、新的物理原理，引用最新的技术成就，如光栅、激光、感应同步器、磁栅以及射线技术。特别是计算机技术的发展和应用，使得计量仪器跨越到一个新的领域。三坐标测量机和计算机完美的结合，使之成为一种越来越引人注目的高效率、新颖的几何量精密测量设备。

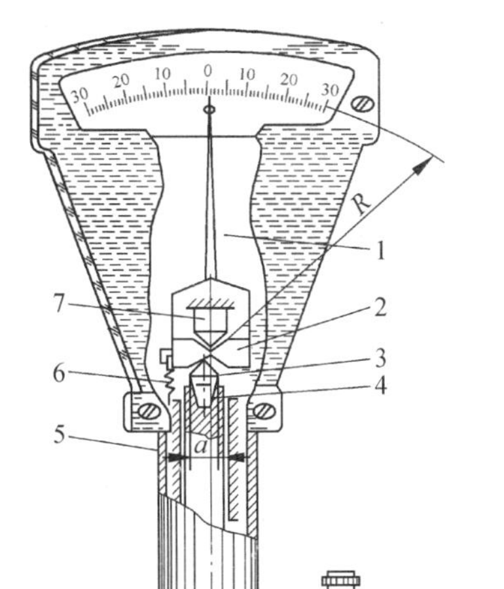

图 3.13　杠杆比较仪

1—指针；2—V 形刀架；3—刀口；
4—测量杆；5—圆筒；6—弹簧；7—刀口

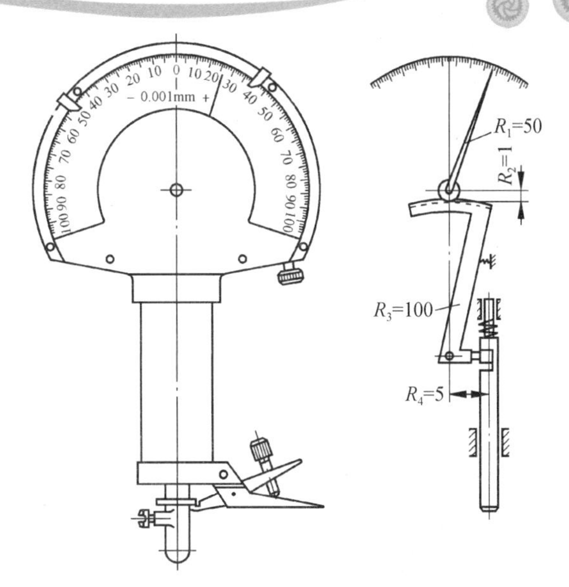

图 3.14　杠杆齿轮比较仪

这里主要简单介绍光栅技术、激光技术和三坐标测量机。

1）光栅技术

（1）计量光栅。在长度计量测试中应用的光栅称为计量光栅。它一般是由很多间距相等的不透光刻线和刻线间透光缝隙构成。光栅尺的材料有玻璃和金属两种。

计量光栅一般可分为长光栅和圆光栅。长光栅的刻线密度有每毫米 25、50、100 和 250 条等。圆光栅的刻线数有 10 800 条和 21 600 条两种。

（2）光栅的莫尔条纹的产生。如图 3.15（a）所示，将两块具有相同栅距 W 的光栅的刻线面平行地叠合在一起，中间保持 0.01~0.1 mm 间隙，并使两光栅刻线之间保持一很小夹角 θ。于是在 a-a 线上，两块光栅的刻线相互重叠，而缝隙透光（或刻线间的反射面反光），形成一条亮条纹；而在 b-b 线上，两块光栅的刻线彼此错开，缝隙被遮住，形成一条暗条纹。由此产生的一系列明暗相间的条纹称为莫尔条纹，如图 3.15（b）所示。图中莫尔条纹近似地垂直于光栅刻线，图 3.15 莫尔条纹线因此称为横向莫尔条纹，两亮条纹或暗条纹之间的宽度 B 称为条纹间距。

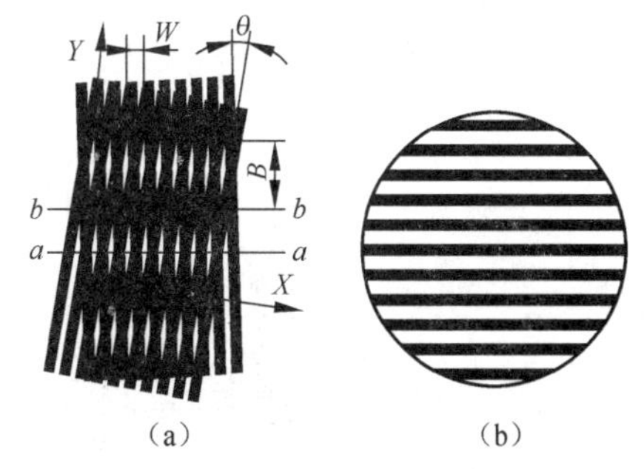

图 3.15　莫尔条纹

（3）莫尔条纹的特征。① 对光栅栅距的放大作用。根据图 3.15 的几何关系可知，当两光栅刻线的交角 θ 很小时，

$$B \approx W/\theta$$

式中，θ 是以弧度为单位。此式说明，适当调整夹角 θ，可使条纹间距 B 比光栅栅距 W 放大几百倍甚至更大，这对莫尔条纹的光电接收器接收非常有利。如：$W = 0.04$ mm，$\theta = 0°13'$

15″，则$B=10$ mm，相当于放大了250倍。

② 对光栅刻线误差的平均效应。由图3.15（a）可以看出，每条莫尔条纹都是由许多光栅刻线的交点组成，所以个别光栅刻线的误差和疵病在莫尔条纹中得到平均。设δ_0为光栅刻线误差，n为光电接收器所接收的刻线数，则经莫尔条纹读出的系统误差为：

$$\delta = \delta_0 / \sqrt{\delta_n}$$

由于n一般可以达几百条刻线，所以莫尔条纹的平均效应可使系统测量精度提高很多。

③ 莫尔条纹运动与光栅副运动的对应性。在图3.15（a）中，当两光栅尺沿X方向相对移动一个栅距W时，莫尔条纹在Y方向也随之移动一个莫尔条纹间距B，即保持着运动周期的对应性；当光栅尺的移动方向相反时，莫尔条纹的移动方向也随之相反，即保持了运动方向的对应性。利用这个特性，可实现数字式的光电读数和判别光栅副的相对运动方向。

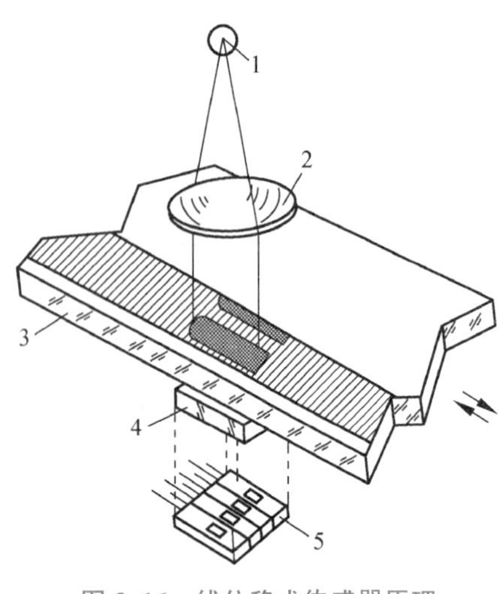

图3.16　线位移式传感器原理

1—光源；2—照明系统；3—主光栅；4—指示光栅；5—光电接收器

（4）光栅传感器的工作原理。光栅传感器可分为线位移传感器和角位移传感器。图3.16所示为测量长度的线位移式传感器的原理图。

当主光栅3相对于指示光栅4移过一个光栅栅距W时，由光栅副产生的莫尔条纹也移动一个条纹间距B，从光电接收器5输出的光电转换信号也完成一个周期。光电接收器5由四个硅光电池组成分别输出相邻相位差为90°的四路信号，经电路放大、整形，后经处理成计数脉冲，并用电子计数器计数，最后由显示器显示光栅移动的位移，从而实现数字化的自动测量。电路原理如图3.17所示。

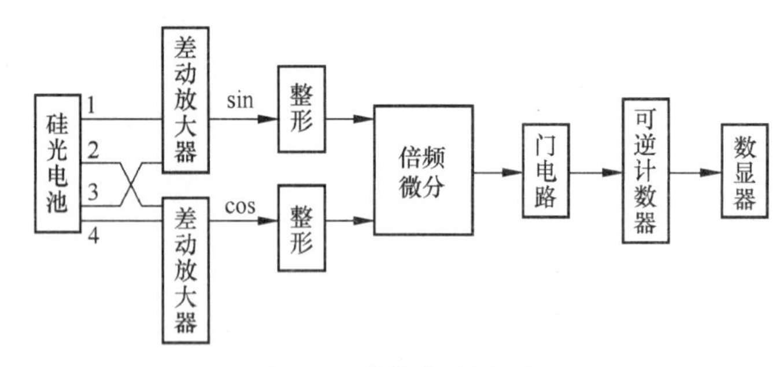

图3.17　光栅电路原理图

2）激光技术

激光是一种新型的光源，它具有其他光源所无法比拟的优点，即很好的单色性、方向性、相干性和能量高度集中性。所以一出现很快就在科学研究、工业生产、医学、国防等许多领域中获得广泛的应用。现在，激光技术已成为建立长度计量基准和精密测试的重要手段。它不但可以用干涉法测量线位移，还可以用双频激光干涉法测量小角度，环形激光测量圆周分度，以及用激光准直技术来测量直线度误差等。这里主要介绍应用广泛的激光干涉测长仪的基

本原理。

常用的激光测长仪实质上就是以激光作为光源的迈克尔逊干涉仪，如图 3.18 所示。从激光器发出的激光束，经透镜 L、L_1 和光阑 P_1 组成的准直光管扩束成一束平行光，经分光镜 M 被分成两路，分别被角隅棱镜 M_1 和 M_2 反射回到 M 重叠，被透镜 L_2 聚集到光电计数器 PM 处。当工作台带动棱镜 M_2 移动时，在光电计数处由于两路光束聚集产生干涉，形成明暗条纹，通过计数就可以计算出工作台移动的距离 $S=N\lambda/2$（式中，N 为干涉条纹数，λ 为激光波长）。

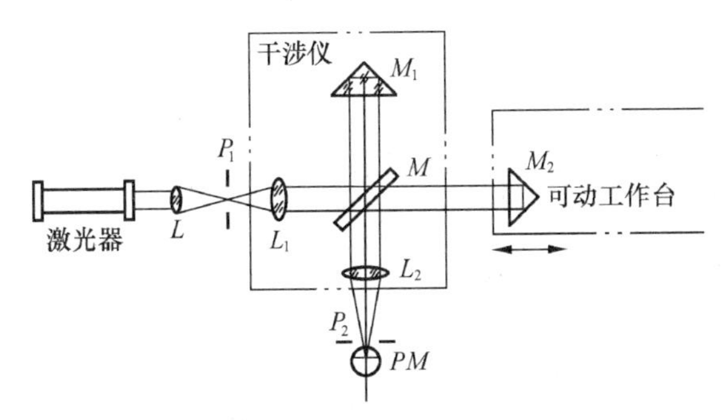

图 3.18　激光干涉测长仪原理

激光干涉测长仪的电子线路系统原理框图如图 3.19 所示。

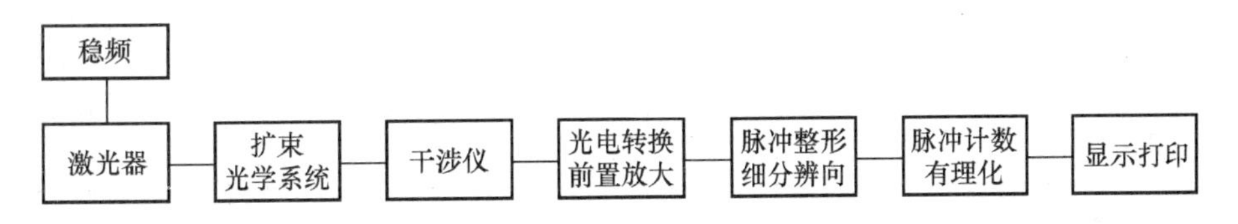

图 3.19　激光干涉测长仪电路原理图

3）三坐标测量机

（1）三坐标测量机的结构类型。三坐标测量机一般都具有相互垂直的三个测量方向，水平纵向运动方向为 x 方向（又称 x 轴），水平横向运动方向为 y 方向（又称 y 轴），垂直运动方向为 z 方向（又称 z 轴）。它的结构类型如图 3.20 所示，其中图 3.20（a）为悬臂式 z 轴移动，特点是左右方向开阔，操作方便。但因 z 轴在悬臂 y 轴上移动，易引起 y 轴挠曲，使 y 轴的测量范围受到限制（一般不超过 500 mm）。图 3.20（b）为悬臂式 y 轴移动，特点是 z 轴固定在悬臂 y 轴上，随 y 轴一起前后移动，有利于工件的装卸。但悬臂在 y 轴方向移动，重心的变化较明显。图 3.20（c）、3.20（d）为桥式，以桥框作为导向面，x 轴能沿 y 方向移动，它的结构刚性好，适用于大型测量机。图 3.20（e）、3.20（f）为龙门移动式和龙门固定式两种，其特点是当龙门移动或工作台移动时，装卸工件非常方便，操作性能好，适宜于小型测量机，精度较高。图 3.20（g）、3.20（h）是在卧式镗床或坐标镗床的基础上发展起来的坐标机，这种形式精度也较高，但结构复杂。

（2）三坐标测量机的测量系统。测量系统是坐标测量机的重要组成部分之一，它关系着坐标测量机的精度、成本和寿命。对于 CNC 三坐标测量机一定要求测量系统输出坐标值的

数字脉冲信号，才能实现坐标位置闭环控制。坐标测量机上使用的测量系统种类很多，按其性质可分为机械式、光学式和电气式测量系统。各种测量系统精度范围如表3.2所示。

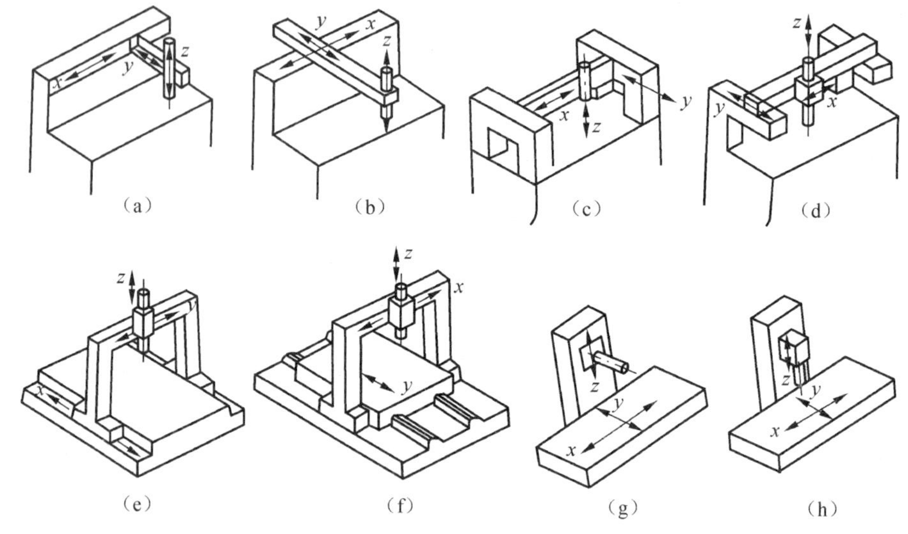

图3.20　三坐标测量机结构类型

表3.2　各种测量系统的精度范围

测量系统		精度范围/μm	测量系统	精度范围/μm
丝杠或齿条		10~50	感应同步器	2~10
刻线尺	光屏投影	1~10	磁尺	2~10
	光电扫描	0.2~1	码尺（绝对测量系统）	10
光栅		1~10	激光干涉仪	0.1

（3）三坐标测量机的测量头。三坐标测量机的测量头按测量方法分为接触式和非接触式两大类。

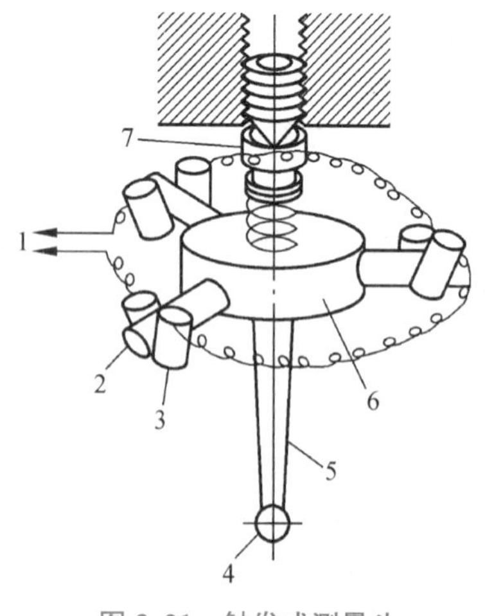

图3.21　触发式测量头

1—信号线；2—销；3—形销；4—红宝石测头；5—测杆；6—块规；7—陀螺

接触式测量头可分为硬测头和软测头两类。硬测头多为机械测头，主要用于手动测量和精度要求不高的场合。软测头是目前三坐标测量机普遍使用的测量头。软测头有触发式测头和三维测微头。这里只介绍触发式测头。

触发式测量头亦称电触式测头，其作用是瞄准。它可用于“飞越”测量，即在检测过程中，测头缓缓前进，当测头接触工件并过零时，测头即自动发出信号，采集各坐标值，而测头则不需要立即停止或退回，即允许若干毫米的超程。

图3.21是触发式测量头的典型结构之一。其工作原理相当于零位发信开关。当三对由圆柱销组成的接触副均匀接触时，测杆处于零位。当测头与被测件接触时，测头被推向任一方向后，三对圆柱销接触副必然有一对脱开，电路立即断开，随即发出过零信号。当测头与被测件脱离

后，外力消失，由于弹簧的作用，测杆回到原始位置。这种测头的重复精度可达±1 μm。

（4）三坐标测量机的应用。三坐标测量机集精密机械、电子技术、传感器技术、电子计算机等现代技术之大成。对坐标测量机，任何复杂的几何表面与几何形状，只要测头能感受（或瞄准）到的地方，就可以测出它们的几何尺寸和相互位置关系，并借助于计算机完成数据处理。如果在三坐标测量机上设置分度头、回转台（或数控转台），除采用直角坐标系外，还可采用极坐标、圆柱坐标系测量，使测量范围更加扩大。对于有 x、y、z、φ（回转台）四轴坐标的测量机，常称为四坐标测量机。增加回转轴的数目，还有五坐标或六坐标测量机。

三坐标测量机与“加工中心”相配合，具有“测量中心”的功能。在现代化生产中，三坐标测量机已成为 CAD/CAM 系统中的一个测量单元，它将测量信息反馈到系统主控计算机，进一步控制加工过程，提高产品质量。

正因如此，三坐标测量机越来越广泛地应用于机械制造、电子、汽车和航空航天等工业领域。

学习单元四　测量误差和数据处理

1. 测量误差及其产生的原因

在测量的过程中，总是存在着测量误差。任何测量结果都不可能绝对精确，只是在近似接近真值。测量误差就是指测量结果与被测量的真值之差。即：

$$\delta = l - \mu$$

式中　δ——测量误差；

l——测得值；

μ——被测量的真值。

上式所表达的测量误差，是反映测量结果偏离真值大小的程度，称之为绝对误差。但是被测量的真值是难以得知的，在实际工作中，常以较高精度的测得值作为相对真值。如用千分尺或比较仪的测得值作为相对真值，以确定游标卡尺测得值的测量误差。可见测量误差 δ 的绝对值越小，测得值越接近于真值 μ，测量的精确程度就越高；反之，精确程度就越低。

测量误差的第二种表示方法是相对误差。式中的 δ 即为绝对误差，相对误差为：

$$f = \frac{|\delta|}{l} \times 100\%$$

当被测量值相等或相近时，δ 的大小可反映测量的精确程度；当被测量值相差较大时，则用相对误差较为合理。在长度测量中，相对误差应用较少，通常所说的测量误差，一般是指绝对误差。为了提高测量精度，分析与估算测量误差的大小，就必须了解测量误差的产生原因及其对测量结果的影响。显然，产生测量误差的因素是很多的，归纳起来主要有以下几个方面：

1）测量器具的误差

指测量器具本身的误差，是因为测量器具在设计、制造、装配和使用调整中存在缺陷和问题而引起的。这些误差最终集中反映在测量器具的示值误差和稳定性上。

2）方法误差

这是由于选择的测量方法本身不完善而引起的误差。如在接触测量中，测量力引起的接触变形会带来较大的误差。

方法误差可以通过选择更合理的方法或采用更合理的操作来减小或消除，但有时难以避免。如接触测量被大量采用，因而接触变形带来的误差普遍存在，难以消除。

3）人员误差

这是由测量人员主观因素和操作技术所引起的测量误差，如测量人员的视力缺陷、不准确读数等。其中，读数方法不正确造成的读数误差是最常见的人员误差。

4）环境误差

测量时，由于环境条件变化或不符合标准要求而引起的测量误差，如温度、湿度、振动的影响等。其中，温度变化引起的误差是最主要的环境误差。因此，高精度的测量，必须在严格的恒温条件下进行（即以20℃为标准温度的某一变动范围，如±0.5℃或±1℃等）。对于车间或小型计量室来说，应尽量做到测量时被测件、计量器具及标准器等温；或采取措施，在测量时尽量不受外界的影响（如手的接触等），避免造成温度的较大变动。

温度变化引起的误差在较大工件的测量中尤为严重，应引起重视。

2. 测量误差的分类

测量误差按其性质可分为三类，即系统误差、随机误差和粗大误差。

1）系统误差

在相同条件下多次重复测量同一量值时，误差的数值和符号保持不变；或在条件改变时，按某一确定规律变化的误差称为系统误差。

可见系统误差有定值系统误差和变值系统误差两种。例如在立式光学比较仪上用相对法测量工件直径，调整仪器零点所用量块的误差，对每次测量结果的影响都相同，属于定值系统误差；在测量过程中，若温度产生均匀变化，则引起的误差为线性系统变化，属于变值系统误差。从理论上讲，当测量条件一定时，系统误差的大小和符号是确定的，因而，也是可以被消除的。但在实际工作中，系统误差不一定能够完全消除，只能减少到一定的限度。定值性系统误差是符号和绝对值均已确定的系统误差，对于定值性系统误差应予以消除或修正，即将测得值减去定值性系统误差作为测量结果。例如，0~25 mm千分尺两测量面合拢时读数不对准零位，而是+0.005 mm，用此千分尺测量零件时，每个测得值都将大0.005 mm。此时可用修正值-0.005 mm对每个测量值进行修正。

变值性系统误差是指符号和绝对值未经确定的系统误差。对变值性系统误差应在分析原因、发现规律或采用其他手段的基础上，估计误差可能出现的范围，并尽量减少或消除。

在精密测量技术中，误差补偿和修正技术已成为提高仪器测量精度的重要手段之一，并越来越广泛地被采用。

2）随机误差（偶然误差）

在相同条件下，多次测量同一量值时，误差的绝对值和符号以不可预定的方式变化着，但是对测量列整体加以分析和计算，可以找到全体测得值中所含随机误差的分布范围，从而确定其极限值。误差出现的整体是服从统计规律的，这种类型的误差叫随机误差。

（1）随机误差的性质及其分布规律。

大量的测量实践证明，多数随机误差，特别是在各不占优势的独立随机因素综合作用下的随机误差是服从正态分布规律的。其概率密度函数

$$y = \frac{1}{\sigma\sqrt{2\pi}} e^{-\frac{\delta^2}{2\sigma^2}}$$

式中　y——概率密度；

e——自然对数的底数；

δ——随机误差；

σ——均方根误差，又称标准偏差，可按下式计算

$$\sigma = \sqrt{\frac{\delta_1^2 + \delta_2^2 + \cdots + \delta_n^2}{n}} = \sqrt{\frac{\sum_{i=1}^{n} \delta_i^2}{n}}$$

式中，n 为测量次数。

正态分布曲线如图 3.22 所示。

不同的标准偏差对应不同的正态分布曲线，如图 3.23 所示，若三条正态分布曲线 $\sigma_1 < \sigma_2 < \sigma_3$，则 $y_{1\max} > y_{2\max} > y_{3\max}$。表明 σ 越小曲线就越陡，随机误差分布也越集中，测量的可靠性也越高。

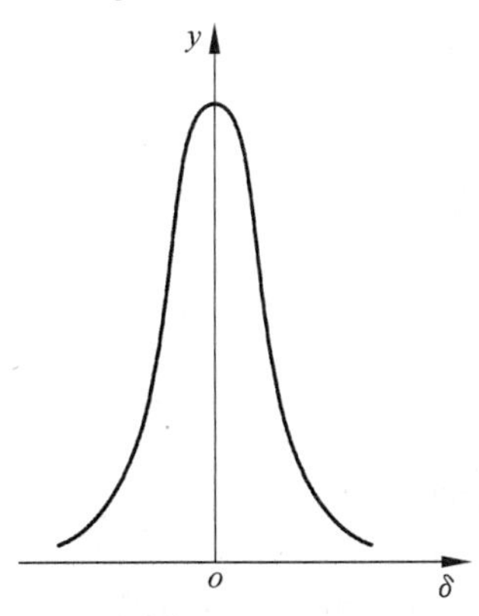

图 3.22　正态分布曲线

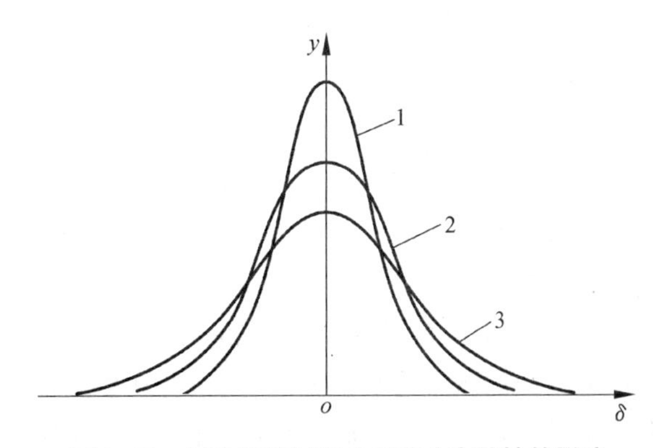

图 3.23　标准偏差对随机误差分布特性的影响

由图 3.22 知，随机误差有如下特性。

① 对称性：绝对值相等的正、负误差出现的概率相等。

② 单峰性：绝对值小的随机误差比绝对值大的随机误差出现的机会多。

③ 有界性：在一定测量条件下，随机误差的绝对值不会大于某一界限值。

④ 抵偿性：当测量次数 n 无限增多时，随机误差的算术平均值趋向于零。

（2）随机误差与标准偏差之间的关系。

根据概率论知，正态分布曲线下所包含的全部面积等于随机误差 δ_i 出现的概率 P 的总

和，即

$$P=\int_{-\infty}^{+\infty} y\mathrm{d}\delta=\frac{1}{\sigma\sqrt{2\pi}}\int_{-\infty}^{+\infty} \mathrm{e}^{\frac{-\delta^2}{2\sigma^2}}\mathrm{d}\delta=1$$

上式说明全部随机误差出现的概率为100%，大于零的正误差与小于零的负误差各为50%。

设　$z=\delta/\sigma$，$\mathrm{d}z=\mathrm{d}\delta/\sigma$

则 $P=\frac{1}{\sqrt{2\pi}}\int_{-\infty}^{+\infty} \mathrm{e}^{-\frac{z^2}{2}}\mathrm{d}z=1$

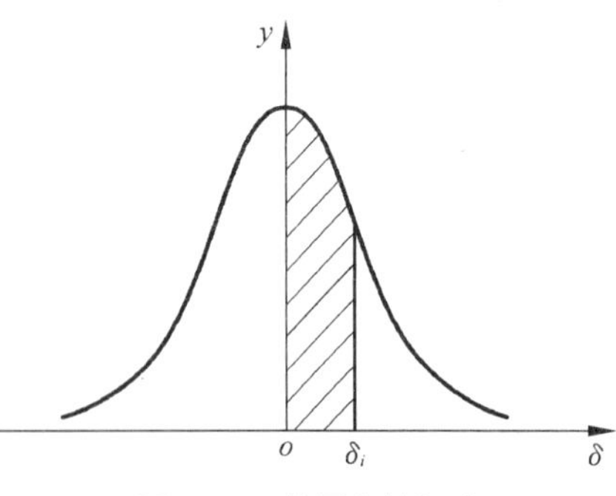

图3.24　范围内的概率

图3.24中，阴影部分的面积，表示随机误差δ落在$0\sim\delta_i$范围内的概率，可表示为

$$P(\delta_i)=\frac{1}{\sigma\sqrt{2\pi}}\int_{0}^{\delta_i} \mathrm{e}^{-\frac{\delta^2}{2\sigma^2}}\mathrm{d}\delta$$

或写为 $\phi(z)=\frac{1}{\sqrt{2\pi}}\int_{0}^{z_i} \mathrm{e}^{-\frac{z^2}{2}}\mathrm{d}z$

ϕ（z）叫做概率函数积分。z值所对应的积分值ϕ（z），可由正态分布的概率积分表查出。表3.3列出了特殊z值和ϕ（z）的值。

表3.3　z值和ϕ（z）的一些对应值

$z=\frac{\delta}{\sigma}$	δ	不超出δ的概率 2ϕ（z）	超出δ的概率 $1-2\phi$（z）	测量次数n	超出δ的次数
0.67	$\pm0.67\sigma$	0.497 2	0.502 8	2	1
1	$\pm1\sigma$	0.682 6	0.317 4	3	1
2	$\pm2\sigma$	0.954 4	0.045 6	22	1
3	$\pm3\sigma$	0.997 3	0.002 7	370	1
4	$\pm4\sigma$	0.999 9	0.000 1	15 625	1

表中$\pm1\sigma$范围内的概率为68.26%，即约有1/3的测量次数的误差要超过$\pm1\sigma$的范围；$\pm3\sigma$范围内的概率为99.73%，则只有0.27%测量次数的误差要超过$\pm3\sigma$范围，可认为不会发生超过现象。所以，通常评定随机误差时就以$\pm3\sigma$作为单次测量的极限误差，即

$$\delta_{\lim}=\pm3\sigma$$

可认为$\pm3\sigma$是随机误差的实际分布范围，即有界性的界限为$\pm3\sigma$。

3）粗大误差

粗大误差的数值较大，它是由测量过程中各种错误造成的，对测量结果有明显的歪曲，如已存在，应予以剔除。常用的方法为，当$|\delta_i|>3\sigma$时，测得值l_i就含有粗大误差，应予以剔除。3σ即作为判别粗大误差的界限，此方法称为3σ准则。

3. 测量精度

为了说明测量过程中的随机误差和系统误差以及二者综合对测量结果的影响，就须了解

下面几个概念：

（1）精密度：表示测量结果中随机误差的大小。是指在一定的条件下进行多次测量，所得测量结果彼此之间符合的程度。精密度可简称“精度”。

（2）正确度：表示测量结果中系统误差大小的程度，是所有系统误差的综合。

（3）精确度（准确度）：指测量结果受系统误差与随机误差综合影响的程度，也就是说，它表示测量结果与真值的一致程度。精确度亦称为准确度。

在具体测量中，精密度高，正确度不一定高；正确度高，精密度不一定也高。精密度和正确度都高，则精确度就高。

4. 直接测量列的数据处理

（1）算术平均值 $\bar{l}$，现对同一量进行多次等精度测量，其值分别为 l_1，l_2，…，l_n，

则
$$\bar{l}=\frac{l_1+l_2+\cdots+l_n}{n}=\frac{\sum_{i=1}^{n} l_i}{n}$$

随机误差为
$$\delta_1=l_1-\mu,\ \delta_2=l_2-\mu,\ \cdots,\ \delta_n=l_n-\mu$$

相加为
$$\delta_1+\delta_2+\cdots+\delta_n=(l_1+l_2+\cdots+l_n)-n\mu$$

即
$$\sum_{i=1}^{n}\delta_i=\sum_{i=1}^{n}l_i-n\mu$$

其真值为
$$\mu=\frac{\sum_{i=1}^{n}l_i}{n}-\frac{\sum_{i=1}^{n}\delta_i}{n}=\bar{l}-\frac{\sum_{i=1}^{n}\delta_i}{n}$$

由随机误差抵偿性知，当 $n\to\infty$ 时 $\frac{\sum_{i=1}^{n}\delta_i}{n}=0$，则

$$\bar{l}=\mu$$

在消除系统误差的情况下，当测量次数很多时，算术平均值就趋近于真值。即用算术平均值来代替真值不仅是合理的，而且也是可靠的。

当用算术平均值 $\bar{l}$ 代替真值 μ 所计算的误差，称为残差 ν_i，

$$\nu_i=l_i-\bar{l}$$

残差具有下述两个特性：

① 残差的代数和等于零，即

$$\sum_{i=1}^{n}\nu_i=0$$

② 残差的平方和为最小，即

$$\sum_{i=1}^{n}\nu_i^2=\min$$

当误差平方和为最小时，按最小二乘法原理知，测量结果是最佳值。这也说明了 $\bar{l}$ 是 μ 的最佳估值。

（2）测量列中任一测得值的标准偏差。由于真值不可知，随机误差 δ_i 也未知，标准偏差 σ 无法计算。在实际测量中，标准偏差 σ 用残差来估算，常用贝塞尔公式计算，即

$$S=\sqrt{\frac{\sum_{i=1}^{n}\nu_i^2}{n-1}}$$

式中　S——标准偏差 σ 的估算值；

　　v_i——残差；

　　n——测量次数。

任一测得值 l，其落在 $\pm3\sigma$ 范围内的概率（称为置信概率，代号 P）为 99.73%，常表示为：

$$l=\bar{l}\pm3S\quad(P=99.73\%)$$

（3）测量列算术平均值的标准偏差。在多次重复测量中，是以算术平均值作为测量结果的，因此要研究算术平均值的可靠性程度。根据误差理论，在等精度测量时

$$\sigma_i=\sqrt{\frac{\sigma^2}{n}}=\sigma/\sqrt{n}\approx\sqrt{\frac{\sum_{i=1}^{n}\nu_i^2}{n(n-1)}}=\frac{S}{\sqrt{n}}$$

式中　n——重复测量次数；

　　ν_i——残差。

上式表明，在一定的测量条件下（即 σ 一定），重复测量 n 次的算术平均值的标准偏差为单次测量的标准偏差的 $1/\sqrt{n}$，即它的测量精度要高。

但是，算术平均值的测量精度 σ_i 与测量次数 n 的平方根成反比，要显著提高测量精度，势必大大增加测量次数。但是当测量次数过大时，恒定的测量条件难以保证，可能会引起新的误差。因此一般情况下，取 $n\leqslant10$ 为宜。

由于多次测量的算术平均值的极限误差为

$$\lambda_{\lim}=\pm3\sigma_i$$

则测量结果表示为

$$L=\bar{l}\pm\lambda_{\lim}=\bar{l}\pm3\sigma_i\quad(P=99.73\%)$$

例 3.1　对轴进行 10 次等精度测量，所得数据如表 3.4 所示（设不含系统误差和粗大误差），求测量结果。

表 3.4　测量数据表

l_i/mm	$v_i=(l_i-l)$/μm	v_i^2/μm
20.454	−3	9
20.459	+2	4
20.459	+2	4
20.454	−3	9
20.458	+1	1
20.459	+2	4

续表

l_i/mm	$v_i=(l_i-l)$/μm	v_i^2/μm
20.456	−1	1
20.458	+1	1
20.458	+1	1
20.455	−2	4
$\bar{l}$=20.457	$\sum \nu_i = 0$	$\sum \nu_i^2 = 38$

解： ① 求算术平均值

$$\bar{l} = \frac{\sum l_i}{n} = 20.457\ \text{mm}$$

② 求残余误差平方和

$$\sum \nu_i = 0, \quad \sum \nu_i^2 = 38\ \mu\text{m}$$

③ 求测量列任一测得值的 S

$$S = \sqrt{\frac{\sum \nu_i^2}{n-1}} = 2.05\ \mu\text{m}$$

④ 求任一测得值的极限误差

$$\delta_{\lim} = \pm 3S = \pm 6.15\ \mu\text{m}$$

⑤ 求测量列算术平均值的标准偏差 σ_i

$$\sigma_i = \frac{S}{\sqrt{n}} = 0.65\ \mu\text{m}$$

⑥ 求算术平均值的测量极限误差

$$\lambda_{\lim} = \pm 3\sigma_i = \pm 1.95\ \mu\text{m} \approx \pm 2\ \mu\text{m}$$

轴的直径测量结果

$$d = \bar{l} \pm 3\sigma_i = 20.457 \pm 0.002\ \text{mm} \quad (P = 99.73\%)$$

学习单元五　光滑工件尺寸的检验（GB/T 3177—2009）

1. 检验范围

使用普通计量器具，是指用游标卡尺、千分尺及车间使用的比较仪等，对公差等级为6~18级，基本尺寸至500 mm的光滑工件尺寸进行检验。本标准也适用于对一般公差尺寸工件的检验。

2. 验收原则及方法

所用验收方法应只接收位于规定尺寸极限之内的工件。但由于计量器具和计量系统都存在误差，故不能测得真值。多数计量器具通常只用于测量尺寸，而不测量工件存在的形状误差。对遵循包容要求的尺寸，应把对尺寸及形状测量的结果综合起来，以判定工件是否超出最大实体边界。

为了保证验收质量，标准规定了验收极限、计量器具的测量不确定度允许值和计量器具的选用原则（但对温度、压陷效应等不进行修正）。

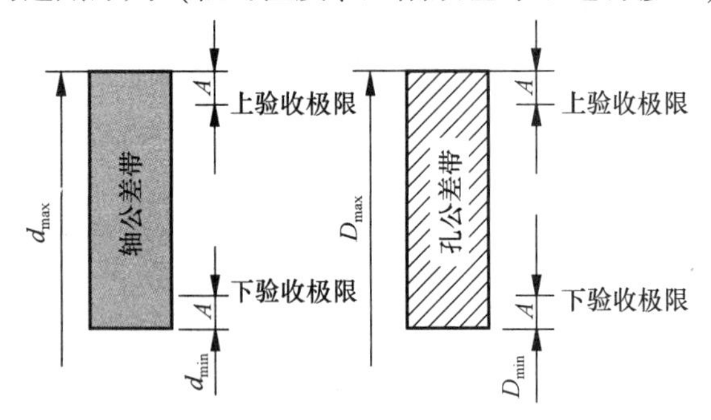

图 3.25 验收极限与工件公差带关系图

3. 验收极限

验收极限是检验工件尺寸时判断合格与否的尺寸界限。

1）验收极限方式的确定

验收极限可按下列方式之一确定。

（1）内缩方式：验收极限是从规定的最大实体尺寸（MMS）和最小实体尺寸（LMS）分别向工件公差带内移动一个安全裕度（A）来确定，如图 3.25 所示。

上验收极限=最大极限尺寸（D_{max}，d_{max}）-安全裕度（A）

下验收极限=最小极限尺寸（D_{min}，d_{min}）+安全裕度（A）

A 值按工件公差的 1/10 确定，其数值在表 3.5 中。安全裕度 A 相当于测量中总的不确定度，它表征了各种误差的综合影响。

（2）不内缩方式：规定验收极限等于工件的最大实体尺寸（MMS）和最小实体尺寸（LMS），即 A 值等于零。

2）验收极限方式的选择

验收极限方式的选择要结合尺寸功能要求及其重要程度、尺寸公差等级、测量不确定度和工艺能力等因素综合考虑。

（1）对遵循包容要求的尺寸、公差等级高的尺寸，其验收极限要选内缩方式。

（2）对非配合和一般公差的尺寸，其验收极限则选不内缩方式。

4. 计量器具的选择

按照计量器具的测量不确定度允许值（u_1）选择计量器具。选择时，应使所选用的计量器具的测量不确定度数值等于或小于选定的 u_1 值。

计量器具的测量不确定度允许值（u_1）按测量不确定度（u）与工件公差的比值分挡。对 IT6~IT11 级分为Ⅰ、Ⅱ、Ⅲ三挡，分别为工件公差的 1/10、1/6、1/4，见表 3.5。对 IT12~IT18 级分为Ⅰ、Ⅱ两挡。

计量器具的测量不确定度允许值（u_1）约为测量不确定度（u）的 0.9 倍，即：

$$u_1 = 0.9u$$

一般情况下应优先选用Ⅰ挡，其次选用Ⅱ、Ⅲ挡。

选择计量器具时，应保证其不确定度不大于其允许值 u_1。有关计量器具的不确定度数值见表 3.6~表 3.8。

表 3.5 安全裕度(A)与计量器具的不确定度允许值(u_1)

μm

公差等级		6					7					8					9					10					11				
基本尺寸/mm		T	A	u_1			T	A	u_1			T	A	u_1			T	A	u_1			T	A	u_1			T	A	u_1		
大于	至			Ⅰ	Ⅱ	Ⅲ			Ⅰ	Ⅱ	Ⅲ			Ⅰ	Ⅱ	Ⅲ			Ⅰ	Ⅱ	Ⅲ			Ⅰ	Ⅱ	Ⅲ			Ⅰ	Ⅱ	Ⅲ
—	3	6	0.6	0.54	0.9	1.4	10	1.0	0.9	1.5	2.3	14	1.4	1.3	2.1	3.2	25	2.5	2.3	3.8	5.6	40	4.0	3.6	6.0	9.0	60	6.0	5.4	9.0	14
3	6	8	0.8	0.72	1.2	1.8	12	1.2	1.1	1.8	2.7	18	1.8	1.6	2.7	4.1	30	3.0	2.7	4.5	6.8	48	4.8	4.3	7.2	11	75	7.5	6.8	11	17
6	10	9	0.9	0.81	1.4	2.0	15	1.5	1.4	2.3	3.4	22	2.2	2.0	3.3	5.0	36	3.6	3.3	5.4	8.1	58	5.8	5.2	8.7	13	90	9.0	8.1	14	20
10	18	11	1.1	1.0	1.7	2.5	18	1.8	1.7	2.7	4.1	27	2.7	2.4	4.1	6.1	43	4.3	3.9	6.5	9.7	70	7.0	6.3	11	16	110	11	10	17	25
18	30	13	1.3	1.2	2.0	2.9	21	2.1	1.9	3.2	4.7	33	3.3	3.0	5.0	7.4	52	5.2	4.7	7.8	12	84	8.4	7.6	13	19	130	13	12	20	29
30	50	16	1.6	1.4	2.4	3.6	25	2.5	2.3	3.8	5.6	39	3.9	3.5	5.9	8.8	62	6.2	5.6	9.3	14	100	10	9.0	15	23	160	16	14	24	36
50	80	19	1.9	1.7	2.9	4.3	30	3.0	2.7	4.5	6.8	46	4.6	4.1	6.9	10	74	7.4	6.7	11	17	120	12	11	18	27	100	19	17	29	43
80	120	22	2.2	2.0	3.3	5.0	35	3.5	3.2	5.3	7.9	54	5.4	4.9	8.1	12	87	8.7	7.8	13	20	140	14	13	21	32	220	22	20	33	50
120	180	25	2.5	2.3	3.8	5.6	40	4.0	3.6	6.0	9.0	63	6.3	5.7	9.5	14	100	10	9.0	15	23	160	16	15	24	36	250	25	23	38	56
180	250	20	2.9	2.6	4.4	6.5	46	4.6	4.1	6.9	10	72	7.2	6.5	11	16	110	12	10	17	26	185	18	17	28	42	290	29	26	44	65
250	315	30	3.2	2.9	4.8	7.2	52	5.2	4.7	7.8	12	81	8.1	7.3	12	18	130	13	12	19	29	210	21	19	32	47	320	32	29	48	72
315	400	36	3.6	3.2	5.4	8.1	57	5.7	6.1	8.4	18	89	8.9	8.0	13	20	140	14	13	21	32	230	23	21	35	52	360	36	32	54	81
400	500	40	4.0	3.6	6.0	9.0	63	6.3	5.7	9.5	14	97	9.7	8.7	15	22	155	16	14	23	35	250	25	26	38	56	400	40	36	60	90

公差等级		12				13				14				15				16				17				18			
基本尺寸/mm		T	A	u_1		T	A	u_1		T	A	u_1		T	A	u_1		T	A	u_1		T	A	u_1		T	A	u_1	
大于	至			Ⅰ	Ⅱ			Ⅰ	Ⅱ			Ⅰ	Ⅱ			Ⅰ	Ⅱ			Ⅰ	Ⅱ			Ⅰ	Ⅱ			Ⅰ	Ⅱ
—	3	100	10	9.0	15	140	14	13	21	200	25	23	28	400	40	36	60	600	60	54	90	1 000	100	90	150	1 400	140	135	210
3	6	120	12	1	18	180	18	16	27	300	30	27	45	480	48	43	72	750	68	60	110	1 200	120	110	180	1 800	180	160	270
6	10	150	15	14	23	220	22	20	33	360	38	32	54	580	58	52	87	900	90	80	140	1 500	150	140	230	2 200	220	200	330
10	18	180	18	16	27	270	27	24	41	430	40	39	65	700	70	63	110	1 100	110	100	170	1 800	180	160	270	2 700	270	240	400
18	30	210	21	19	32	330	33	30	50	520	52	47	78	840	84	76	130	1 300	130	120	200	2 100	210	190	320	3 300	330	300	490
30	50	250	25	23	38	300	30	35	59	620	62	56	93	1 000	100	90	160	1 600	160	140	240	2 500	250	220	360	3 600	390	350	580
50	80	300	30	28	45	460	46	41	69	740	74	67	110	1 200	120	110	160	1 000	100	170	290	3 000	300	270	450	4 600	460	410	690
80	120	350	35	32	53	540	54	49	81	670	87	78	130	1 400	140	130	210	2 200	220	200	330	3 500	350	320	530	5 400	540	480	810
120	180	400	40	36	60	630	63	57	95	1 000	100	90	150	1 600	160	150	240	2 500	250	230	380	4 000	400	360	600	6 300	630	570	940
180	250	460	46	41	69	720	72	65	110	1 150	115	100	170	1 850	180	170	280	2 900	290	260	440	4 600	460	410	690	7 200	720	650	1 080
250	315	520	52	47	78	810	81	73	120	1 300	120	120	190	2 100	210	190	320	3 200	320	290	480	5 200	520	470	780	8 100	810	730	1 210
315	400	570	57	51	86	890	89	80	130	1 400	140	130	210	2 300	230	210	350	3 600	360	320	540	5 700	570	510	830	8 900	890	800	1 330
400	500	630	63	57	95	970	97	87	150	1 500	150	140	230	2 500	250	230	380	4 000	400	360	600	6 300	630	570	950	9 700	970	870	1 450

表 3.6　千分尺和游标卡尺的不确定度

mm

<table>
<tr><th rowspan="2">尺寸范围</th><th colspan="4">计量器具类型</th></tr>
<tr><th>分度值 0.01
千分尺</th><th>分度值 0.01 内径
千分尺</th><th>分度值 0.02
游标卡尺</th><th>分度值 0.05
游标卡尺</th></tr>
<tr><th></th><th colspan="4">不确定度</th></tr>
<tr><td>0~50</td><td>0.004</td><td rowspan="3">0.008</td><td rowspan="6">0.020</td><td rowspan="4">0.050</td></tr>
<tr><td>>50~100</td><td>0.005</td></tr>
<tr><td>>100~150</td><td>0.006</td></tr>
<tr><td>>150~200</td><td>0.007</td><td rowspan="3">0.013</td></tr>
<tr><td>>200~250</td><td>0.008</td><td rowspan="8">0.100</td></tr>
<tr><td>>250~300</td><td>0.009</td></tr>
<tr><td>>300~350</td><td>0.010</td><td rowspan="3">0.020</td><td rowspan="7"></td></tr>
<tr><td>>350~400</td><td>0.011</td></tr>
<tr><td>>400~450</td><td>0.012</td></tr>
<tr><td>>450~500</td><td>0.013</td><td>0.025</td></tr>
<tr><td>>500~600</td><td rowspan="3"></td><td rowspan="3">0.030</td></tr>
<tr><td>>600~700</td></tr>
<tr><td>>700~1000</td><td>0.150</td></tr>
<tr><td colspan="5">注：本表仅供参考。</td></tr>
</table>

表 3.7　比较仪的不确定度

mm

<table>
<tr><th colspan="2" rowspan="2">尺寸范围</th><th colspan="4">所使用的计量器具</th></tr>
<tr><th>分度值为 0.000 5 mm（相当于放大倍数 2 000 倍）的比较仪</th><th>分度值为 0.001 mm（相当于放大倍数 1 000 倍）的比较仪</th><th>分度值为 0.002 mm（相当于放大倍数 400 倍）的比较仪</th><th>分度值为 0.005 mm（相当于放大倍数 250 倍）的比较仪</th></tr>
<tr><th>大于</th><th>至</th><th colspan="4">不确定度</th></tr>
<tr><td></td><td>25</td><td>0.000 6</td><td rowspan="2">0.001 0</td><td>0.001 7</td><td rowspan="6">0.003 0</td></tr>
<tr><td>25</td><td>40</td><td>0.000 7</td><td rowspan="3">0.001 8</td></tr>
<tr><td>40</td><td>65</td><td>0.000 8</td><td rowspan="2">0.001 1</td></tr>
<tr><td>65</td><td>90</td><td>0.000 8</td></tr>
<tr><td>90</td><td>115</td><td>0.000 9</td><td>0.001 2</td><td rowspan="2">0.001 9</td></tr>
<tr><td>115</td><td>165</td><td>0.001 0</td><td>0.001 3</td></tr>
<tr><td>165</td><td>215</td><td>0.001 2</td><td>0.001 4</td><td>0.002 0</td><td rowspan="3">0.003 5</td></tr>
<tr><td>215</td><td>265</td><td>0.001 4</td><td>0.001 6</td><td>0.002 1</td></tr>
<tr><td>265</td><td>315</td><td>0.001 6</td><td>0.001 7</td><td>0.002 2</td></tr>
<tr><td colspan="6">注：测量时，使用的标准器由 4 块 1 级（或 4 等）量块组成。本表仅供参考。</td></tr>
</table>

表 3.8　指示表的不确定度　　　　　　mm

<table>
<tr><td colspan="2" rowspan="2">尺寸范围</td><td colspan="4">所使用的计量器具</td></tr>
<tr><td>分度值为 0.001 mm 的千分表（0 级在全程范围内，1 级在 0.2 mm 内）分度值为 0.002 mm 的千分表（在一转范围内）</td><td>分度值为 0.001、0.002、0.005 mm 的千分表（1 级在全程范围内）分度值为 0.01 mm 的百分表（0 级在任意 1 mm 内）</td><td>分度值为 0.01 mm 的百分表（0 级在全程范围内，1 级在任意 1 mm 内）</td><td>分度值为 0.01 mm 的百分表（1 级在全程范围内）</td></tr>
<tr><td>大于</td><td>至</td><td colspan="4">不确定度</td></tr>
<tr><td></td><td>25</td><td rowspan="5">0.005</td><td rowspan="9">0.010</td><td rowspan="9">0.018</td><td rowspan="9">0.030</td></tr>
<tr><td>25</td><td>40</td></tr>
<tr><td>40</td><td>65</td></tr>
<tr><td>65</td><td>90</td></tr>
<tr><td>90</td><td>115</td></tr>
<tr><td>115</td><td>165</td><td rowspan="4">0.006</td></tr>
<tr><td>165</td><td>215</td></tr>
<tr><td>215</td><td>265</td></tr>
<tr><td>265</td><td>315</td></tr>
<tr><td colspan="6">注：测量时，使用的标准器由 4 块 1 级（或 4 等）量块组成。本表仅供参考。</td></tr>
</table>

例 3.2　试确定 $\phi30h7$ 的验收极限，并选择相应的计量器具。

解： 查表得 $\phi30h7$ 的公差值 $T=0.021$ mm，根据 T 值，查表得出安全裕度 $A=0.002\,1$ mm，计量器具不确定度允许值 $u_1=0.001\,9$ mm。

按内缩方式确定验收极限。

上验收极限 $=d_{max}-A=(30-0.002\,1)$ mm $=29.997\,9$ mm

下验收极限 $=d_{min}+A=(30-0.021+0.002\,1)$ mm $=29.981\,1$ mm

由表 3.7 可知，在工件尺寸 ≤40 mm、分度值为 0.002 mm 的比较仪不确定度 0.001 8 mm，小于不确定度允许值 u_1（0.001 9 mm），可满足要求。

习　题

1. 测量的定义是什么？机械制造业技术测量包含哪几个问题？

2. 对同一几何量等精度连续测量 15 次，按测量顺序将各测得值记录如下（单位为 mm）：

40.039　40.043　40.040　40.042　40.041　40.043　40.039　40.040　40.041　40.042　40.041　40.041　40.039　40.043　40.041

设测量中不存在定值系统误差，试确定其测量结果。

3. 根据 GB/T 6093—2001 规定的 46 块成套量块，选择组成 $\phi42n6$ 的两极限尺寸的量块组。

4. 零件 $\phi100E10$，试选择测量器具并确定验收极限。

5. 已知某轴尺寸为 $\phi20f10$，试选择测量器具并确定验收极限。

6. 简述精密度、正确度和准确度的含义。

【学习评价】

评 价 项 目		分值	自评分
知识目标	了解测量的基本概念及其四要素	10	
	了解长度基准和量值传递的概念	10	
	了解测量误差的概念	10	
	掌握计量器具的分类和常用的度量指标	10	
	掌握测量方法的分类和特点	10	
能力目标	掌握量块使用方法	5	
	掌握孔轴的直径检测方法	8	
	学会长度尺寸的精密测量方法	8	
	学会验收极限的应用	5	
素养目标	养成严谨细致的工作素养	8	
	克服自身问题，养成精益求精的工作理念	8	
	遵章守法，不弄虚作假，不出假检测报告	8	

模块四

几何公差（形状、方向、位置和跳动公差）

【学习目标】

知识目标

1. 熟记几何公差特征项目的名称及符号；
2. 学会分析几何公差带的形状、大小、方向和位置，并比较形状公差带、定向公差带、定位公差带和跳动公差带的特点；
3. 掌握评定几何误差时“最小条件”的概念及遵守“最小条件”的意义，理解最小包容区与公差带的关系；
4. 理解独立原则、相关要求在图样上的标注、含义和主要应用场合；
5. 掌握标准中有关几何公差的公差等级和未注几何公差的规定。

能力目标

1. 掌握几何公差在技术图样上的正确标注；
2. 掌握几何公差的选用方法，包括特征项目、公差数值、基准及公差原则的选择；
3. 结合实验理解几何误差检测的五大类方法及应用场合。

素养目标

1. 养成诚实守信的品德，不弄虚作假，以实际检测数据为准；
2. 养成精益求精的工匠精神；
3. 遵守国家标准的检测方式，要有产品质量为企业生命的意识。

课程思政案例三

学习单元一　基础知识认知

1. 零件的要素

构成零件几何特征的点、线、面均称要素（图4.1）。要素可从不同角度来分类。

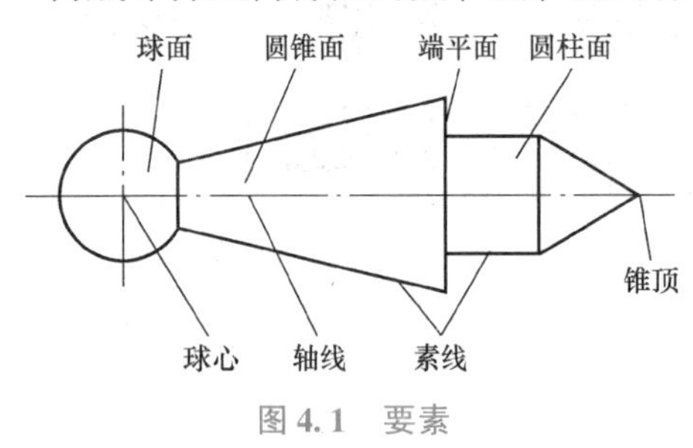

图4.1　要素

（1）按结构特征分：面或面上的线称为组成要素（轮廓要素）。由一个或几个组成要素得到的中心点、中心线或中心面称为导出要素（中心要素）。

（2）按存在状态分：实际存在并将整个工件与周围介质分隔的要素称为实际（组成）要素。由技术制图或其他方法确定的理论正确的要素称为公称要素（理想要素）。

（3）按所处地位分：图样上给出了形状或（和）位置公差要求的要素称为被测要素。用来确定被测要素方向或（和）位置的要素称为基准要素，理想基准要素简称基准。

（4）按功能要求分：仅对其本身给出形状公差要求，或仅涉及其形状公差要求时的要素称为单一要素。相对其他要素有功能要求而给出位置公差的要素称为关联要素。

2. 几何公差项目及符号

国家标准规定了14项几何公差，其名称、符号以及分类见表4.1。

表4.1　几何公差项目、符号及分类

公差类别	项　目	符　号
形状	直线度	—
	平面度	⏥
	圆度	○
	圆柱度	⌭
形状和位置	线轮廓度	⌒
	面轮廓度	⌓

公差类别		项　目	符　号
位置	定向	平行度	//
		垂直度	⊥
		倾斜度	∠
	定位	同轴度	◎
		对称度	⌯
		位置度	⌖
	跳动	圆跳动	↗
		全跳动	⌰

3. 几何公差的意义和特征

随使用场合的不同，几何公差通常具有两个意义。其最基本的意义是：几何公差是一个以公称要素为边界的平面或空间区域，要求被测提取要素处处不得超出该区域。任何区域都具有四方面特征：形状、大小、方向和位置。在这个意义上，几何公差即几何公差带。其另一个常用意义是：几何公差是一个长度值，要求被测提取要素的误差不超出该值。在这个意义上，几何公差即几何公差值，是对几何公差带四特征之一——大小的描述。

公差带的形状主要有 9 种，见图 4.2。

公差带的大小指公差带的宽度 t 或直径 ϕt，如图 4.2 所示，t 即公差值。

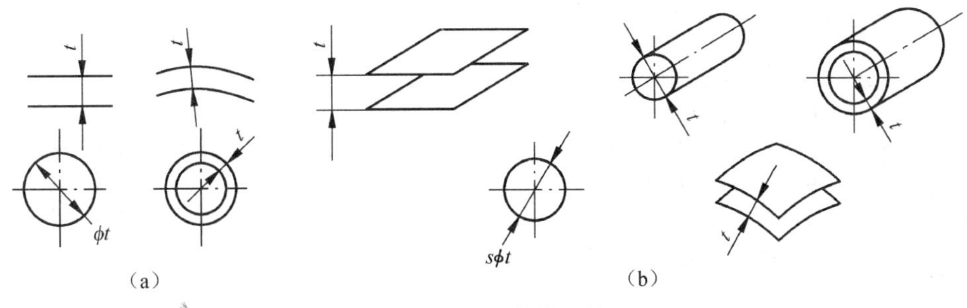

图 4.2　公差带的形状

(a) 平面区域；(b) 空间区域

公差带的方向即评定被测要素误差的方向。对于位置公差带，其方向由设计给出，应与基准保持设计给定的关系。对于形状公差带，设计不作出规定，其方向应遵守评定形状误差的基本原则——最小条件原则（见下节）。

公差带的位置，对于定位公差以及多数跳动公差，一般由设计确定，与被测要素的实际状况无关，可以称为位置固定的公差带；对于形状公差、定向公差和少数跳动公差，项目本身并不规定公差带位置，其位置随被测提取组成要素的形状和有关尺寸的大小而改变，可以称为位置浮动的公差带。

4. 几何公差的标注

在技术图样上，几何公差应采用代号标注。只有在无法采用代号标注，或者采用代号标注过于复杂时，才允许用文字说明几何公差要求。几何公差代号包括：几何公差有关项目的符号、几何公差框格和指引线、几何公差数值和其他有关符号、基准符号及基准代号。

几何公差框格有两格或多格，它可以水平放置，也可以垂直放置，自左至右依次填写公差项目符号、公差数值（单位为 mm）、基准代号字母。第 2 格及其后各格中还可能填写其他有关符号。

指引线可从框格的任一端引出，引出段必须垂直于框格；引向被测要素时允许弯折，但不得多于两次；当被测要素是组成要素时，指引线箭头应指向轮廓线或其引出线，且明显地与尺寸线错开；当被测要素为导出要素时，指引线箭头要与该要素的尺寸线对齐；指引线箭头所指应是公差带的宽度或直径方向。参见图 4.3~图 4.5 及表 4.2~表 4.5。

基准要素需用基准代号示出。当基准要素为组成要素时，基准符号应靠近该要素的轮廓线或其引出线标注，并应明显地与尺寸线错开；当基准要素为导出要素时，基准符号应与该要素的组成要素尺寸线对齐（参见图 4.3~图 4.5 及表 4.3~表 4.5）。

为了减少图样上公差框格的数量，简化绘图，在保证读图方便和不引起误解的前提下，可以简化标注方法。例如：同一要素有多项几何公差要求时，可将公差框格重叠绘出，只用一条指引线引向被测要素（图4.3）；不同要素有相同几何公差要求时，可用一个公差框格，在由框格的一端引出的指引线上绘制多个箭头分别与各被测要素相连（图4.4）；结构相同的几个要素有相同几何公差要求时，可以只对其中的一个要素标注出公差框格，而在该公差框格上方说明要素的个数（图4.5）。

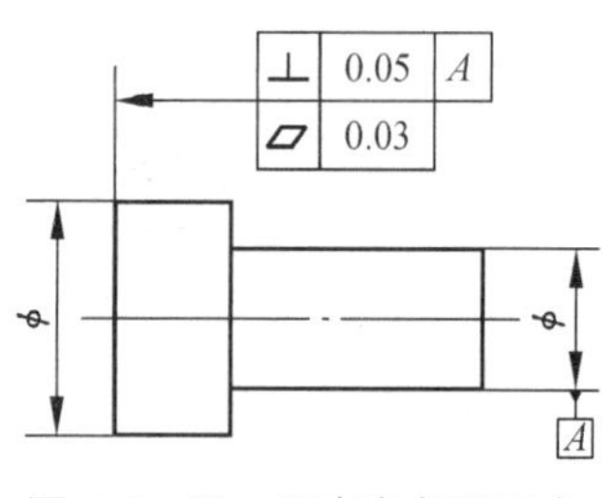

图4.3　同一要素有多项要求

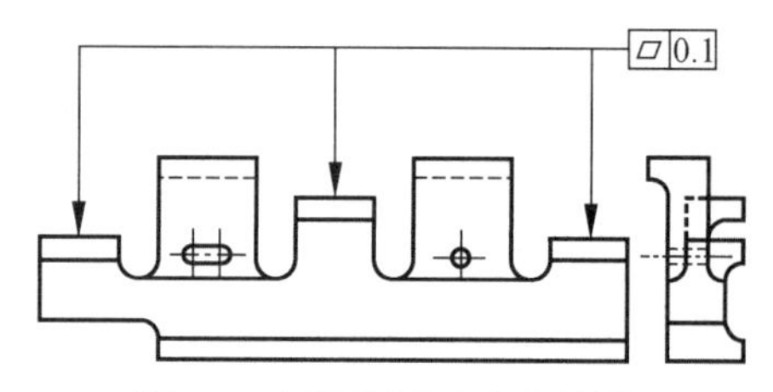

图4.4　不同要素有相同要求

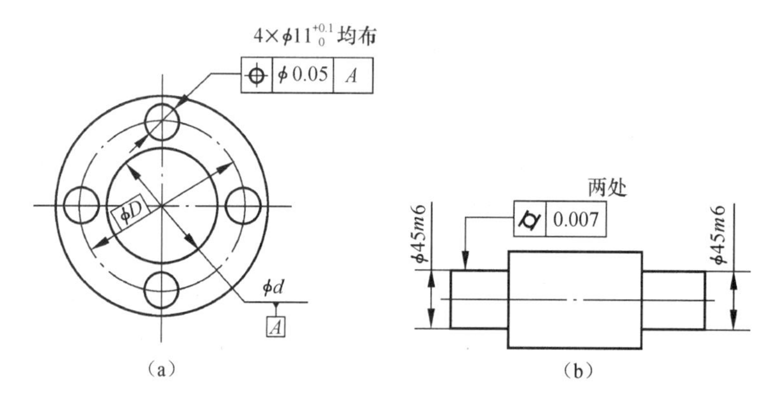

图4.5　结构相同的几个要素有相同要求

学习单元二　形状公差

1. 形状公差带定义

形状公差（包括没有基准要求的线、面轮廓度）共有6项。随被测要素的结构特征和对被测要素的要求不同，直线度、线轮廓度、面轮廓度都有多种类型。表4.2仅列出了一些典型类型及其意义和说明。最重要的是理解“意义”，只有理解了“意义”，才能有设计中的正确采用，或正确地理解设计并为之制定正确的工艺，包括正确的检测方案。

表 4.2 形状公差项目的意义和说明

项目	图样示例	意义	读图说明
直线度	— 0.02	圆柱表面上任一素线必须位于轴向平面内，距离为公差值 0.02 mm 的两平行直线之间 0.02	箭头所指处无尺寸线以及项目为直线度，可知被测要素为表面素线；图样规定了公差带的形状和大小特征 读法：圆柱素线的直线度公差为 0.02 mm 直线度给定方向的公差带　直线度给定平面公差示例
直线度	— ϕ0.04 ϕd	ϕd 圆柱体的轴线必须位于直径为公差值 0.04 mm 的圆柱面内 ϕ0.04	指引线箭头与尺寸线对齐，可知被测要素为 ϕd 圆柱体轴线；公差值前有“ϕ”，可知公差带形状为圆柱面 读法：ϕd 轴线的直线度公差为 0.04 mm 直线度任意方向公差　直线度公差给定平面内
平面度	▱ 0.1	上表面必须位于距离为公差值 0.1 mm 的两平行平面之间 0.1	显见被测要素是上表面；公差带（形状）只能是两平行平面区域 读法：上表面的平面度公差为 0.1 mm 平板平面度误差测量
圆度	(a) ○ 0.02 (b) ○ 0.02	在垂直于轴线的任一正截面上，截面圆必须位于半径差为公差值 0.02 mm 的两同心圆之间 0.02	该公差项目为圆度，可知被测要素是圆柱面或圆锥面的截面圆，且公差带（形状）必然是两同心圆间区域；两同心圆的半径差由公差值确定，半径则随实际截面圆改变 图（a）中，指引线箭头亦可指向主视图（垂直于轴线） 图（b）中，指引线箭头不能指向侧视图，在主视图上亦不能垂直于素线，因为那不是公差带的宽度方向 读法：圆柱（锥）面任一截面圆的圆度公差为 0.02 mm 圆度公差

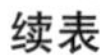
续表

项目	图样示例	意　义	读图说明
圆柱度		圆柱面必须位于半径差为公差值 0. 05 mm 的两同轴圆柱面之间	项目为圆柱度，被测要素为所指圆柱面，公差带（形状）必然是两同轴圆柱面间区域；两同轴圆柱面的半径差由公差值确定，半径则随实际圆柱面改变 读法：（ϕd）圆柱面的圆柱度公差为 0. 05 mm 圆柱度公差带
线轮廓度		在平行于正投影面的任一截面上，实际轮廓线必须位于包络一系列直径为公差值 0. 04 mm，且圆心在理想轮廓线上的两包络线之间	带方框的尺寸称为理论正确尺寸，用来确定被测要素的理想形状、方向或（和）位置，本身不附带公差，提取组成要素的误差由相应的几何公差限制 公差带形状为两等距曲线，其法向距离为公差值 读法：任一正截面的截面曲线的线轮廓度公差为 0. 04 mm
面轮廓度		实际轮廓面必须位于包络一系列球的两包络面之间，诸球的直径为公差值 0. 02 mm，且球心在理想轮廓面上 理想轮廓面　$S\phi 0.02$	“理想轮廓面”仍由理论正确尺寸（图中未示出）确定 公差带形状为两等距曲面，其法向距离为公差值 读法：所指表面的面轮廓度公差为 0. 02 mm

2. 形状误差的评定

形状误差被测提取要素对其拟合要素的变动量。形状误差值用最小包容区域（简称最小区域）的宽度或直径表示。最小包容区域是指包容被测要素时，具有最小宽度 f 或直径 ϕf 的包容区域，如图 4. 6 所示。显然，各项公差带和相应误差的最小区域，除宽度或直径（即大小）分别由设计给定和由被测提取组成要素本身决定外，其他三特征应对应相同，只有这样，误差值和公差值才具有可比性。因此，最小区域的形状应与公差带的形状一致（即应服从设计要求）；公差带的方向和位置则应与最小区域一致（设计本身无要求的前提下应服从误差评定的需要）。最小区域所体现的原则称为最小条件原则，是评定形状误差的基本原则。遵守它，可以最大限度地通过合格件。但在许多情况下，又可能使检测和数据处理复杂化。因此，允许在满足零件功能要求的前提下，用近似最小区域的方法来评定形状误差值。近似方法得到的误差值，只要小于公差值，零件在使用中会更趋可靠；但若大于公差值，则在仲裁时应按最小条件原则。

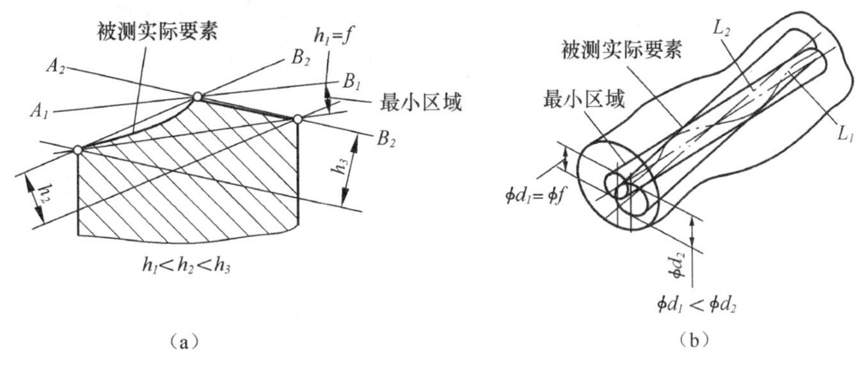

图 4.6　最小区域与最小条件

学习单元三　位置公差

1. 基准

基准是确定要素间几何关系的依据。根据关联被测要素所需基准的个数及构成某基准的零件上要素的个数，图样上标出的基准可归纳为以下三种。

（1）单一基准：由单个要素构成、单独作为某被测要素的基准，这种基准称为单一基准。

（2）组合基准（或称公共基准）：由两个或两个以上要素（理想情况下这些要素共线或共面）构成、起单一基准作用的基准称为组合基准，见表 4.4 同轴度示例中的基准轴线即是由两端轴颈的轴线构成。在公差框格中标注时，将各个基准字母用短横线相连并写在同一格内，以表示作为单一基准使用。

（3）基准体系：若某被测要素需由两个或三个相互间具有确定关系的基准共同确定，这种基准称作基准体系。常见形式有：相互垂直的两平面基准或三平面基准，相互垂直的一直线基准和一平面基准。基准体系中的各个基准，可以由单个要素构成，也可由多个要素构成。若由多个要素构成，按组合基准的形式标注。应用基准体系时，要特别注意基准的顺序。填在框格第三格的称作第一基准，填在其后的依次称作第二、第三（如果有）基准。基准顺序重要性的原因在于实际基准要素自身存在形状误差，实际基准要素之间存在方向误差。仅改变基准顺序，就可能造成零件加工工艺（包括工装）的改变，当然也会影响到零件的功能。

2. 定向公差

定向公差有平行度、垂直度和倾斜度三个项目。随被测要素和基准要素为直线或平面之分，可有“线对线”（被测要素和基准要素均为直线）、“线对面”、“面对线”和“面对面”四种形式。

定向公差带有如下特点：相对于基准有方向要求（平行、垂直或倾斜~理论正确角度）；在满足方向要求的前提下，公差带的位置可以浮动；能综合控制被测要素的形状误差，即，若被测要素的定向误差 f 不超过定向公差 t，其自身的形状误差也不超过 t，因此，当对某一被测要素给出定向公差后，通常不再对该要素给出形状公差，如果在功能上需要对形状精度有进一步要求，则可同时给出形状公差，当然，形状公差值一定小于定向公差值。

表4.3列出了定向公差的若干典型类型及其意义和说明。

表4.3 定向公差项目的意义和说明

项目	图样示例	意义	读图说明
平行度	// 0.05 A；A	上表面必须位于距离为公差值0.05 mm，且平行于基准平面 A 的两平行平面之间 0.05；A	单一基准；“面对面”；公差带有确定的形状、大小和方向，位置随实际零件上、下表面间的尺寸移动 读法：上表面对基准平面 A 的平行度公差为0.05 mm 平行度面对面公差
平行度	ϕD；// 0.2 C；// 0.1 C；ϕ；C	ϕD 的轴线必须位于正截面为公差值0.1 mm×0.2 mm 且平行于基准轴线 C 的四棱柱内 0.1；0.2；C	单一基准；“线对线”；指引线箭头须如图以表明公差带的宽度方向；被测要素是导出要素，又需两个框格，因而有一空白尺寸线 读法：ϕD 轴线对基准轴线中心距方向的平行度公差为0.1 mm，垂直于中心距方向的平行度公差为0.2 mm 平行度任意方向线对线的公差
垂直度	⊥ 0.05 A；ϕd；A	左端面必须位于距离为公差值0.05 mm，且垂直于基准轴线 A 的两平行平面之间 A；0.05	单一基准；“面对线”；公差带有确定的形状，大小和方向 读法：左端面对 ϕd 轴线的垂直度公差为0.05 mm

续表

项　目	图样示例	意　义	读图说明
垂直度		ϕd 轴线必须位于直径为公差值 0.05 mm，且轴线垂直于基准平面 A 的圆柱面内	单一基准；“线对面”；公差值前有“ϕ”，公差带形状为圆柱面 读法：ϕd 轴线对底面的垂直度公差为0.05 mm 面对面垂直度
倾斜度		斜表面必须位于距离为公差值0.05 mm，且有基准轴线 A 成60°角的两平行平面之间	用理论正确角度对公差带的方向提出了要求 读法：斜表面对 ϕd 轴线的倾斜度公差为0.05 mm 面对线倾斜度

定向误差值是被测提取要素对一具有确定方向的拟合要素的变动量，拟合要素的方向由基准确定。对于同轴度和对称度，理论正确尺寸为零。用定向最小包容区域（简称定向最小区域）的宽度或直径表示。定向最小区域是指按公差带要求的方向来包容被测提取组成要素时，具有最小宽度 f 或直径 ϕf 的包容区域，它的形状与公差带一致，宽度或直径由被测提取组成要素本身决定。

3. 定位公差

定位公差有同轴度、对称度和位置度三个项目。定位公差带有如下特点：相对于基准有位置要求，方向要求包含在位置要求之中；能综合控制被测要素的方向和形状误差，当对某一被测要素给出定位公差后，通常不再对该要素给出定向和形状公差，如果在功能上对方向和形状有进一步要求，则可同时给出定向或形状公差。

表 4.4 列出了定位公差的若干典型类型及其意义和说明。

表 4.4　定位公差项目的意义和说明

项　目	图样示例	意　义	读图说明
同轴度		ϕd 圆柱面的轴线必须位于直径为公差值 0.02 mm，且与公共基准轴线同轴的圆柱面内	组合基准，公差带有确定的形状、大小、位置，位置要求中包含了方向要求 读法：ϕd 圆柱面的轴线对公共基准轴线 $A-B$ 的同轴度公差为 0.02 mm

续表

项目	图样示例	意义	读图说明
对称度		槽的中心面必须位于距离为公差值0.1 mm，且相对基准中心平面A对称配置的两平行平面之间	单一基准；公差带有确定的形状、大小、位置，位置要求中包含了方向要求 读法：槽的中心面对基准中心平面A的对称度公差为0.1 mm
		键槽的中心面必须位于距离为公差值0.05 mm，且相对基准轴线B对称配置的两平行平面之间	从“意义”中可以看出，公差带相对于零件并未完全定位，这是由于基准（直线）的特性所至，且不影响键槽的使用性能。公差带绕基准轴线的定位将受定位最小条件的约束，与定位最小区域一致 读法：键槽中心面对基准轴线B的对称度公差为0.05 mm
位置度		4×ϕD的轴线必须位于直径为公差值0.1 mm，且以相对于基准A、B、C所确定的理想位置为轴线的圆柱面内	基准体系，A、B、C分别为第一、二、三基准；圆柱形公差带的轴线垂直于A，到B、C的距离分别为各自的理论正确尺寸；“4×ϕD”置于框格上方，兼有说明被测要素个数的作用；被测要素为成组要素 读法：4×ϕD的轴线相对于基准A、B、C的位置度公差为0.1 mm 面的位置度

定位误差值被测提取要素对一具有确定位置的拟合要素的变动量，拟合要素的位置由基准和理论正确尺寸确定。用定位最小包容区域（简称定位最小区域）的宽度或直径表示。定位最小区域是指按要求的位置来包容被测要素时，具有最小宽度f或直径ϕf的包容区域，它的形状与公差带一致，宽度或直径由被测提取组成要素本身决定。

4. 跳动公差

跳动分为圆跳动和全跳动。

圆跳动公差是指被测实际要素在某种测量截面内相对于基准轴线的最大允许变动量。根据测量截面的不同，圆跳动分为径向圆跳动（测量截面为垂直于轴线的正截面）、轴向

圆跳动（测量截面为与基准同轴的圆柱面）和斜向圆跳动（测量截面为素线与被测锥面的素线垂直或成一指定角度、轴线与基准轴线重合的圆锥面）。

全跳动公差是指整个被测实际表面相对于基准轴线的最大允许变动量。被测表面为圆柱面的全跳动称为径向全跳动，被测表面为平面的全跳动称为轴向全跳动。

跳动公差被认为是针对特定的测量方法定义的几何公差项目，因而可以从测量方法上理解其意义。同时，与其他项目一样，也可从公差带角度理解其意义。后者对于正确理解跳动公差与其他项目公差的关系从而做出正确的设计具有更直接的意义。表 4.5 列出了跳动公差的若干类型及其意义和说明，其中意义分别从测量和公差带角度给出。

径向圆跳动

表 4.5　跳动公差项目的意义和说明

项　目	图样示例及测量示意	意　义	说　明
圆跳动	0.05 A-B A　B	ϕd 圆柱面绕基准轴线作无轴向移动的回转时，在任一测量平面内的径向跳动量均不得大于公差值 在垂直于基准轴线的任一测量平面上，截面圆必须位于半径差为公差值，且圆心在基准轴线上的两同心圆之间	指示器触头的相对运动轨迹即为截面圆，截面圆上各点到基准线的最大与最小距离之差即为径向跳动量，意义的两种表述是一致的 0.05　基准轴线　测量平面
	0.05 A A	当零件绕基准轴线作无轴向移动的回转时，在被测端面上任一测量直径处的轴向跳动量均不得大于公差值 与基准轴线同轴的任一直径位置的测量圆柱面与被测表面的交线必须在测量圆柱面沿母线方向宽度为公差值的圆柱面上	指示器触头的相对运动轨迹即为交线，交线上各点到一与基准线垂直的平面的最大与最小距离之差即为轴向跳动量。该公差带形状未出现在图 4.2 中 0.05　A　测量圆柱面

续表

项　目	图样示例及测量示意	意　义	说　明
圆跳动	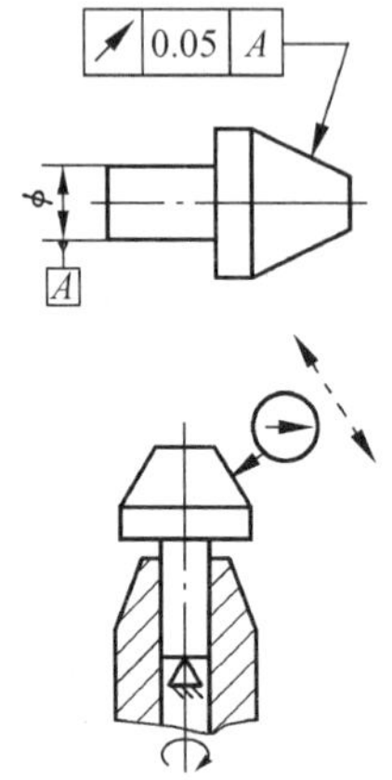	圆锥表面绕基准轴线作无轴向移动回转时，在任一测量圆锥面上的跳动量均不得大于公差值 与基准轴线同轴的任一测量圆锥面与被测锥面的交线必须在测量圆锥面沿母线方向宽度为公差值的圆锥面上	指示器触头的相对运动轨迹即为交线，交线上各点到测量圆锥锥顶的最大与最小距离之差即为跳动量。该公差带形状未出现在图4.2中。 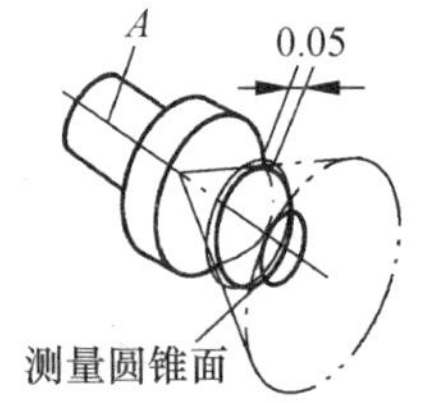
全跳动	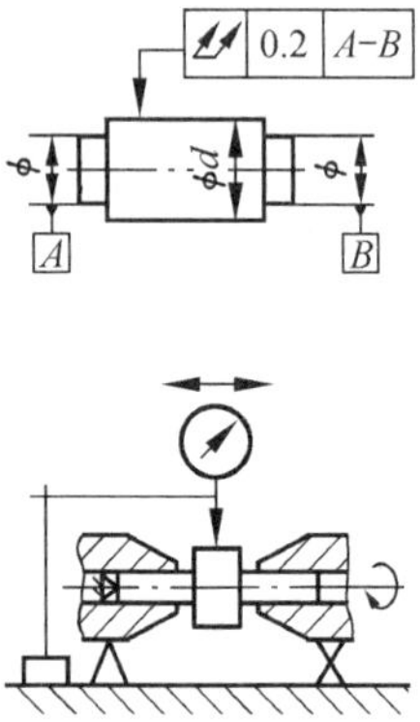	ϕd 表面绕基准轴线作无轴向移动的连续回转，同时，指示器作平行于基准轴线的直线移动，在 ϕd 整个表面上的跳动量不得大于公差值 ϕd 表面必须位于半径差为公差值，且与基准轴线同轴的两同轴圆柱面之间	指示器触头的相对运动轨迹即为 ϕd 表面（忽略轨迹的间隔），表面上各点到基准线的最大与最小距离之差即为跳动量 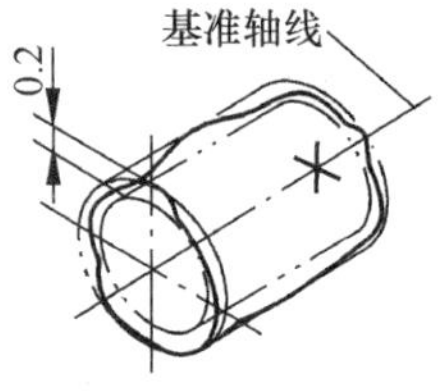
	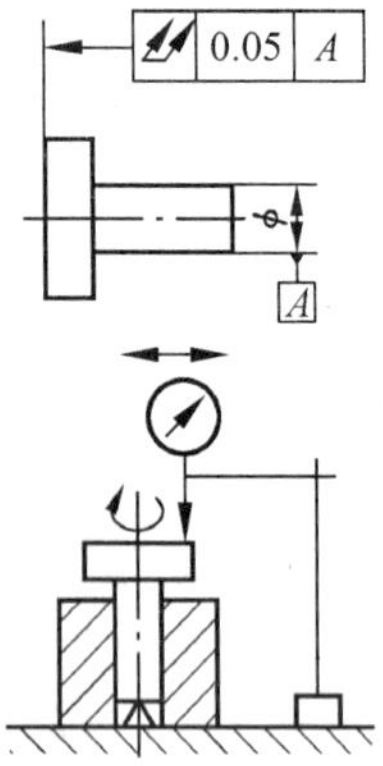	被测端面绕基准轴线作无轴向移动的连续回转，同时，指示器作垂直于基准轴线的直线移动，在整个端面上的跳动量不得大于公差值 被测端面必须位于距离为公差值，且与基准轴线垂直的两平行平面之间	指示器触头的相对运动轨迹即为被测端面（忽略轨迹的间隔），端面上各点到一与基准线垂直的平面的最大与最小距离之差即为跳动量。公差带与表4.3“面对线”垂直度公差带相同 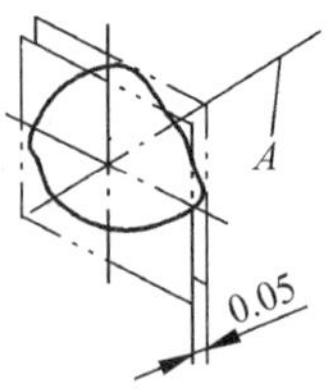

除轴向全跳动外，跳动公差带有如下特点：跳动公差带相对于基准有确定的位置；跳动公差带可以综合控制被测要素的位置、方向和形状（轴向全跳动相对于基准仅有确定的方向）。

跳动误差通常简称为跳动，直接从测量角度定义如下：

圆跳动：被测提取要素绕基准轴线无轴向移动地回转一周时，由位置固定的指示器在给

定方向上测得的最大与最小读数之差称为该测量面上的圆跳动，取各测量面上圆跳动的最大值作为被测表面的圆跳动。

全跳动：全跳动是被测提取要素绕基准轴线做无轴向移动回转，同时指示计沿给定方向的理想直线连续移动（或被测提取要素每回转一周，指示计沿给定方向的理想直线做间断移动），由指示计在给定方向上测得的最大与最小示值之差。

学习单元四　公差原则

任何提取要素，都同时存在有几何误差和尺寸误差。有些几何误差和尺寸误差密切相关，如具偶数棱圆的圆柱面的圆度误差与尺寸误差；有些几何误差和尺寸误差又相互无关，如导出要素的形状误差与相应组成要素的尺寸误差。而影响零件使用性能的，有时主要是几何误差，有时主要是尺寸误差，有时则主要是它们的综合结果而不必区分出它们各自的大小。因而在设计上，为简明扼要地表达设计意图并为工艺提供便利，应根据需要赋予要素的几何公差和尺寸公差以不同的关系。我们把处理几何公差和尺寸公差关系的原则称为公差原则。

公差原则包括独立原则和相关要求。其中相关要求又包括包容要求和最大实体要求、最小实体要求及可逆要求。限于篇幅，本书仅介绍独立原则和相关要求中的包容要求、最大实体要求以及最大实体要求与可逆要求的叠用。

1. 术语及其意义

（1）公称组成要素、提取组成要素、提取组成要素的局部尺寸和拟合组成要素：如图 4.7 所示，公称组成要素是由技术制图或其他方法确定的理论正确的组成要素。提取组成要素是按规定方法，由实际（组成）要素提取优先数目的点所形成的实际（组成）要素的近似替代。提取组成要素的局部尺寸是一切提取组成要素上两对应点之间距离的统称。图中拟合组

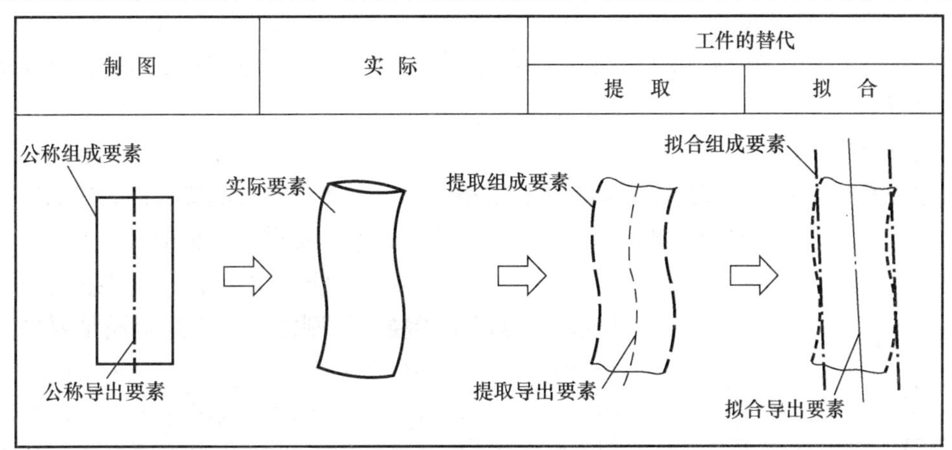

图 4.7　公称组成要素、提取组成要素和拟合组成要素

成要素是按规定方法由提取组成要素形成的并具有理想形状的组成要素。与上对应的术语有：公称导出要素、提取组成要素和拟合导出要素，这里就不赘述了。

（2）最大实体状态、最大实体尺寸和最大实体边界：在尺寸公差范围内提取组成要素具有材料量最多时的状态称为最大实体状态。该状态下的尺寸称为最大实体尺寸。对孔，最大实体尺寸即其最小极限尺寸；对轴，最大实体尺寸即其最大极限尺寸。尺寸为最大实体尺寸且具有理想形状的内（对轴）、外（对孔）包容面称为最大实体边界。

（3）最大实体实效状态、最大实体实效边界和最大实体实效尺寸（分别简称实效状态、实效边界和实效尺寸）：提取组成要素处于最大实体状态且相应导出要素的几何误差达到允许的最大（即等于几何公差）的假设状态称为实效状态。内（外）接于实效状态下的孔（轴）、尺寸最大（最小）且具有理想形状的包容面称为单一要素的实效边界；内（外）接于实效状态下的孔（轴）、尺寸最大（最小）且具有理想形状、方向或（和）位置的包容面称为关联要素的实效边界。实效边界所具有的尺寸称为实效尺寸。

单一要素的实效尺寸计算式如下：

对孔　　实效尺寸=最小极限尺寸-导出要素的形状公差

对轴　　实效尺寸=最大极限尺寸+导出要素的形状公差

关联要素的实效尺寸计算式为：

对孔　　实效尺寸=最小极限尺寸-导出要素的位置公差

对轴　　实效尺寸=最大极限尺寸+导出要素的位置公差

与上对应的术语有：最小实体状态、最小实体尺寸和最小实体边界；最小实体实效状态、最小实体实效边界和最小实体实效尺寸，这里就不赘述了。

2. 独立原则

1）独立原则的含义

独立原则是指给出的尺寸公差和几何公差相互无关，分别满足要求的公差原则。即，极限尺寸只控制实际尺寸，不控制要素本身的几何误差；不论要素的实际尺寸大小如何，被测要素均应在给定的几何公差带内，并且其几何误差允许达到最大值。

遵守独立原则时，实际尺寸一般用两点法测量，几何误差使用通用量仪测量。

2）独立原则的识别

凡是对给出的尺寸公差和几何公差未用特定符号或文字说明它们有联系者，就表示它们遵守独立原则。

3）独立原则的应用

尺寸公差和几何公差按独立原则给出，总是可以满足零件的功能要求，故独立原则的应用十分广泛，是确定尺寸公差和几何公差关系的基本原则。这里仅着重指出以下诸点。

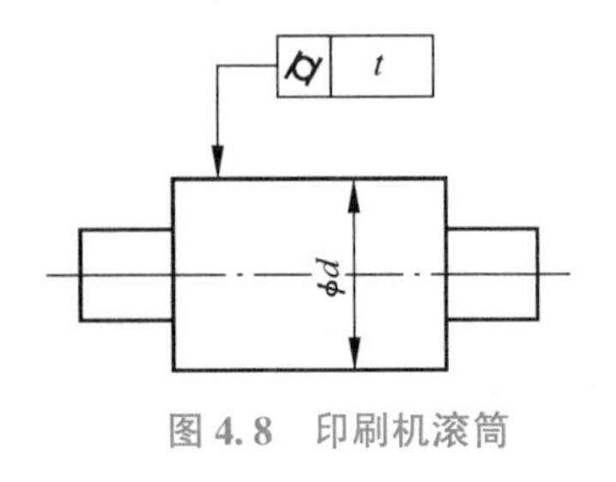

图 4.8　印刷机滚筒

（1）影响要素使用性能的主要是几何误差或主要是尺寸误差，这时采用独立原则能经济合理地满足要求。如印刷机滚筒（图 4.8）的圆柱度误差与其直径的尺寸误差、测量平板的平面度误差与其厚度的尺寸误差，都是前者有决定性影响；油道或气道孔轴线的直线度误差与其直径的尺寸误差，一般前者的影响较小。

（2）要素的尺寸公差和其某方面的几何公差直接满足的功能不同，需要分别满足要求。如齿轮箱上孔的尺寸公差（满足与轴承的配合要求）和相对其他孔的位置公差（满足齿轮的啮合要求，如合适的侧隙、齿面接触精度等）就应遵守独立原则。

（3）在制造过程中需要对要素的尺寸作精确度量以进行选配或分组装配时，要素的尺寸公差和几何公差之间应遵守独立原则。

3. 相关要求

相关要求是指图样上给定的几何公差和尺寸公差相互有关的公差原则。

1）包容要求

（1）包容要求的含义。

包容要求表示提取组成要素不得超越最大实体边界（MMB），其局部尺寸不得超出最小实体尺寸（LMS）。按照此要求，如果提取组成要素达到最大实体状态，就不得有任何几何误差；只有在提取组成要素偏离最大实体状态时，才允许存在与偏离量相关的几何误差。很自然，遵守包容要求时局部实际尺寸不能超出（对孔不大于，对轴不小于）最小实体尺寸，如图 4.9 所示。

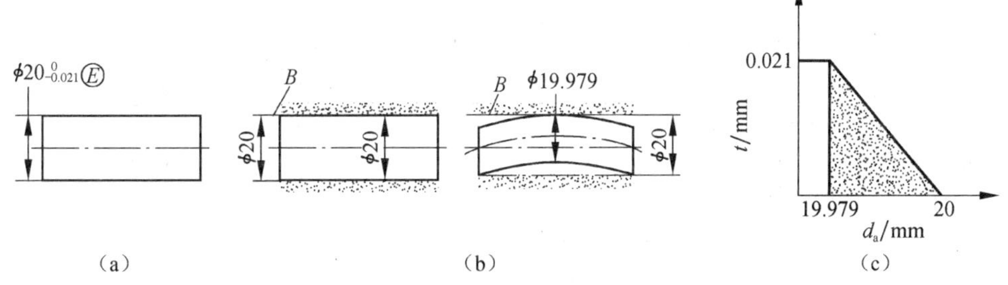

图 4.9　要素遵守包容要求

（a）图示；（b）最大实体边界 B；（c）补偿关系及合格区域

要素遵守包容要求时，应该用光滑极限量规检验。

（2）包容要求的标注。

按包容要求给出公差时，需在尺寸的上、下偏差后面或尺寸公差带代号后面加注符号Ⓔ，如图 4.9 所示；遵守包容要求而对几何公差需要进一步要求时，需另用框格注出几何公差，当然，几何公差值一定小于尺寸公差，如图 4.10 所示。

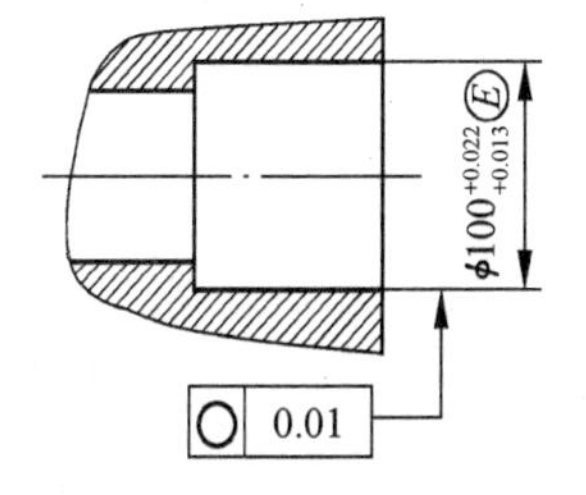

图 4.10　遵守包容要求且对几何公差有进一步要求

（3）包容要求的应用。

包容要求常常用于有配合要求的场合。例如，$\phi20H7$（$^{+0.021}_{\ 0}$）Ⓔ孔与 $\phi20h6$（$^{\ 0}_{-0.013}$）Ⓔ轴的间隙配合中，所需要的间隙是通过孔和轴各自遵守最大实体边界来保证的，这样才不会因孔和轴的形状误差在装配时产生过盈。

2）最大实体要求

（1）最大实体要求的含义。

尺寸要素的非理想要素不得违反其最大实体实效状态（MMVC）的一种尺寸要素要求，也即尺寸要素的非理想要素不得超越其最大实体实效边界（MMVB）的一种尺寸要素要求。

或者说，实际（组成）要素应遵守实效边界，即要求提取组成要素不得超越实效边界的一种公差原则。最大实体要求不仅可以用于被测要素，也可以用于基准要素，分述如下，并参见图 4.11～图 4.14。

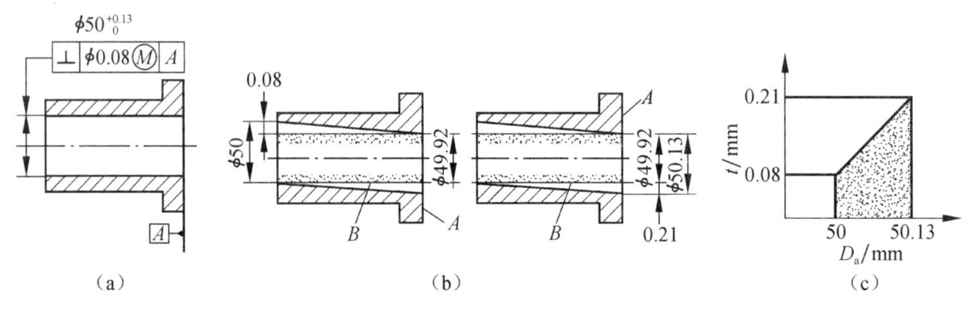

图 4.11 最大实体要求用于被测要素

（a）图示；（b）实效边界 B；（c）补偿关系及合格区域

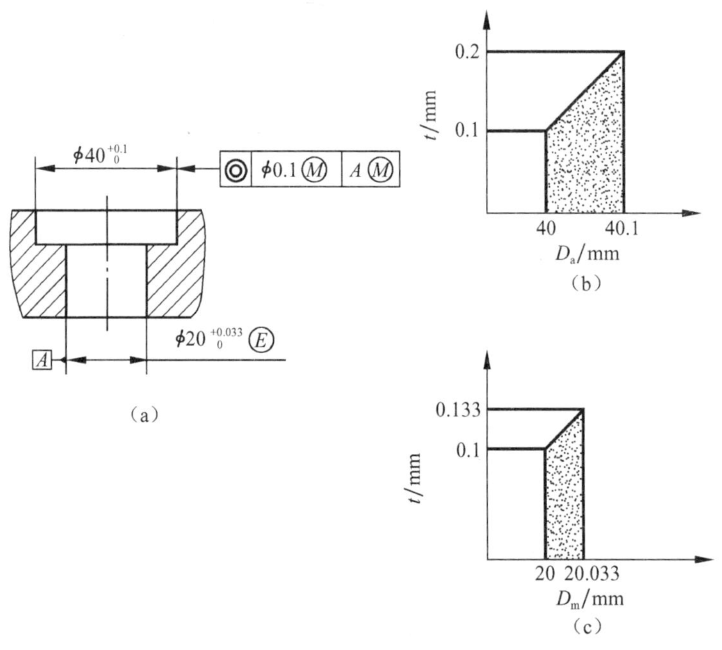

图 4.12 最大实体要求用于被测要素和基准要素

（a）图示；（b）仅自身补偿之补偿关系；（c）仅基准补偿之补偿关系

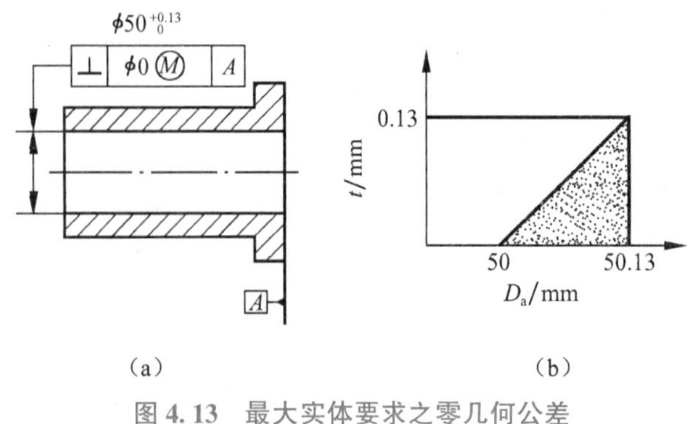

图 4.13 最大实体要求之零几何公差

（a）图示；（b）补偿关系及合格区域

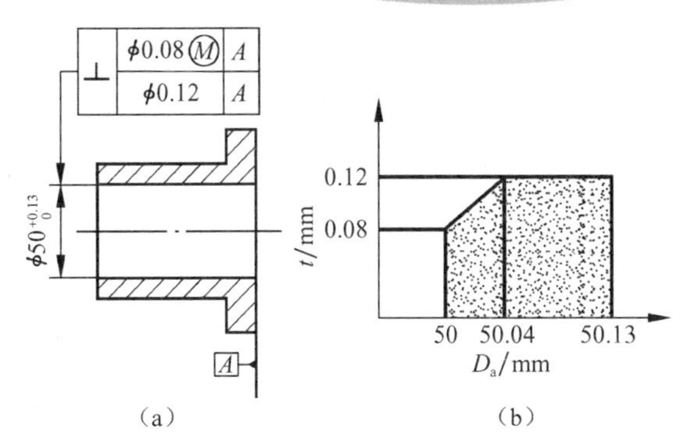

（a）　　　　　　　　（b）

图 4.14　限制最大几何误差示例

（a）图示；（b）补偿关系及合格区域

最大实体要求用于被测要素时，被测要素的几何公差值是在该要素处于最大实体状态时给定的。如被测要素偏离最大实体状态，即其实际尺寸偏离最大实体尺寸时，几何公差值允许增大，其最大增大量为该要素的尺寸公差。

最大实体要求用于基准要素而基准要素本身不采用最大实体要求时，被测要素的位置公差值是在该基准要素处于最大实体状态时给定的。如基准要素偏离最大实体状态，被测要素的定向或定位公差值允许增大。

最大实体要求用于基准要素而基准要素本身也采用最大实体要求时，被测要素的位置公差值是在基准要素处于实效状态时给定的。如基准要素偏离实效状态，被测要素的定向或定位公差值允许增大。此时，该基准要素的代号标注在使它遵守最大实体要求的几何公差框格的下面。

若被测部位是成组要素，则基准要素偏离最大实体状态或实效状态所获得的增加量只能补偿给整组要素，不能使各要素间的位置公差值扩大。

最大实体要求之下关联要素的几何公差值亦可为零，称之为零几何公差。此时，被测要素的实效边界同于最大实体边界，实效尺寸等于最大实体尺寸，如图 4.13 所示。

要素遵守最大实体要求时，其局部实际尺寸是否在极限尺寸之间，用两点法测量；实体是否超越实效边界，用位置量规检验。

（2）最大实体要求的标注。

按最大实体要求给出几何公差值时，在公差框格中几何公差值（包括零值）后面加注符号Ⓜ；最大实体要求用于基准要素时，在公差框格中的基准字母后面加注符号Ⓜ。遵守最大实体要求而需要对几何公差的增加量加以限制时，另用框格注出同项目几何公差，几何公差值应大于Ⓜ前的公差，小于Ⓜ前的公差与可能被补偿的尺寸公差之和，如图 4.14 所示。

（3）最大实体要求的应用。

最大实体要求常用于只要求可装配性的场合，如轴承盖上用于穿过螺钉的通孔等。

3）可逆要求叠用于最大实体要求

可逆要求的含义是：当导出要素的几何误差值小于给出的几何公差值时，允许在满足零件功能要求的前提下扩大该导出要素的组成要素的尺寸公差。

不存在单独使用可逆要求的情况。当它叠用于最大实体要求时，保留了最大实体要求时由于实际尺寸对最大实体尺寸的偏离而对几何公差的补偿，增加了由于几何误差值小于几何公差值而对尺寸公差的补偿（俗称反补偿），允许实际尺寸有条件地超出最大实体尺寸（以

实效尺寸为限)。如图 4. 15 所示，并与图 4. 11 相比较。

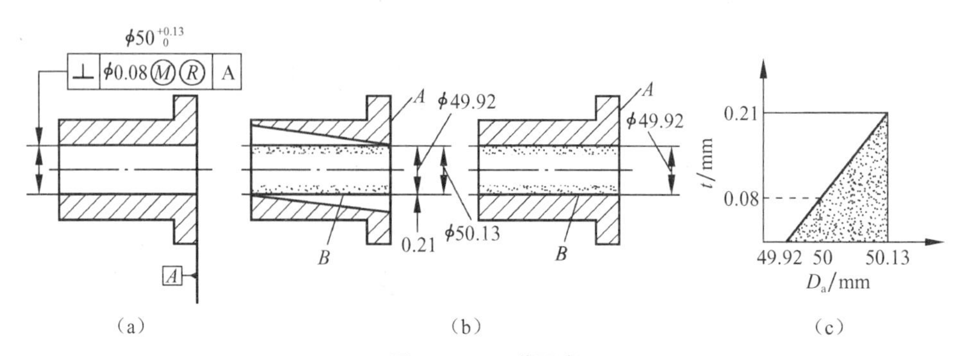

图 4. 15　可逆要求

(a) 图示；(b) 补偿及反补偿；(c) 补偿关系及合格区域

此时，被测要素的实体是否超越实效边界，仍用位置量规检验；而其局部实际尺寸不能超出（对孔不能大于，对轴不能小于）最小实体尺寸，用两点法测量。

可逆要求叠用于最大实体要求的标注是：将表示可逆要求的符号Ⓡ置于框格中几何公差值后表示最大实体要求的符号Ⓜ之后（图 4. 15）。

在保证功能要求的前提下，力求最大限度地提高工艺性和经济性，是正确运用公差原则的关键所在。

学习单元五　几何公差的选用

几何公差的选用包括几何公差项目的确定、基准要素的选择、几何公差值的确定及采用何种公差原则等四方面。

1. 几何公差项目的确定

根据零件在机器中所处的地位和作用确定该零件必须控制的几何误差项目。特别对装配后在机器中起传动、导向或定位等重要作用的或对机器的各种动态性能如噪声、振动有重要影响的，在设计时必须逐一分析认真确定其几何公差项目。

2. 基准要素的选择

基准要素的选择包括基准部位、基准数量和基准顺序的选择，力求使设计、工艺和检测三者基准一致。合理地选择基准能提高零件的精度。

3. 几何公差值的确定

设计产品时，应按国家标准提供的统一数系选择几何公差值。国家标准对圆度、圆柱度、直线度、平面度、平行度、垂直度、倾斜度、同轴度、对称度、圆跳动、全跳动，都划分为 12 个等级，数值见表 4. 6~表 4. 9；对位置度没有划分等级，只提供了位置度数系，见表 4. 10。没有对线轮廓度和面轮廓度规定公差值。

表 4.6　直线度、平面度（摘自 GB/T 1184—1996）

主参数 L/mm	公差等级											
	1	2	3	4	5	6	7	8	9	10	11	12
	公差值/μm											
≤10	0. 2	0. 4	0. 8	1. 2	2	3	5	8	12	20	30	60
>10~16	0. 25	0. 5	1	1. 5	2. 5	1	6	10	15	25	40	80
>16~25	0. 3	0. 6	1. 2	2	3	5	8	12	20	30	50	100
>25~40	0. 4	0. 8	1. 5	2. 5	4	6	10	15	25	40	60	120
>40~63	0. 5	1	2	3	5	8	12	20	30	50	80	150
>63~100	0. 6	1. 2	2. 5	4	6	10	15	25	40	60	100	200
>100~160	0. 8	1. 5	3	5	8	12	20	30	50	80	120	250
>160~250	1	2	4	6	10	15	25	40	60	100	150	300
>250~400	1. 2	2. 5	5	8	12	20	30	50	80	120	200	400
>400~630	1. 5	3	6	10	15	25	40	60	100	150	250	500
注：*L* 为被测要素的长度。												

表 4.7　圆度、圆柱度（摘自 GB/T 1184—1996）

主参数 *d*（*D*）/mm	公差等级												
	0	1	2	3	4	5	6	7	8	9	10	11	12
	公差值/μm												
>6~10	0. 12	0. 25	0. 4	0. 6	1	1. 5	2. 5	4	6	9	15	22	36
>10~18	0. 15	0. 25	0. 5	0. 8	1. 2	2	3	5	8	11	18	27	43
>18~30	0. 2	0. 3	0. 6	1	1. 5	2. 5	4	6	9	13	21	33	52
>30~50	0. 25	0. 4	0. 6	1	1. 5	2. 5	4	7	11	16	25	39	62
>50~80	0. 3	0. 5	0. 8	1. 2	2	3	5	8	13	19	30	46	74
>80~120	0. 4	0. 6	1	1. 5	2. 5	4	6	10	15	22	35	54	87
>120~180	0. 6	1	1. 2	2	3. 5	5	8	12	18	25	40	63	100
>180~250	0. 8	1. 2	2	3	4. 5	7	10	14	20	29	46	72	115
注：*d*（*D*）为被测要素的直径。													

表 4.8　平行度、垂直度、倾斜度（摘自 GB/T 1184—1996）

主参数 L/mm	公差等级											
	1	2	3	4	5	6	7	8	9	10	11	12
	公差值/μm											
≤10	0. 4	0. 8	1. 5	3	5	8	12	20	30	50	80	120
>10~16	0. 5	1	2	4	6	10	15	25	40	60	100	150
>16~25	0. 6	1. 2	2. 5	5	8	12	20	30	50	80	120	200
>25~40	0. 8	1. 5	3	6	10	15	25	40	20	100	150	250
>40~63	1	2	4	8	12	20	30	50	80	120	200	300
>63~100	1. 2	2. 5	5	10	15	25	40	60	100	150	250	400
>100~160	1. 5	3	6	12	20	30	50	80	120	200	300	500
>160~250	2	4	6	15	25	40	60	100	150	250	400	600
注：*L* 为被测要素的长度。												

表 4.9　同轴度、对称度、圆跳度、全跳动（摘自 GB/T 1184—1996）

主参数 d (D), B/mm	公差等级											
	1	2	3	4	5	6	7	8	9	10	11	12
	公差值/μm											
>6~10	0.6	1	1.5	2.5	4	6	10	15	30	60	100	200
>10~18	0.8	1.2	2	3	5	8	12	20	40	80	120	250
>18~30	1	1.5	2.5	4	6	10	15	25	50	100	150	300
>30~50	1.2	2	3	5	8	12	20	30	60	120	200	400
>50~120	1.5	2.5	4	6	10	15	25	40	80	150	250	500
>120~250	2	3	5	8	12	20	30	50	100	200	300	600
注：d (D)、B 为被测要素的直径、宽度。												

表 4.10　位置度系数（摘自 GB/T 1184—1996）　μm

1	1.2	1.5	2	2.5	3	4	5	6	8
1×10^n	1.2×10^n	1.5×10^n	2×10^n	2.5×10^n	3×10^n	4×10^n	5×10^n	6×10^n	8×10^n
注：n 为正整数。									

应根据零件的功能要求选择公差值，通过类比或计算，并考虑加工的经济性和零件的结构、刚性等情况。各种公差值之间的协调合理当然重要，比如，同一要素上给出的形状公差值应小于位置公差值；圆柱形零件的形状公差值（轴线的直线度除外）一般情况下应小于其尺寸公差值；平行度公差值应小于被测要素和基准要素之间的距离公差值，等等。

位置度公差通常需要计算后确定。对于用螺栓或螺钉连接两个或两个以上的零件，被连接零件的位置度公差按下列方法计算。

用螺栓连接时，被连接零件上的孔均为光孔，孔径大于螺栓的直径，位置度公差的计算公式为

$$t = X_{\min}$$

用螺钉连接时，有一个零件上的孔是螺孔，其余零件上的孔都是光孔，且孔径大于螺钉直径，位置度公差的计算公式均为

$$t = X_{\min}$$

式中　t——位置度公差计算值；

$X_{\min}$——通孔与螺栓（钉）间的最小间隙。

对计算值经圆整后按表 4.10 选择标准公差值。若被连接零件之间需要调整，位置度公差应适当减小。

4. 公差原则的选择

根据零部件的装配及性能要求进行选择，如需较高运动精度的零件，为保证不超出几何公差可采用独立原则；如要求保证配合零件间的最小间隙以及采用量规检验的零件均可采用包容原则；如果只要求可装性的配合零件可采用最大实体原则。

5. 未注几何公差的规定

为了获得简化制图以及其他好处，对一般机床加工能够保证的几何精度，不必将几何公差一一在图样上注出。提取组成要素的误差，由未注几何公差控制。国家标准对直线度与平面

度、垂直度、对称度、圆跳动分别规定了未注公差值表，都分为 H、K、L 三种公差等级，数值见表 4.11~表 4.14。对其他项目的未注公差说明如下：

圆度未注公差值等于其尺寸公差值，但不能大于径向圆跳动的未注公差值。

圆柱度的未注公差未做规定。实际圆柱面的质量由其构成要素（截面圆、轴线、素线）的注出公差或未注公差控制。

平行度的未注公差值等于给出的尺寸公差值或是直线度（平面度）未注公差值中取较大者。

同轴度的未注公差未做规定，可考虑与径向圆跳动的未注公差相等。

其他项目（线轮廓度、面轮廓度、倾斜度、位置度、全跳动）由各要素的注出或未注几何公差、线性尺寸公差或角度公差控制。

若采用标准规定的未注公差值，如采用 K 级，应在标题栏附近或在技术要求、技术文件（如企业标准）中注出标准号及公差等级代号，如：GB/T 1184-K。

表 4.11　直线度和平面度的未注公差值（摘自 GB/T 1184—1996）　mm

公差等级	基本长度范围					
	≤10	>10~30	>30~100	>100~300	>300~1 000	>1 000~3 000
H	0.02	0.05	0.1	0.2	0.3	0.4
K	0.05	0.1	0.2	0.4	0.6	0.8
L	0.1	0.2	0.4	0.8	1.2	1.6

表 4.12　垂直度未注公差值（摘自 GB/T 1184—1996）　mm

公差等级	基本长度范围			
	≤100	>100~300	>300~1 000	>1 000~3 000
H	0.2	0.3	0.4	0.5
K	0.4	0.6	0.8	1
L	0.6	1	1.5	2

表 4.13　对称度未注公差值（摘自 GB/T 1184—1996）　mm

<table>
<tr><th rowspan="2">公差等级</th><th colspan="4">基本长度范围</th></tr>
<tr><th>≤100</th><th>>100~300</th><th>>300~1 000</th><th>>1 000~3 000</th></tr>
<tr><td>H</td><td colspan="4">0.5</td></tr>
<tr><td>K</td><td colspan="2">0.6</td><td>0.8</td><td>1</td></tr>
<tr><td>L</td><td>0.6</td><td>1</td><td>1.5</td><td>2</td></tr>
</table>

表 4.14　圆跳动的未注公差值（摘自 GB/T 1184—1996）　mm

公差等级	圆跳动公差值
H	0.1
K	0.2
L	0.5

学习单元六 几何误差的检测原则

几何误差的项目很多，为了能正确合理地选择检测方案，国家标准规定了几何误差的5个检测原则，并附有一些检测方法。本节仅介绍这5个检测原则。通过本节的学习，将有助于理解多种多样的检测方法。

1. 与拟合要素比较原则

与拟合要素比较原则是指测量时将被测提取组成要素与相应的拟合要素作比较，在比较过程中获得数据，由这些数据来评定几何误差。提取组成要素是按规定的方法，由实际（组成）要素提取有限目的点所形成的实际组成要素的近似替代。拟合要素是按规定的方法，由提取组成要素形成的并具有理想形状的组成要素。

运用该检测原则时，必须要有拟合要素作为测量时的标准。拟合要素可以用实物体现：刀口尺的刃口、十尺的工作面、拉紧的钢丝可作为理想直线，平台和平板的工作面可作为理想平面，样板可作为某特定理想曲线等，要求它们能有比被测要素高很多的精度。图4.16为用刀口尺测量直线度误差示意，以刃口作为理想直线，被测要素与之比较，根据光隙的大小判断直线度误差。拟合要素还可以用一束光线、水平面等体现，例如用自准直仪和水平仪测量直线度和平面度误差时就是应用这样的拟合要素。拟合要素也可用运动轨迹来体现，例如沿纵向和横向导轨的移动构成了一个平面，一个点绕一轴线作等距回转运动构成了一个理想圆等。

2. 测量坐标值原则

几何要素的特征可以在坐标系中反映出来，测得被测要素上各测点的坐标值后，就能据此评定其几何误差。图4.17为用该原则测量位置度误差示例。测量时，以零件的下侧面、左侧面为测量基准（顺序依设计要求），测量出各孔实际位置的坐标值（x_1，y_1）、（x_2，y_2）、（x_3，y_3）和（x_4，y_4），将实际坐标值减去确定孔理想位置的理论正确尺寸，得：

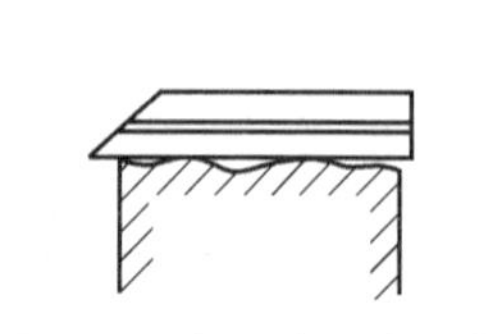

图4.16 与拟合要素比较

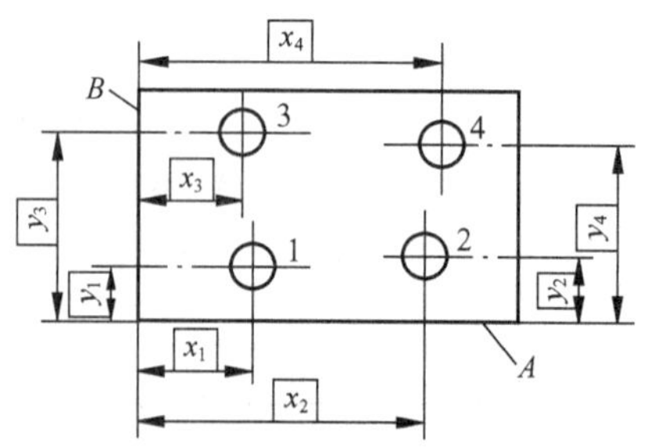

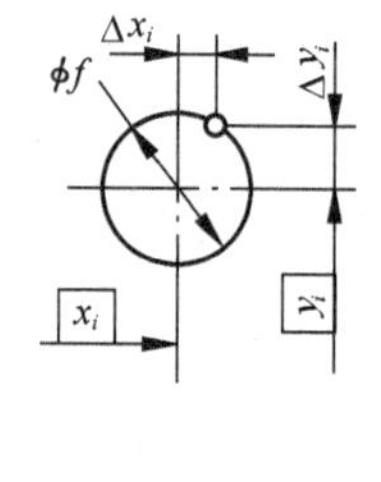

图4.17 测量坐标值

$$\Delta x_i = x_i - \boxed{x_i}$$

$$\Delta y_i = y_i - \boxed{y_i}$$

$$(i = 1, 2, 3, 4)$$

各孔的位置度误差值可按下式求得：

$$\phi f_i = 2\sqrt{(\Delta x_i)^2 + (\Delta y_i)^2}$$

测量坐标值原则在轮廓度和位置度误差测量中应用得尤为广泛。

3. 测量特征参数原则

特征参数是指能近似反映几何误差的参数。应用该原则测得的几何误差，与按定义确定的几何误差相比，只是一个近似值。例如用两点法测量圆度误差，在一个横截面内的几个方向上测量直径（两点法），取最大和最小直径之差的 1/2，作为该截面的圆度误差。测量特征参数原则在生产中易于实现，是一种应用较为普遍的检测原则。

4. 测量跳动原则

测量跳动原则是适应测量圆跳动和全跳动的需要而提出的检测原则，见表 4. 5。

5. 控制实效边界原则

按相关要求给出几何公差时，就给出了一个理想边界，要求被测要素的实体不得超越该理想边界，即要求被测提取要不超过最大实体尺寸（遵守包容要求时）或实效尺寸（遵守最大实体要求时）。作此判断的有效方法是使用光滑极限量规或位置量规检验。

习　题

1. 将下列几何公差要求分别标注在图 4. 18（a）和 4. 18（b）上。

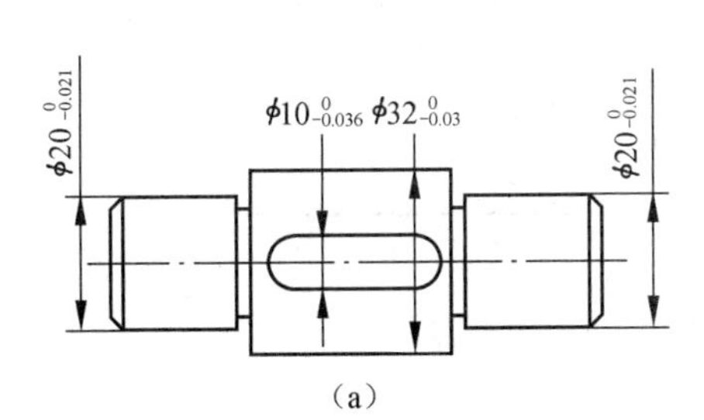

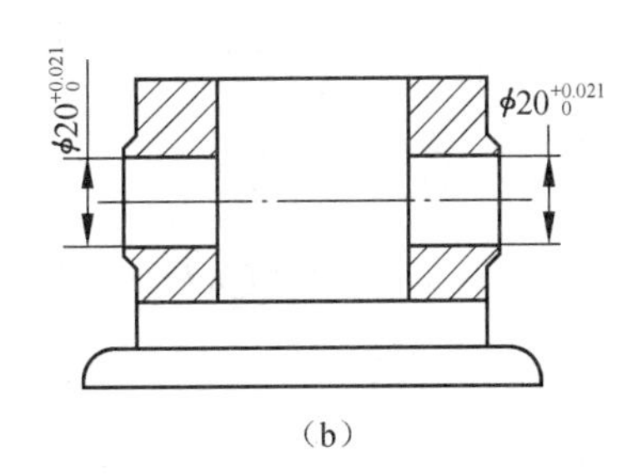

图 4. 18　习题 1 图

(1) 标注在图 4-18（a）上的几何公差要求：

① $\phi32_{-0.03}^{\ 0}$ mm 圆柱面对两 $\phi20_{-0.021}^{\ 0}$ mm 公共轴线的圆跳动公差 0. 015 mm；

② $\phi20_{-0.021}^{\ 0}$ mm 轴颈的圆度公差 0. 01 mm；

③ $\phi32_{-0.03}^{\ 0}$ mm 左右两端面对两 $\phi20_{-0.021}^{\ 0}$ mm 公共轴线的轴向圆跳动公差 0. 02 mm；

④ 键槽 $10_{-0.036}^{\ 0}$ mm 中心平面对 $\phi32_{-0.03}^{\ 0}$ mm 轴线的对称度公差 0. 015 mm。

(2) 标注在图 4. 18（b）上的几何公差要求：

① 底面的平面度公差 0. 012 mm；

② $\phi20_{\ 0}^{+0.021}$ mm 两孔的轴线分别对它们的公共轴线的同轴度公差 $\phi0.015$ mm；

③ 两 $\phi20^{+0.021}_{0}$ mm 孔的公共轴线对底面的平行度公差 0.01 mm。

2. 将下列各项几何公差要求标注在图 4.19 上。

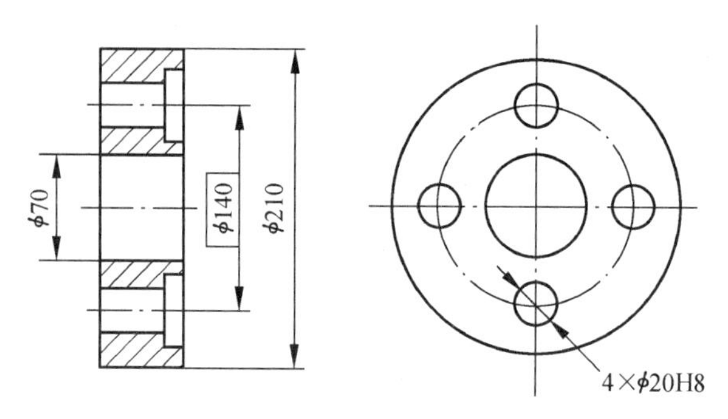

图 4.19　习题 2 图

① 左端面的平面度公差 0.01 mm；

② ϕ70 mm 孔按 H7 遵守包容要求；

③ 4×ϕ20H8 孔轴线对左端面（第一基准）及 ϕ70 mm 孔轴线的位置度公差 ϕ0.15 mm（4 孔均布），对被测要素和基准要素均采用最大实体要求。

3. 指出图 4.20 中几何公差标注上的错误，并加以改正（不变更几何公差项目）。

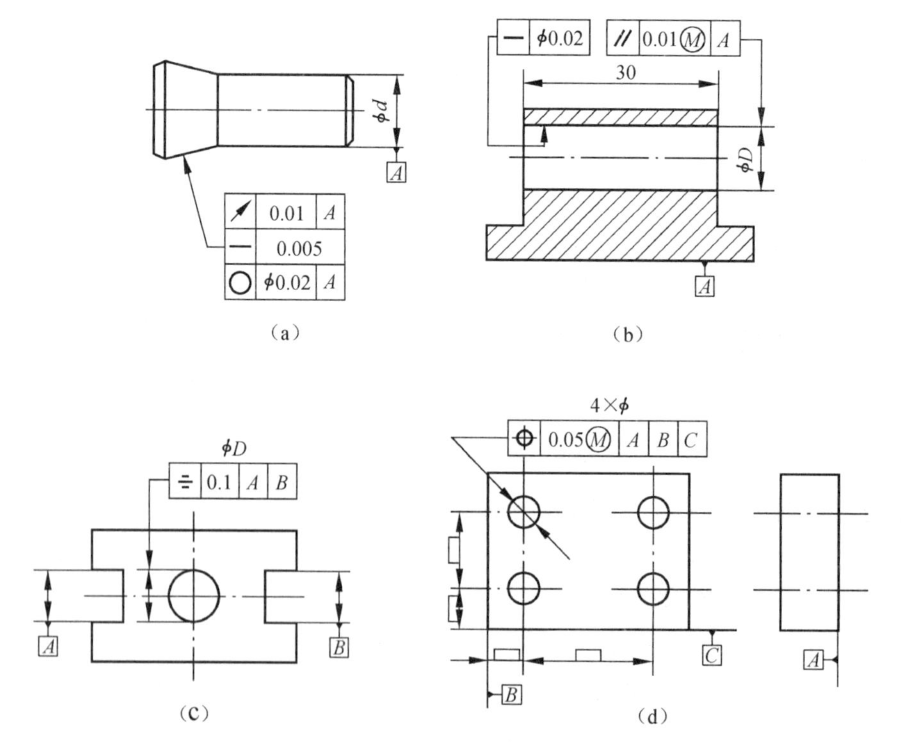

图 4.20　习题 3 图

4. 说明图 4.21 中各项几何公差的意义，要求包括被测要素、基准要素（如有）以及公差带的特征。

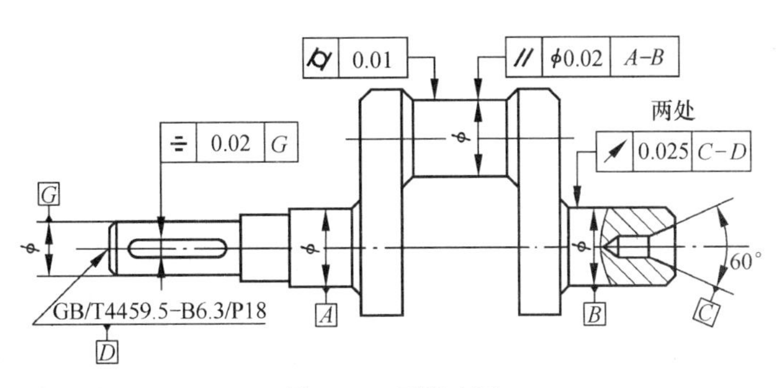

图 4.21　习题 4 图

5. 圆度公差带与径向圆跳动公差带有何异同？若某一实际圆柱面实测径向圆跳动为 f，能否断定它的圆度误差一定不会超过 f？

6. 见图 4.22，如何解释对上表面平行度的要求？若用两点法测量尺寸 h 后，知其实际尺寸的最大差值为 0.03 mm，能否说平行度误差一定不会超差？为什么？

7. 以图 4.23 所示方法测量一导轨的直线度误差，指示表示值如下表，试按最小条件求解直线度误差值。

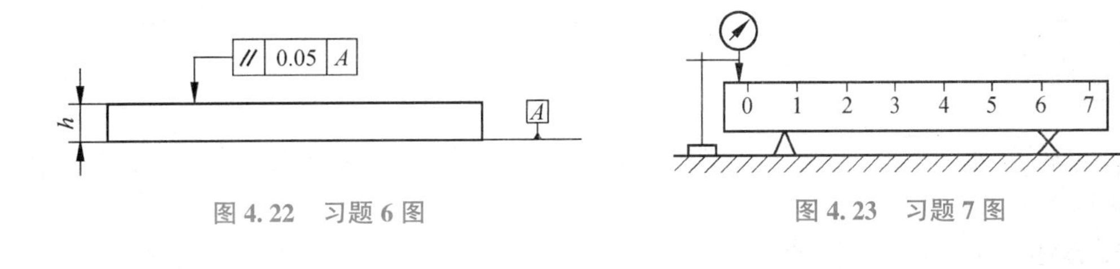

图 4.22　习题 6 图　　图 4.23　习题 7 图

测点序号	0	1	2	3	4	5	6	7
示值/μm	0	−10	+20	+30	+40	+20	−20	0

8. 测量图 4.24 所示零件的对称度误差，得 $\Delta=0.03$ mm，如图示。问对称度误差是否超差，为什么？

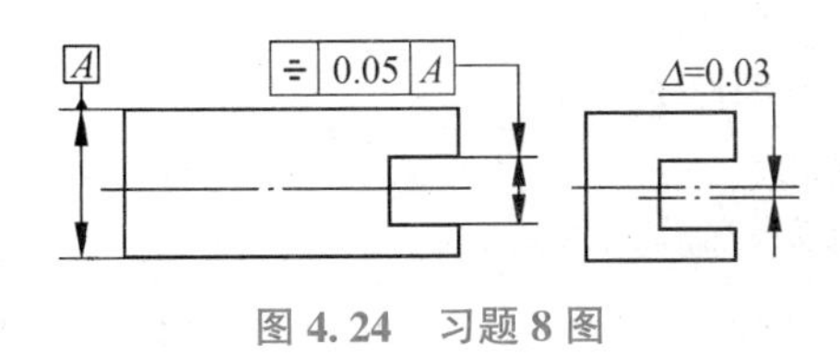

图 4.24　习题 8 图

9. 按图 4.25 填写下表。

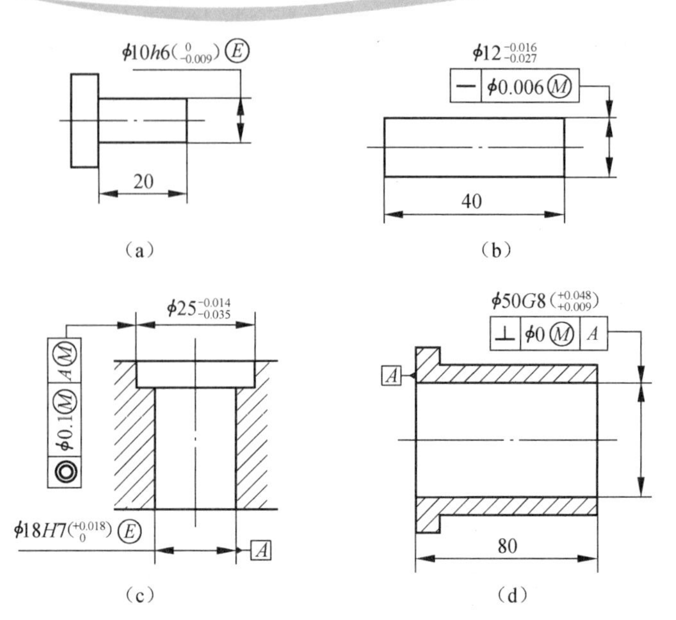

图 4.25　习题 9 图

序　号	最大实体尺寸/mm	最小实体尺寸/mm	最大实体状态时的几何公差值/μm	可能补偿的最大形位公差值/μm	理想边界名称及边界尺寸/mm	实际尺寸合格范围/mm
a						
b						
c						
d						

10. 几何公差研究的对象是什么？什么叫拟合要素、提取组成要素、被测要素和基准要素？

11. 试述几何误差和几何公差的含义。尺寸公差带和几何公差带有什么区别？

12. 形状误差和位置误差在评定时有何异同点？

13. 图样上的几何公差值在什么情况下应该标注，在什么情况下可以不必标注？

14. 最小条件的含义是什么？

【学习评价】

评　价　项　目		分值	自评分
知识目标	熟记几何公差特征项目的名称及符号	10	
	学会分析几何公差带的形状、大小、方向和位置，并比较形状 公差带、定向公差带、定位公差带和跳动公差带的特点	10	
	掌握评定几何误差时“最小条件”的概念及遵守“最小条件”的意义，理解最小包容区与公差带的关系	10	
	理解独立原则、相关要求在图样上的标注、含义和主要应用场合	10	
	掌握标准中有关几何公差的公差等级和未注几何公差的规定	10	

续表

评 价 项 目		分值	自评分
能力目标	掌握几何公差在技术图样上的正确标注	10	
	掌握几何公差的选用方法，包括特征项目、公差数值、基准及公差原则的选择	8	
	结合实验理解几何误差检测的五大类方法及应	8	
素养目标	养成诚实守信的品德，不弄虚作假，以实际检测数据为准	8	
	养成精益求精的工匠精神	8	
	遵守国家标准的检测方式，要有产品质量为企业生命的意识	8	

模块五
表面粗糙度及测量

【学习目标】

知识目标

1. 了解表面粗糙度的概念及对零件使用性能的影响；
2. 掌握表面粗糙度评定参数的含义及应用场合；
3. 掌握表面粗糙度的标注方法；
4. 掌握表面粗糙度的选用方法。

能力目标

1. 掌握表面粗糙度样板比较测量方法；
2. 掌握表面粗糙度便携式仪器检测方法；
3. 使用精密检测仪器测量表面粗糙度参数。

素养目标

1. 养成恪守职业道德与行为规范的习惯，做人做事守规则、讲原则，遵守国家标准规定；
2. 具备诚信务实的作风、自主学习和思考的习惯，善于把握机遇，富于创新精神，勤奋努力、刻苦学习。

课程思政案例四

学习单元一　基础知识认知

1. 表面粗糙度的概念

经机械加工的零件表面，总是存在着宏观和微观的几何形状误差。微观几何形状特性，即微小的峰谷高低程度及其间距状况称为表面粗糙度。

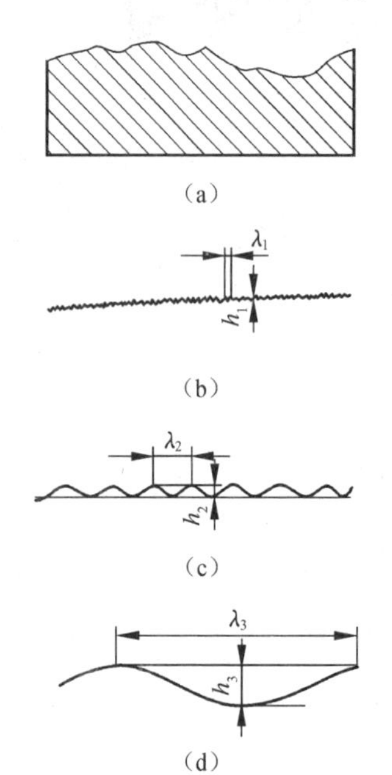

图5.1　加工误差示意图

(a) 表面实际轮廓；(b) 表面粗糙度；(c) 表面波度；(d) 形状误差

表面粗糙度是实际表面几何形状误差的微观特性，而形状误差则是宏观的，表面波度介于两者之间。目前还没有划分它们的统一标准，通常以一定的波距与波高之比来划分。一般比值大于1 000为形状误差，小于40为表面粗糙度，介于两者之间为表面波度。图5.1为加工误差放大示意图（为作图清晰，高度方向误差已适当加大了放大比例），下面三条曲线是将三种类型的误差分解后的情况。它们叠加在一起，即为零件表面的实际情况。

对于已完工的零件，只有同时满足尺寸精度、形状和位置精度、表面粗糙度的要求，才能保证零件几何参数的互换性。

2. 表面粗糙度对零件使用性能的影响

1）摩擦和磨损方面

表面越粗糙，摩擦系数就越大，摩擦阻力也越大，两结合面的磨损也就加快。

2）配合性质方面

表面粗糙度影响配合性质的稳定性。对于间隙配合，粗糙的表面会因峰尖很快磨损而使间隙增大。

3）疲劳强度方面

表面越粗糙，一般表面微观不平的凹痕就越深，在交变应力作用下，应力集中就会越严重，零件损坏的可能性就越大，即零件抗疲劳强度的降低将更显著。

4）耐腐蚀性方面

粗糙的表面，易使腐蚀性气体或液体通过表面微观凹谷渗入到金属内层，造成表面锈蚀。

5）接触刚度方面

表面越粗糙，表面间接触面积就越小，则单位面积受力就越大，造成峰顶处的局部塑性加剧，接触刚度因而下降，影响机器工作精度和抗振性。

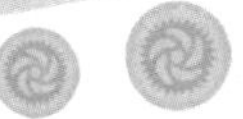

此外，表面粗糙度还影响结合面的密封性，影响产品的外观和表面涂层的质量等。

综上所述，表面粗糙度影响零件的使用性能和寿命，因此，应对零件的表面粗糙度加以确定。

我国现行的表面粗糙度国家标准主要有：GB/T 3505—2009《表面结构的术语、定义及参数》；GB/T 1031—2009《表面粗糙度参数及其数值》；GB/T 131—2006《技术产品文件中表面结构的表示法》；GB/T 10610—2009《评定表面结构的规则和方法》。

学习单元二　表面粗糙度的评定参数

1. 主要术语及定义

1）取样长度 l_r

用于判别表面粗糙度特征的一段基准线长度，称为取样长度，代号为 l_r。规定取样长度是为了限制和减弱宏观几何形状误差，特别是波度对表面粗糙度测量结果的影响。为了得到较好的测量结果，取样长度应满足下列要求。

设取样长度上限为 $l_{r\max}$，下限为 $l_{r\min}$，波度的波距为 λ_w，粗糙度的波距为 λ_R，则取样长度上限与波度的波距的关系应满足

$$l_{r\max} \leqslant \frac{1}{3}\lambda_w$$

取样长度下限与粗糙度的波距的关系应满足

$$l_{r\min} \geqslant 5\lambda_R$$

另外，取样长度在轮廓总的走向上量取。表面越粗糙，取样长度应越大，这是因为表面越粗糙，波距越大的缘故。取样长度的推荐值见表 5.1。

2）评定长度 l_n

评定轮廓所必需的一段长度称为评定长度，代号为 l_n。规定评定长度是为了克服加工表面的不均匀性，较客观地反映表面粗糙度的真实情况，如图 5.2 所示。

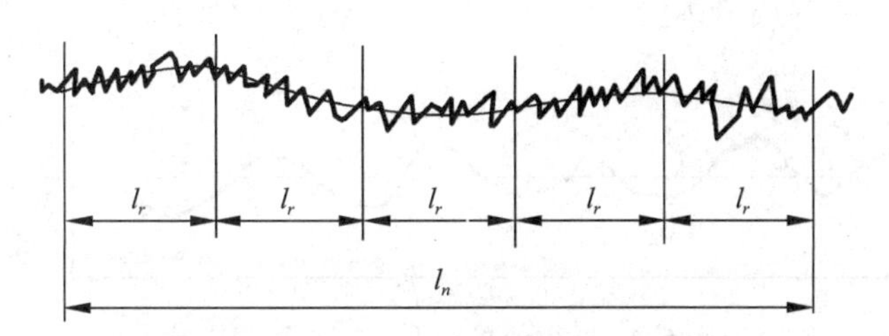

图 5.2　取样长度和评定长度

一般取评定长度 $l_n = 5l_r$，具体数值见表 5.1。

表 5.1　*Ra*，*Rz* 的取样长度与评定长度的选用值

Ra/μm	Rz/μm	l_r/mm	l_n（$l_n=5l$）/mm
≥0.008~0.02	≥0.025~0.10	0.08	0.4
>0.02~0.1	>0.10~0.50	0.25	1.25
>0.1~2.0	>0.50~10.0	0.8	4.0
>2.0~10.0	>10.0~50.0	2.5	12.5
>10.0~80.0	>50.0~320	8.0	40.0

3）轮廓中线 m

轮廓中线是定量计算粗糙度数值的基准线，下面介绍两种确定轮廓中线的方法。

（1）轮廓的最小二乘中线：具有几何轮廓形状并划分轮廓的基准线，在取样长度内使轮廓线上各点的轮廓偏距的平方和最小，如图 5.3 所示。

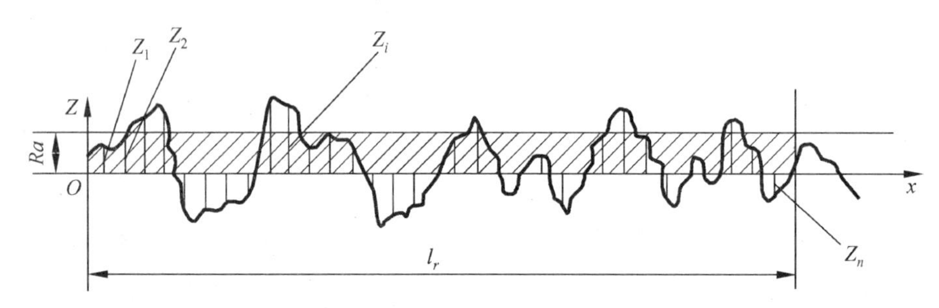

图 5.3　轮廓最小二乘中线示意图

所谓轮廓偏距是指轮廓线上的点与基准线之间的距离，如 Z_1，Z_2，…，Z_n。

轮廓的最小二乘中线的数学表达式为

$$\int_0^{l_r} Z^2 \mathrm{d}x = \min$$

（2）轮廓的算术平均中线：具有几何轮廓形状，在取样长度内与轮廓走向一致的基准线，该线划分轮廓并使上下两部分的面积相等。如图 5.4 所示，中间直线 m 是算术平均中线，F_1，F_2，…，F_n 代表中线上面部分的面积，G_1，G_2，…，G_m 为中线下面部分的面积，它使

$$F_1 + F_2 + \cdots + F_n = G_1 + G_2 + \cdots + G_m$$

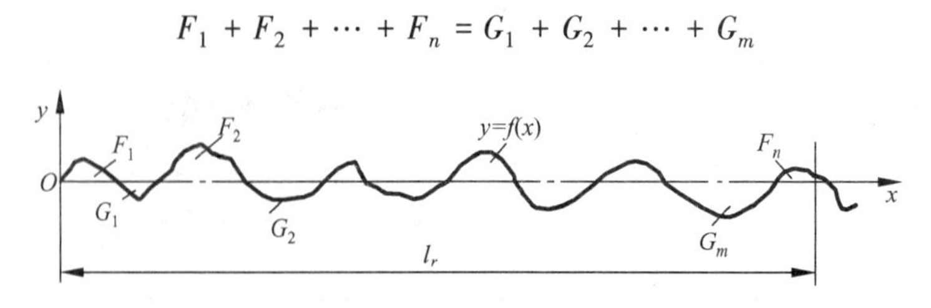

图 5.4　轮廓的算术平均中线示意图

用最小二乘方法确定的中线是唯一的，但比较费事；用算术平均方法确定中线是一种近似的图解法，较为简便，因而得到广泛应用。

2. 表面粗糙度主要评定参数

1）轮廓的幅度参数

（1）轮廓算术平均偏差 Ra：轮廓算术平均偏差是指在取样长度内，被测实际轮廓上各点到轮廓中线的距离 Z 的绝对值的平均值，如图 5.5 所示。其数学表达式为：

$$Ra = \frac{1}{n}\sum_{i=1}^{n} |Z_i| \quad 或 \quad Ra = \frac{1}{l_r}\int_0^{l_r} |Z(x)|\,dx$$

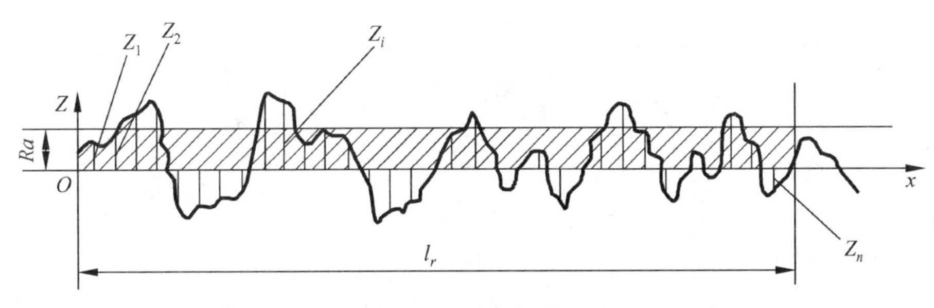

图 5.5　轮廓算术平均偏差 *Ra*

Ra 值越大，表面越粗糙。参数 *Ra* 客观地反映了零件实际表面的微观不平程度，并且测量方便，因而被标准定为首选参数，在生产中广泛采用。

（2）轮廓最大高度 Rz：轮廓最大高度是指在取样长度内，轮廓的峰顶线和谷底线之间的最大距离，如图 5.6 所示。其数学表达式为

$$Rz = |Z_{p_{\max}}| + |Z_{v_{\max}}|$$

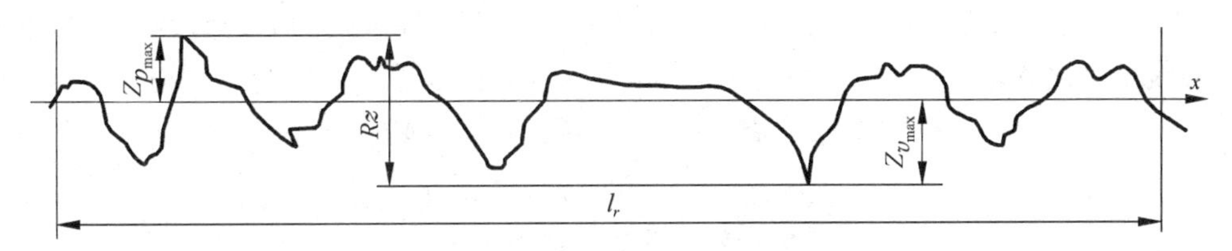

图 5.6　轮廓最大高度 *Rz* 值示意图

Rz 参数对不允许出现较深加工痕迹的表面和小零件的表面质量有着实际意义，尤其是在交变载荷作用下，是防止出现疲劳破坏源的一项保证措施。因此 *Rz* 参数主要应用于有交变载荷作用的场合（辅助 *Ra* 使用），以及小零件的表面（不便使用 *Ra*）。

2）轮廓的间距参数

（1）轮廓单元的平均宽度 R_{sm}：轮廓单元的平均宽度 R_{sm} 是指在一个取样长度内粗糙度轮廓单元宽度 x_s 的平均值，如图 5.7 所示，用 R_{sm} 表示。即

$$R_{sm} = \frac{1}{m}\sum_{i=1}^{m} x_{si}$$

式中，m 为取样长度内轮廓峰谷的数量。

GB/T 3505 规定：粗糙度轮廓单元的宽度 x_s 是指 x 轴线与粗糙度轮廓单元相交线段的长

度（见图 5.7）；粗糙度轮廓单元是指粗糙度轮廓峰和粗糙度轮廓谷的组合；粗糙度轮廓峰是指连接（轮廓和 x 轴）两相邻交点向外（从周围介质到材料）的轮廓部分；粗糙度轮廓谷是指连接两相邻交点向内（从周围介质到材料）的轮廓部分。在取样长度始端或末端的评定轮廓的向外部分和向内部分看做是一个粗糙度轮廓峰或轮廓谷。当在若干个连续的取样长度上确定若干个粗糙度轮廓单元时单在每一个取样长度的始端或末端评定的峰和谷仅在每个取样长度的始端计入一次。

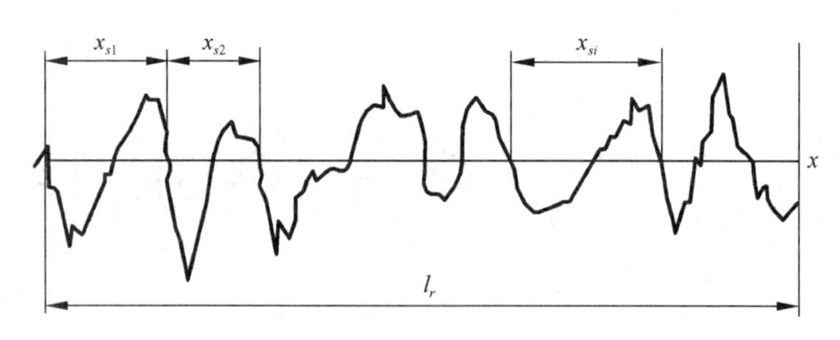

图 5.7　轮廓单元的宽度

R_{sm}是评定轮廓表面的间距参数，反映轮廓表面峰谷的疏密程度，R_{sm}值越大、峰谷越稀、密封性越差。故有密封功能要求的工件表面应附加此参数。

（2）轮廓的支撑长度率 R_{mr}（c）：轮廓的支撑长度率是指在给定截面高度 c 上的轮廓实体材料长度 Ml（c）与评定长度 l_n 的比率，如图 5.8 所示。数学表达式为：

$$R_{mr}(c) = \frac{Ml(c)}{l_n}$$

式中，Ml（c）为轮廓支承长度，是用一条与基准线平行的且截距为 c 的直线与轮廓相截，得各段截线长度之和：

$$Ml(c) = Ml_1 + Ml_2 + Ml_3 + \cdots + Ml_n$$

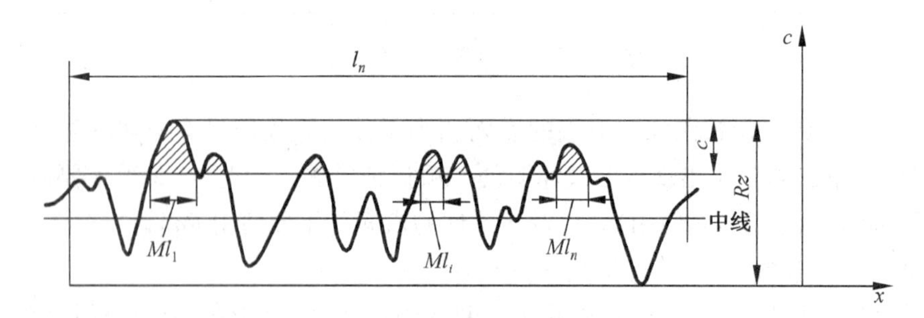

图 5.8　轮廓的支承长度率示意图

轮廓支承长度率 R_{mr}（c）是反映零件表面耐磨性能的指标。当 c 一定时，其值越大，表示零件表面凸起的实体部分越大、承载面积就越大、支承能力和耐磨性就越好，如图 5.9 所示。

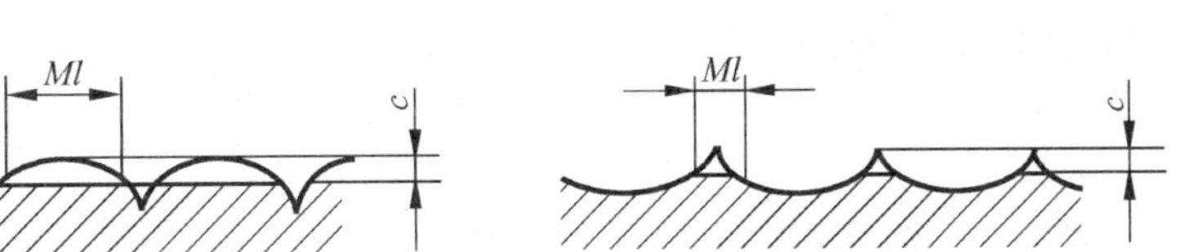

图 5.9　不同形状轮廓的支承长度

(a) 支承长度 *Ml* 大；(b) 支承长度 *Ml* 小

3. 一般规定

国标规定采用中线制来评定表面粗糙度，粗糙度的评定参数一般从 *Ra*、*Rz* 中选取，参数值见表 5.2、表 5.3，表中的“系列值”应得到优先选用。在常用的参数值范围内（*Ra* 为 0.025~6.3 μm，*Rz* 为 0.10~25 μm）推荐优先选用 *Ra*。

表 5.2　轮廓算术平均偏差（*Ra*）的数值　　μm

系列值	补充系列	系列值	补充系列	系列值	补充系列	系列值	补充系列	系列值	补充系列	系列值	补充系列
			0.125		1.25	12.5			125		1 250
			0.160	1.60			16.0		160	1 600	
		0.20			2.0		20	200			
0.025			0.25		2.5	25			250		
	0.032		0.32	3.2			32		320		
	0.040	0.40			4.0		40	400			
0.050			0.50		5.0	50			500		
	0.063		0.63	6.3			63		630		
	0.080	0.80			8.0		80	800			
0.100			1.00		10.0	100			1 000		

表 5.3　轮廓最大高度（*Rz*）的数值　　μm

系列值	补充系列	系列值	补充系列	系列值	补充系列	系列值	补充系列	系列值	补充系列	系列值	补充系列
			0.125		1.25	12.5			125		1 250
			0.160	1.60			16.0		160	1 600	
		0.20			2.0		20	200			
0.025			0.25		2.5	25			250		
	0.032		0.32	3.2			32		320		
	0.040	0.40			4.0		40	400			
0.050			0.50		5.0	50			500		
	0.063		0.63	6.3			63		630		
	0.080	0.80			8.0		80	800			
0.100			1.00		10.0	100			1 000		

国标中还规定，零件表面有功能要求时，除选用高度参数 *Ra*，*Rz* 之外，还可选用附加

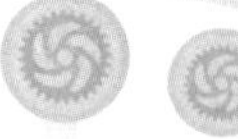

的评定参数。因篇幅所限，这里不作介绍。

学习单元三　表面特征代号及标注

表面粗糙度的评定参数及其数值确定后，还应按 GB/T 131—2006《产品几何技术规范（GPS）技术产品文件中表面结构的表示法》的规定把表面粗糙度要求正确地标注在图样上。

1. 表面粗糙度图形符号

表面粗糙度的图形符号及其含义如表 5.4 所示。

表 5.4　表面粗糙度的图形符号及其含义

符号名称	符　号	含　义
基本图形符号	H_2　H_1　60°　60°	由两条不等长的与标注表面成 60°夹角的直线构成，在图样上用细实线画出。基本图形符号仅用于简化代号标注，没有补充说明时不能单独使用
扩展图形符号		在基本图形符号上加一短横线，表示指定表面是用去除材料的方法获得，如通过机械加工获得的表面
扩展图形符号		在基本图形符号上加一个圆圈，表示指定表面是用不去除材料的方法获得，此图形符号也可用于表示保持上道工序形成的表面，不管这种状况是通过去除或不去除材料形成的
完整图形符号		在以上各种符号的长边上加一横线，以便标注表面结构特征的补充信息

注：表面结构是表面粗糙度、表面波纹度、表面缺陷、表面纹理和表面几何形状的总称，本章只涉及表面粗糙度的标注，所以为了便于理解，将“表面结构的符号和代号”等名词简称为“表面粗糙度符号和代号”。

2. 表面粗糙度参数及其他补充要求在图形符号中的注写位置

为了明确表面粗糙度的要求，除了需要标注参数和数值外，必要时应标注补充要求，补充要求包括传输带、取样长度、加工工艺、表面纹理及方向、加工余量等。上述相关要求在图形符号中的标注位置如图 5.10 所示。

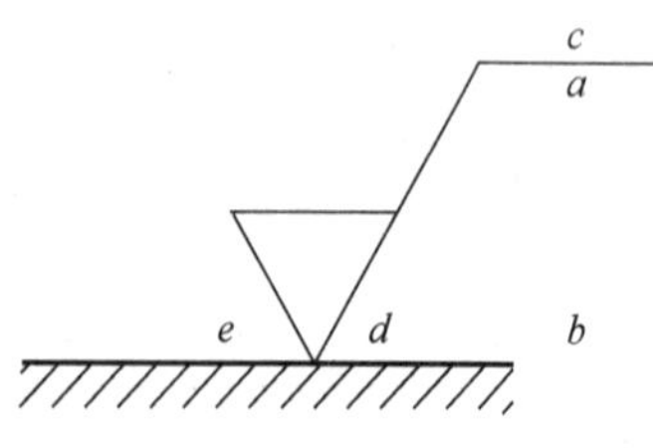

图 5.10　表面粗糙度代号注法

在图 5.10 中，位置 $a \sim e$ 分别注写以下内容：

（1）位置 a：注写表面结构的单一要求。

（2）位置 a 和 b：注写两个或多个表面结构要求。

在位置 a 注写第一个表面结构要求，方法同（1），在位置 b 注写第二个表面结构要求。如果要注写第三个或更多个表面结构要求，图形符号应在垂直方向扩大，以空出足够的空间。扩大图形符号时，a 和 b 的位置随之上移。

（3）位置 c：注写加工方法、表面处理、涂层或其他加工工艺要求等。如“车”“磨”“镀”等。

（4）位置 d：注写所要求的表面纹理和纹理的方向，如“=”“X”“M”等，其具体含义如表 5.6 所示。

（5）位置 e：注写所要求的加工余量，以毫米为单位给出数值。

3. 表面粗糙度代号的标注

在表面粗糙度符号中注写了具体参数代号及数值等要求后称为表面粗糙度代号。表面粗糙度代号的标注示例及其含义如表 5.5 所示。

表 5.5　表面粗糙度代号的标注示例及其含义

表面粗糙度代号示例	含　义	补充说明
Ra 0.8	表示不允许去除材料，单向上限值，默认传输带，R 轮廓（粗糙度轮廓），轮廓的算术平均偏差上限值为 0.8 μm，评定长度为 5 个取样长度（默认），“16%规则”（默认）	为了避免误解，在参数代号与极限值之间应插入空格（下同）
Rz 0.4	表示去除材料，单向上限值，默认传输带，R 轮廓（粗糙度轮廓），轮廓最大高度的上限值为 0.4 μm，评定长度为 5 个取样长度（默认），“16%规则”（默认）	
Rz_{max} 0.2	表示去除材料，单向上限值，默认传输带，R 轮廓（粗糙度轮廓），轮廓最大高度的最大值 0.2 μm，评定长度为 5 个取样长度（默认），“最大规则”	
0.008-0.8/Ra 3.2	表示去除材料，单向上限值，传输带 0.008~0.8 mm，R 轮廓（粗糙度轮廓），轮廓算术平均偏差上限值为 3.2 μm，评定长度为 5 个取样长度（默认），“16%规则”（默认）	传输带“0.008~0.8”中的前后数值分别为短波（λ_s）和长波（λ_c）滤波器的截止波长，表示波长范围。此时取样长度等于 λ_c，则 l_r=0.8 mm
-0.8/Ra 3 3.2	表示去除材料，单向上限值，传输带：根据 GB/T 6062，取样长度 0.8 mm（λ_s 默认 0.002 5 mm），R 轮廓，轮廓算术平均偏差上限值为 3.2 μm，评定长度为 3 个取样长度，“16%规则”（默认）	传输带仅注出一个截止波长值（本例 0.8 表示 λ_c 值）时，另一截止波长值 λ_s 应理解成默认值，由 GB/T 6062 中查知 λ_s=0.002 5 mm

续表

表面粗糙度代号示例	含　义	补充说明
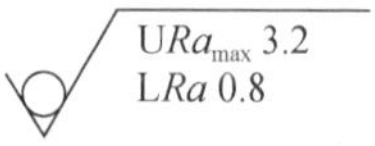 URa_{max} 3.2 LRa 0.8	表示不允许去除材料，双向极限值，两极限值均使用默认传输带，R 轮廓，上限值：算术平均偏差 3.2 μm，评定长度为 5 个取样长度（默认），“最大规则”；下限值：算术平均偏差 0.8 μm，设定长度为 5 个取样长度（默认），“16%规则”（默认）	本例为双向极限要求，用“U”和“L”分别表示上限值和下限值。在不致引起歧义时，可不加注“U”和“L”
注：①“传输带”是指评定时的波长范围。传送带被一个截止短波的滤波器（短波滤波器）和另一个长波的滤波器（长波滤波器）所限制。 ②“16%规则”是指同一评定长度范围内所有的实测值中，大于上限制的个数应少于总数的 16%，小于下限值的个数应少于总数的 16%。参见 GB/T 10610—2009。 ③极值规则：整个被测表面上所有的实测值皆应不大于最大允许值，皆应不小于最小允许值。参见GB/T 10610—2009。		

4. 加工方法或相关信息的标注

轮廓曲线的特征对实际表面的表面结构参数值影响很大。标注的参数代号、参数值和传输带只作为表面结构要求，有时不一定能够完全准确地表示表面功能。加工工艺在很大程度上决定了轮廓曲线的特征，因此，一般应注明加工工艺。加工工艺用文字按图 5.11 和图 5.12 所示方式在完整符号中注明。

图 5.11　加工工艺和表面粗糙度要求的注法

图 5.12　镀覆 2 和表面粗糙度要求的注法

5. 表面纹理的注法

表面纹理及其方向用表 5.6 中规定的符号按照图 5.10 所示标注在完整符号中。采用定义的符号标注纹理不适用于文本标注。

表 5.6　表面纹理的标注

符　号	示意图	符　号	示意图
=	纹理平行于标注代号的视图投影面 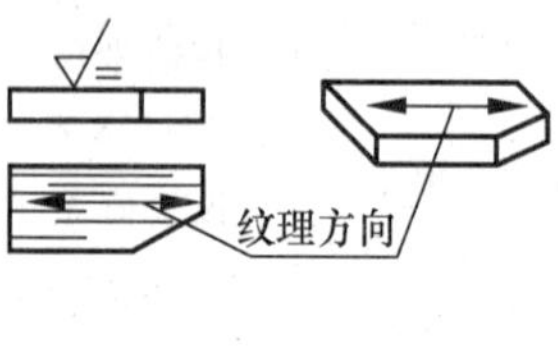 纹理方向	×	纹理呈两斜向交叉且与视图所在的投影面相交 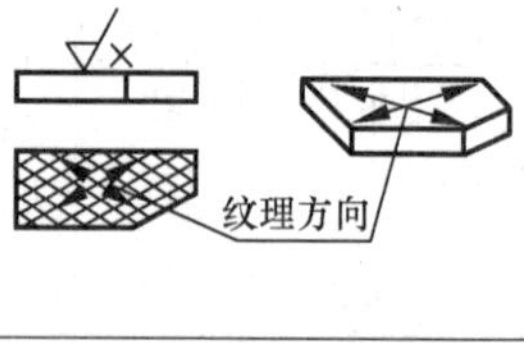 纹理方向

续表

符　号	示意图	符　号	示意图
⊥	纹理垂直于标注代号的视图投影面 纹理方向	C	纹理呈近似同心圆且圆心与表面中心相关
M	纹理呈多方向	R	纹理呈近似放射状且与表面圆心相关
P	纹理呈微粒、凸起，无方向		

6. 表面粗糙度代号在图样上的标注

表面粗糙度要求对每一表面一般只标注一次，并尽可能标注在相应的尺寸及其公差的同一视图上。除非另有说明，所标注的表面结构要求是对完工零件表面的要求。

表面粗糙度代号在图样上的注写和读取方向与尺寸的注写和读取方向一致，如图 5. 13 所示；一般标注于可见轮廓线或其延长线上，符号应从材料外指向并接触表面，如图 5. 14 所示；必要时也可用箭头或者黑点的指引线引出标注，如图 5. 15 所示；在不致引起误解时，也可以标注在给定的尺寸线上，如图 5. 16 所示；表面粗糙度代号还可标注在形位公差框格的上方，如图 5. 17 所示。

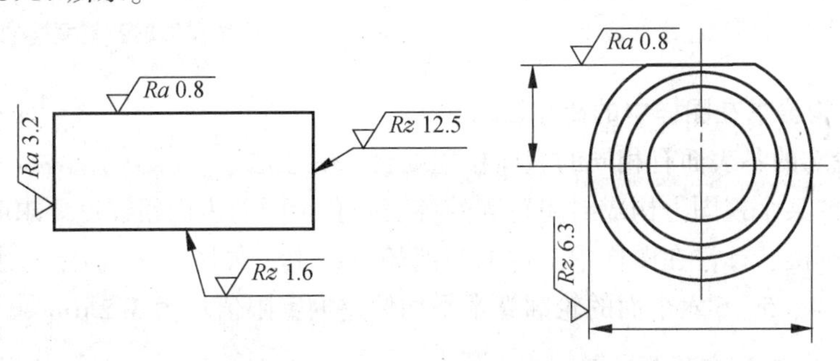

图 5. 13　表面粗糙度代号的注写方向

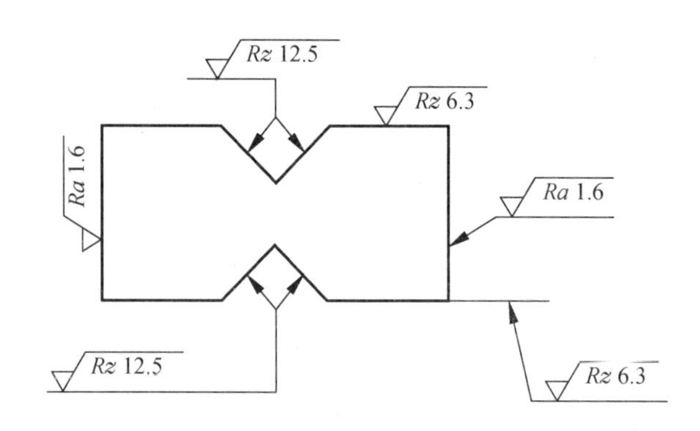

图 5.14　表面粗糙度在轮廓线上的标注示例

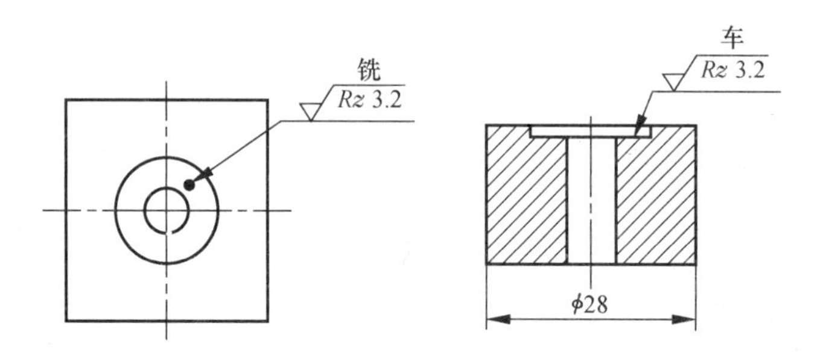

图 5.15　用指引线引出标注表面粗糙度

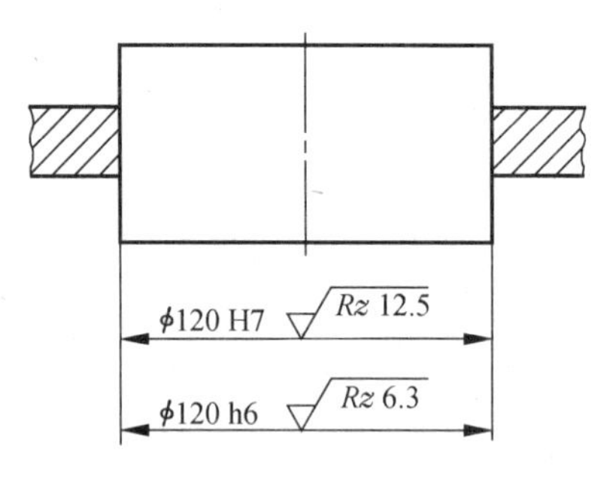

图 5.16　表面粗糙度代号标注在尺寸线上

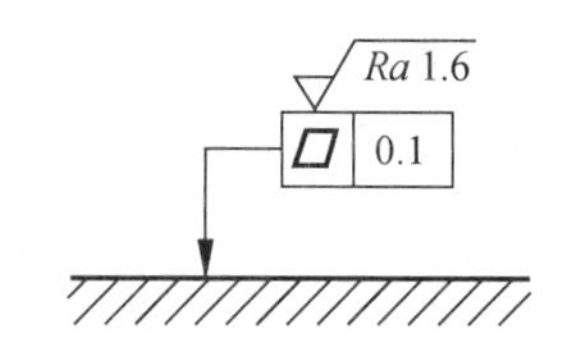

图 5.17　表面粗糙度代号标注在形位公差框格的上方

7. 表面结构要求在图样中的简化注法

1）封闭轮廓的各表面有相同的表面粗糙度要求的注法

当在图样的某个视图上构成封闭轮廓的各表面有相同的表面粗糙度要求时，可在完整图形符号上加一圆圈，标注在图样中工件的封闭轮廓线上，如图 5.18 所示，表示构成封闭轮廓的 1、2、3、4、5、6 六个面的轮廓算术平均偏差的上限值均为 3.2 μm。

2）多数（包括全部）表面有相同表面粗糙度要求的简化注法

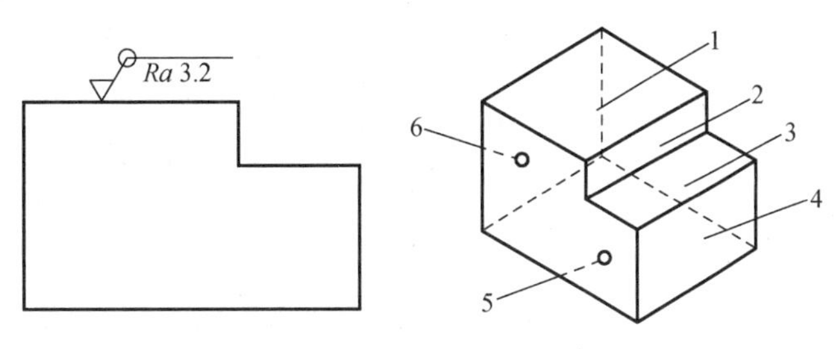

图 5.18　封闭轮廓各表面有相同的表面粗糙度要求时的标注

如果在工件的多数（包括全部）表面有相同的表面粗糙度要求，则其表面结构要求可统一标注在图样的标题栏附近。此时（除全部表面有相同要求的情况外），表面粗糙度代号的后面应包括如下内容。

（1）在圆括号内给出无任何其他标注的基本符号，如图 5.19（a）所示。

（2）在圆括号内给出不同的表面粗糙度要求，如图 5.19（b）所示。

那些不同的表面粗糙度要求应直接标注在图形中，如图 5.19 所示。

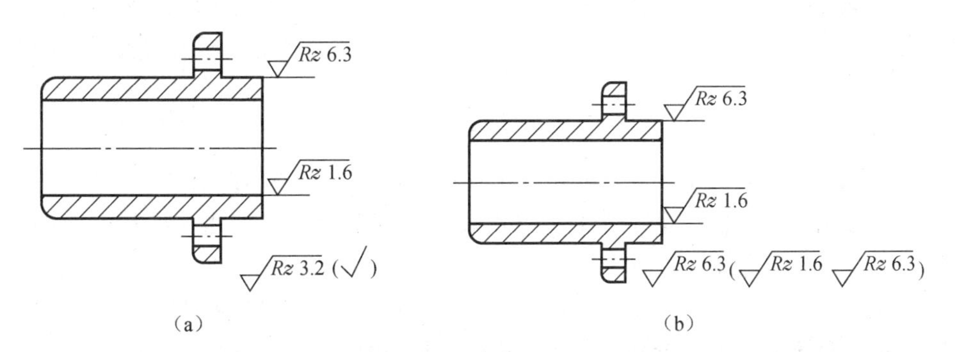

图 5.19　多数表面有相同表面粗糙度要求的简化注法

（a）在圆括号内给出无任何其他标注的基本符号；（b）在圆括号内给出不同的表面粗糙度要求

3）多个表面有相同粗糙要求的注法

当多个表面具有相同的表面粗糙度要求或图纸空间有限时，也可以采用简化注法。

（1）用带字母的完整符号，以等式的形式，在图形或标题栏附近。对有相同表面结构要求的表面进行简化标注，如图 5.20 所示。

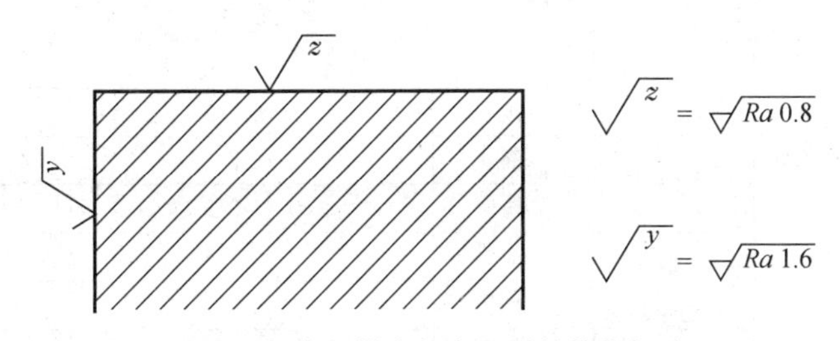

图 5.20　在图样空间有限时的简化标注

(2) 只用表面粗糙度符号，以等式的形式给出对多个表面共同的表面粗糙度要求，如图5.21所示。

(a)　　(b)　　(c)

图5.21　多个表面具有相同的表面粗糙度要求的简化标注

(a) 未指定工艺方法；(b) 要求去除材料；(c) 不允许去除材料

学习单元四　表面粗糙度数值的选择

表面粗糙度是一项重要的技术经济指标，选取时应在满足零件功能要求的前提下，同时考虑工艺的可行性和经济性。确定零件表面粗糙度时，除有特殊要求的表面外，一般多采用类比法选取。

表面粗糙度数值的选择，一般应作以下考虑。

(1) 在满足零件表面功能要求的情况下，尽量选用大一些的数值。

(2) 一般情况下，同一个零件上，工作表面（或配合面）的粗糙度数值应小于非工作面（或非配合面）的数值。

(3) 摩擦面、承受高压和交变载荷的工作面的粗糙度数值应小一些。

(4) 尺寸精度和形状精度要求高的表面，粗糙度数值应小一些。

(5) 要求耐腐蚀的零件表面，粗糙度数值应小一些。

(6) 有关标准已对表面粗糙度要求作出规定的，应按相应标准确定表面粗糙度数值。

有关圆柱体结合的表面粗糙度数值的选用，参看表5.7。

表5.7　圆柱体结合的表面粗糙度推荐值

表面特征			*Ra*/μm　不大于	
	公差等级	表面	基本尺寸/mm	
			到50	大于50~500
经常装拆零件的配合表面（如挂轮、滚刀等）	5	轴	0.2	0.4
		孔	0.4	0.8
	6	轴	0.4	0.8
		孔	0.4~0.8	0.8~1.6
	7	轴	0.4~0.8	0.8~1.6
		孔	0.8	1.6
	8	轴	0.8	1.6
		孔	0.8~1.6	1.6~3.2

续表

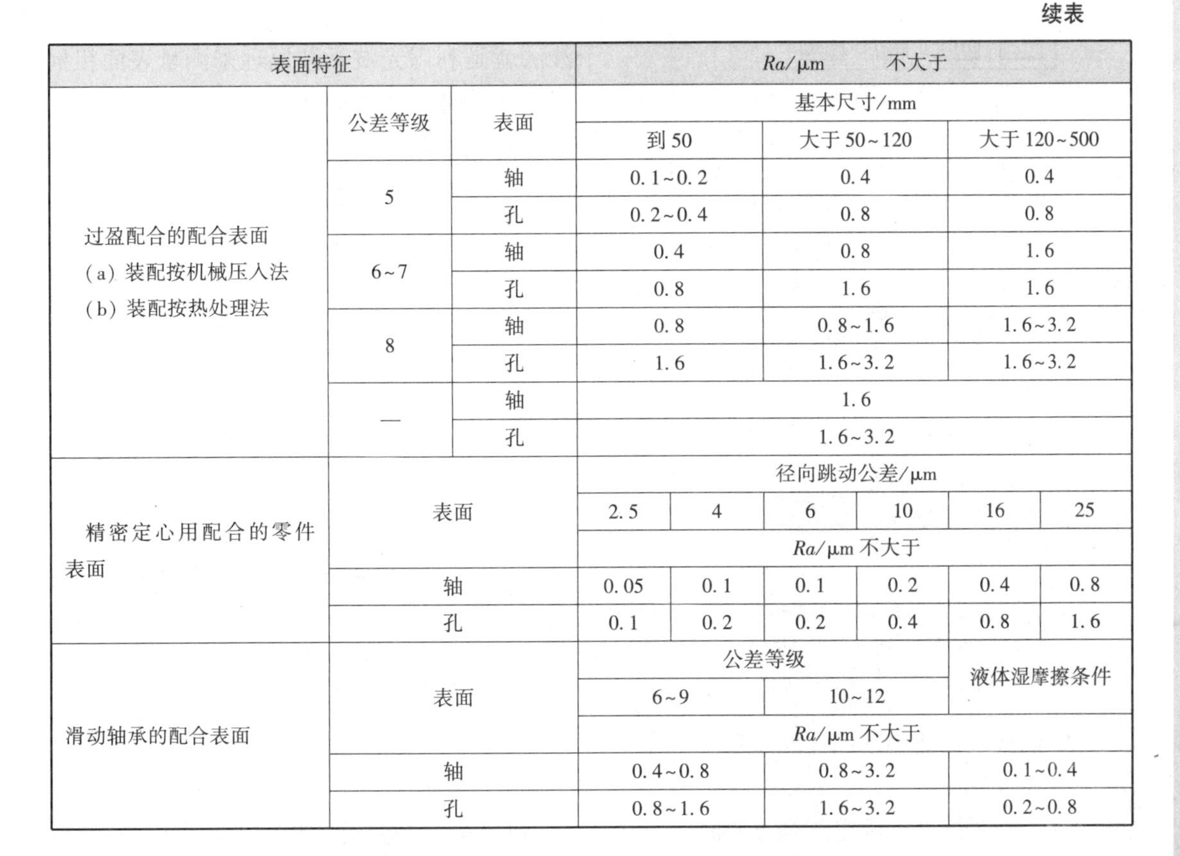

<table>
<tr><td colspan="3">表面特征</td><td colspan="6">Ra/μm　不大于</td></tr>
<tr><td rowspan="10">过盈配合的配合表面
(a) 装配按机械压入法
(b) 装配按热处理法</td><td rowspan="2">公差等级</td><td rowspan="2">表面</td><td colspan="6">基本尺寸/mm</td></tr>
<tr><td colspan="2">到 50</td><td colspan="2">大于 50~120</td><td colspan="2">大于 120~500</td></tr>
<tr><td rowspan="2">5</td><td>轴</td><td colspan="2">0.1~0.2</td><td colspan="2">0.4</td><td colspan="2">0.4</td></tr>
<tr><td>孔</td><td colspan="2">0.2~0.4</td><td colspan="2">0.8</td><td colspan="2">0.8</td></tr>
<tr><td rowspan="2">6~7</td><td>轴</td><td colspan="2">0.4</td><td colspan="2">0.8</td><td colspan="2">1.6</td></tr>
<tr><td>孔</td><td colspan="2">0.8</td><td colspan="2">1.6</td><td colspan="2">1.6</td></tr>
<tr><td rowspan="2">8</td><td>轴</td><td colspan="2">0.8</td><td colspan="2">0.8~1.6</td><td colspan="2">1.6~3.2</td></tr>
<tr><td>孔</td><td colspan="2">1.6</td><td colspan="2">1.6~3.2</td><td colspan="2">1.6~3.2</td></tr>
<tr><td rowspan="2">—</td><td>轴</td><td colspan="6">1.6</td></tr>
<tr><td>孔</td><td colspan="6">1.6~3.2</td></tr>
<tr><td rowspan="5">精密定心用配合的零件表面</td><td colspan="2" rowspan="3">表面</td><td colspan="6">径向跳动公差/μm</td></tr>
<tr><td>2.5</td><td>4</td><td>6</td><td>10</td><td>16</td><td>25</td></tr>
<tr><td colspan="6">Ra/μm 不大于</td></tr>
<tr><td colspan="2">轴</td><td>0.05</td><td>0.1</td><td>0.1</td><td>0.2</td><td>0.4</td><td>0.8</td></tr>
<tr><td colspan="2">孔</td><td>0.1</td><td>0.2</td><td>0.2</td><td>0.4</td><td>0.8</td><td>1.6</td></tr>
<tr><td rowspan="5">滑动轴承的配合表面</td><td colspan="2" rowspan="3">表面</td><td colspan="4">公差等级</td><td colspan="2" rowspan="2">液体湿摩擦条件</td></tr>
<tr><td colspan="2">6~9</td><td colspan="2">10~12</td></tr>
<tr><td colspan="6">Ra/μm 不大于</td></tr>
<tr><td colspan="2">轴</td><td colspan="2">0.4~0.8</td><td colspan="2">0.8~3.2</td><td colspan="2">0.1~0.4</td></tr>
<tr><td colspan="2">孔</td><td colspan="2">0.8~1.6</td><td colspan="2">1.6~3.2</td><td colspan="2">0.2~0.8</td></tr>
</table>

学习单元五　表面粗糙度的测量

1. 表面粗糙度的测量方法

1）比较法

比较法就是将被测零件表面与表面粗糙度样板（图 5.22（a））通过视觉、触感或其他方法进行比较后，对被检表面的粗糙度作出评定的方法。

用比较法评定表面粗糙度虽然不能精确地得出被检表面的粗糙度数值，但由于器具简单，使用方便且能满足一般的生产要求，故常用于生产现场。

2）光切法

光切法就是利用“光切原理”来测量零件表面的粗糙度，工厂计量部门用的光切显微镜（又称双管显微镜，图 5.22（b））就是应用这一原理设计而成的。

光切法一般用于测量表面粗糙度的 Rz 参数，参数的测量范围依仪器的型号不同而有所差异。

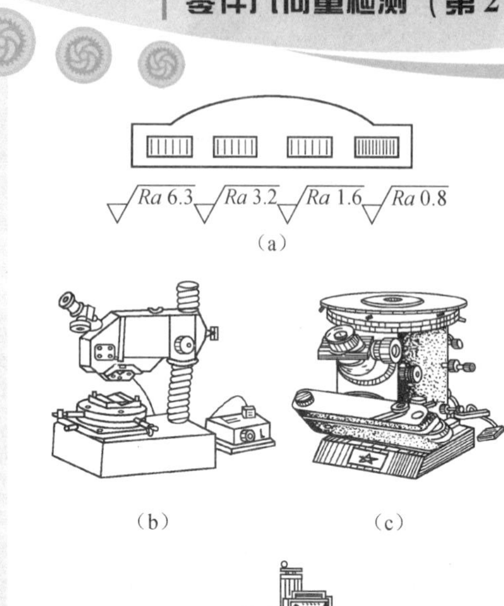

图 5.22 表面粗糙度常用测量仪器

(a) 表面粗糙度样板；(b) 双管显微镜；(c) 干涉显微镜；(d) 电动轮廓仪

3）干涉法

干涉法就是利用光波干涉原理来测量表面粗糙度，使用的仪器叫做干涉显微镜（图 5.22（c））。通常干涉显微镜用于测量 *Rz* 参数，并可测到较小的参数值，一般测量范围是 0.030～1 μm。

4）针描法

针描法又称感触法，它是利用金刚石针尖与被测表面相接触，当针尖以一定速度沿着被测表面移动时，被测表面的微观不平将使触针在垂直于表面轮廓方向上产生上下移动，将这种上下移动转换为电量并加以处理。人们可对记录装置记录得到的实际轮廓图进行分析计算，或直接从仪器的指示表中获得参数值。

采用针描法测量表面粗糙度的仪器叫做电动轮廓仪（图 5.22（d）），它可以直接指示 *Ra* 值，也可以经放大器记录出图形，作为 *Ra*，*Rz* 等多种参数的评定依据。

2. 测量表面粗糙度的注意事项

1）测量方向

（1）当图样上未规定测量方向时，应在高度参数（*Ra*，*Rz*）最大值的方向上进行测量，即对于一般切削加工表面，应在垂直于加工痕迹的方向上测量。

（2）当图样上明确规定测量方向的特定要求时，则应按要求测量。

（3）当无法确定表面加工纹理方向时（如经研磨的加工表面），应通过选定的几个不同方向测量，然后取其中的最大值作为被测表面的粗糙度参数值。

2）测量部位

（1）被测工件的实际表面由于各种原因总存在不均匀性问题，为了比较完整地反映被测表面的实际状况，应选定几个部位进行测量。测量结果的确定，可按照国家标准的有关规定进行。

（2）当图样上明确规定测量方向的特定要求时，则应按要求测量。

（3）当无法确定表面加工纹理方向时（如经研磨的加工表面），应通过选定的几个不同方向测量，然后取其中的最大值作为被测表面的粗糙度参数值。

3）表面缺陷

零件的表面缺陷，例如气孔、裂纹、砂眼、划痕等，一般比加工痕迹的深度或宽度大得多，不属于表面粗糙度的评定范围，必要时，应单独规定对表面缺陷的要求。

习　题

1. 评定表面粗糙度为什么先要规定一条基准线？

2. 为什么要合理选定取样长度和评定长度？

3. 国家标准 GB/T 1031—2009 规定表面粗糙度的评定参数有哪些？哪些是基本参数？哪些是附加参数？

4. 去图书馆或阅览室借阅有关表面粗糙度的国家标准，系统归纳有关表面粗糙度术语定义、标准数值表格及检测方法、标注方法的知识。

5. 简述表面粗糙度常用的测量方法和测量仪器。

6. 将图 5.23 中的心轴、衬套的零件图画出，用类比法确定各个表面粗糙度参数项目及参数值，并将其标注在零件图上。

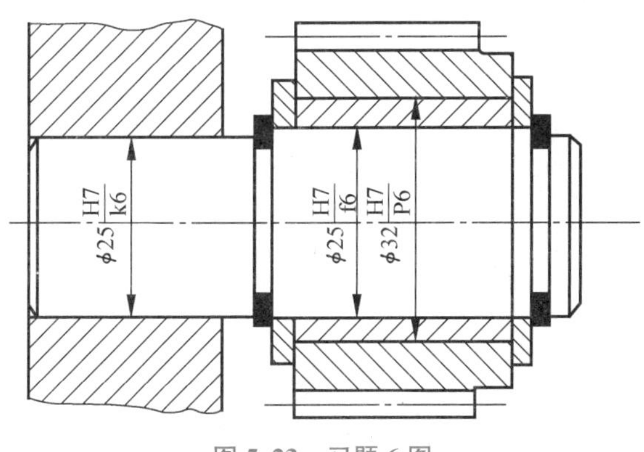

图 5.23　习题 6 图

【学习评价】

评　价　项　目		分值	自评分
知识目标	了解表面粗糙度的概念及对零件使用性能的影响	10	
	掌握表面粗糙度评定参数的含义及应用场合	10	
	掌握表面粗糙度的标注方法	20	
	掌握表面粗糙度的选用方法	10	
能力目标	掌握表面粗糙度样板比较测量方法	10	
	掌握表面粗糙度便携式仪器检测方法	10	
	使用精密检测仪器测量表面粗糙度参数	10	

续表

评 价 项 目		分值	自评分
素养目标	养成恪守职业道德与行为规范的习惯，做人做事守规则、讲原则，遵守国家标准规定	10	
	具备诚信务实的作风、自主学习和思考的习惯，善于把握机遇，富于创新精神，勤奋努力、刻苦学习	10	

模块六
光滑极限量规

【学习目标】

知识目标

1. 了解光滑极限量规的作用、种类；
2. 掌握工作量规公差带的分布；
3. 理解泰勒原则的含义，掌握符合泰勒原则的量规应具有的要求、当量规偏离泰勒原则时应采取的措施。

能力目标

1. 掌握塞规的设计方法；
2. 掌握卡规的设计方法。

素养目标

1. 培养团队协作、吃苦耐劳、严谨细致、专注负责的工作态度；
2. 培养精雕细琢、精益求精的工作理念，以及对职业的认同感、责任感、荣誉感、使命感的“大国工匠”精神。

课程思政案例五

学习单元一　基础知识认知

光滑极限量规是一种没有刻线的专用量具，不能确定工件的实际尺寸，只能确定工件尺寸是否处于规定的极限尺寸范围内。因量规结构简单，制造容易，使用方便，因此广泛应用于成批、大量生产中。

由于量规需要判断孔、轴是否在规定的两个极限尺寸范围内，所以应成对使用。其中一个是通规，另一个是止规。检验时，如通规能通过，止规不能通过，则零件合格。

光滑极限量规有塞规和卡规。孔用极限量规是塞规，它的通规是根据孔的最大实体尺寸设计的；止规是按孔的最小实体尺寸设计的，如图 6.1（a）所示。

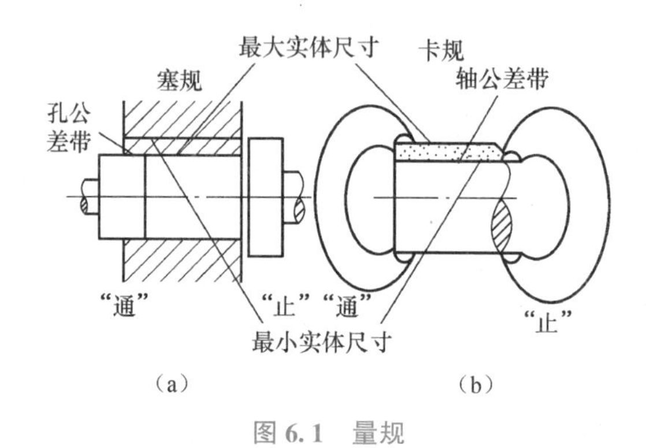

图 6.1　量规

轴用量规称为卡规或环规，它的通规是按轴的最大实体尺寸设计的；止规是按轴的最小实体尺寸设计的，如图 6.1（b）所示。

光滑极限量规的标准是 GB/T 1957—2006，仍适用于检测国标《极限与配合》（GB/T 1800）规定的基本尺寸至 500 mm，公差等级 IT6 至 IT16 的采用包容要求的孔与轴。

量规按用途分为如下几种：

1）工作量规

工作量规是工人在生产过程中检验工件用的量规，它的通规和止规分别用代号 T 和 Z 表示。

2）验收量规

验收量规是检验部门或用户验收产品时使用的量规。工厂检验工件时，工人应使用新的或磨损较少的通规；检验部门应使用与加工工人用的量规型式相同但已磨损较多的通规。

用户所使用的验收量规，通规尺寸应接近被检工件的最大实体尺寸，止规尺寸应接近被检工件的最小实体尺寸。

3）校对量规

校对量规是校对轴用工作量规的量规，以检验其是否符合制造公差和在使用中是否达到磨损极限。

学习单元二　量规尺寸公差带

1. 工作量规公差带

量规在制造过程中，不可避免地会产生误差，因而必须给定尺寸公差加以限制。通规在检验零件时，要经常通过被检零件，其工作表面会逐渐磨损以至报废。为了使通规有一个合理的使用寿命，还必须留有适当的磨损量。因此通规公差由制造公差（T）和磨损公差两部分组成。止规由于不经常通过零件，磨损极少，所以只规定了制造公差。量规设计时，以被检零件的极限尺寸作为量规的基本尺寸。图 6.2 所示为光滑极限量规公差带图，标准规定公差带以不超越工件极限尺寸为原则。通规的公差带对称于 Z 值（称为公差带位置要素），其允许磨损量以工件的最大实体尺寸为极限；止规的制造公差带是从工件的最小实体尺寸算起，分布在尺寸公差带之内。

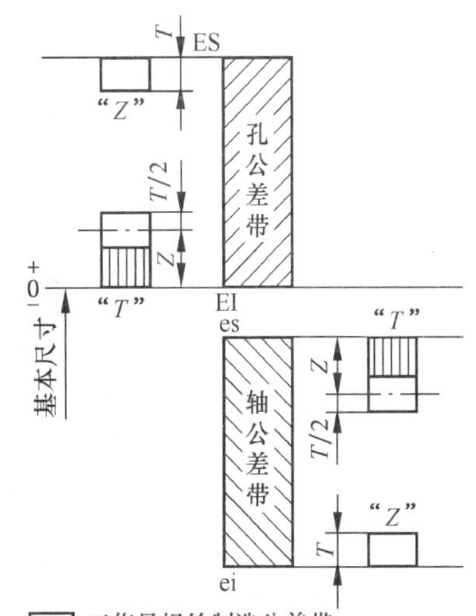

图 6.2　量规公差带图

制造公差和通规公差带位置要素 Z 是综合考虑了量规的制造工艺水平和一定的使用寿命，按工件的基本尺寸、公差等级给出的。具体数值见表 6.1。

表 6.1　IT6~IT16 级工作量规制造公差和位置要素（摘录）　μm

工件基本尺寸	IT6			IT7			IT8			IT9			IT10			IT11		
D/mm	IT6	T	Z	IT7	T	Z	IT8	T	Z	IT9	T	Z	IT10	T	Z	IT11	T	Z
至 3	6	1	1	10	1.2	1.6	14	1.6	2	25	2	3	40	2.4	4	60	3	6
3~6	8	1.2	1.4	12	1.4	2	18	2	2.6	30	2.4	4	48	3	5	75	4	8
6~10	9	1.4	1.6	15	1.8	2.4	22	2.4	3.2	36	2.8	5	58	3.6	6	90	5	9
10~18	11	1.6	2	18	2	2.8	27	2.8	4	43	3.4	6	70	4	8	110	6	11
18~30	13	2	2.4	21	2.4	3.4	33	3.4	5	52	4	7	84	5	9	130	7	13
30~50	16	2.4	2.8	25	3	4	39	4	6	62	5	8	100	6	11	160	8	16
50~80	19	2.8	3.4	30	3.6	4.6	46	4.6	7	74	6	9	120	7	13	190	9	19
80~120	22	3.2	3.8	35	4.2	5.4	54	5.4	8	87	7	10	140	8	15	220	10	22
120~180	25	3.8	4.4	40	4.8	6	63	6	9	100	8	12	160	9	18	250	12	25
180~250	29	4.4	5	46	5.4	7	72	7	10	115	9	14	185	10	20	290	14	29
250~315	32	4.8	5.6	52	6	8	81	8	11	130	10	16	210	12	22	320	16	32
315~400	36	5.4	6.2	57	7	9	89	9	12	140	11	18	230	14	25	360	18	36
400~500	40	6	7	63	8	10	97	10	14	155	12	20	250	16	28	400	20	40

2. 验收量规

检验部门或用户验收产品时所用的量规。在量规国家标准中，没有单独规定验收量规的公差带，但规定了量规的使用顺序。

3. 校对量规公差带

轴用通规的校通——通量规 TT 的作用是防止轴用通规发生变形而尺寸过小，检验时，应通过被校对的轴用通规，它的公差带从通规的下偏差算起，向通规公差带内分布。轴用通规的校通——损量规 TS 的作用是检验轴用通规是否达到磨损极限，它的公差带从通规的磨损极限算起，向轴用通规公差带内分布。轴用止规的校止——通量规 ZT 的作用是防止止规尺寸过小，检验时，应通过被校对的轴用止规，它的公差带从止规的下偏差算起，向止规的公差带内分布。校对量规的公差规定等于工作量规公差的一半。

学习单元三　量规设计

1. 量规设计原则及其结构

光滑极限量规的设计应符合极限尺寸判断原则（泰勒原则），即孔或轴的作用尺寸不允许超过最大实体尺寸，且在任何位置上的实际尺寸不允许超过最小实体尺寸。根据这一原则，通规应设计成全形的，即其测量面应具有与被测孔或轴相应的完整表面，其尺寸应等于被测孔或轴的最大实体尺寸，其长度应与被测孔或轴的配合长度一致，止规应设计成两点式的，其尺寸应等于被测孔或轴的最小实体尺寸。

但在实际应用中，极限量规常偏离上述原则。例如：为了用已标准化的量规，允许通规的长度小于结合面的全长；对于尺寸大于 100 mm 的孔，用全形塞规通规很笨重，不便使用，允许用不全形塞规；环规通规不能检验正在顶尖上加工的工件及曲轴，允许用卡规代替；检验小孔的塞规止规，常用便于制造的全形塞规；刚性差的工件，由于考虑受力变形，也常用全形塞规或环规。

必须指出，只有在保证被检验工件的形状误差不致影响配合性质的前提下，才允许使用偏离极限尺寸判断原则的量规。

选用量规结构型式时，必须考虑工件结构、大小、产量和检验效率等，图 6.3 给出了量规的型式及其应用。

2. 量规极限偏差的计算

例 6.1　计算 ϕ20H7/f6 孔、轴用工作量规的极限偏差。

解：首先确定被测孔、轴的极限偏差。查第 2 章极限与配合标准，ϕ20H7 的上偏差 ES = +0.021 mm；下偏差 EI = 0，轴 ϕ20f6 的上偏差为 es = −0.020 mm，下偏差 ei = −0.033 mm。

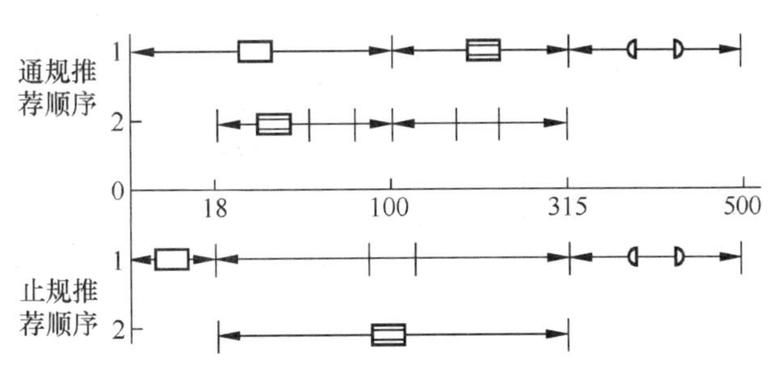

孔用量规型式和应用尺寸范围

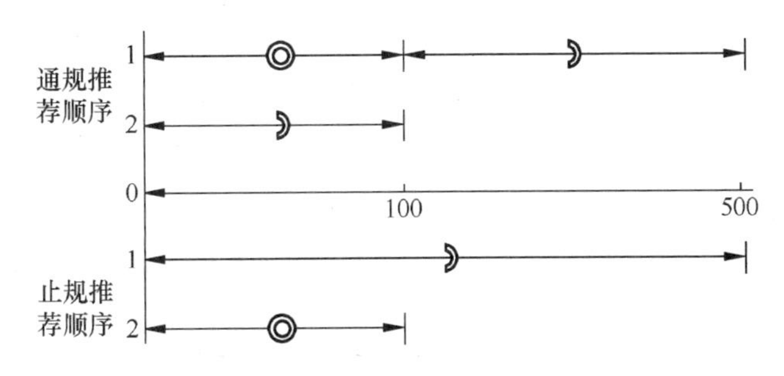

轴用量规型式和应用尺寸范围

— 全形塞规　　— 球端杆规

— 不全形塞规　　— 环规

— 片形塞规　　— 卡规

图 6.3　量规的型式及应用

（1）确定工作量规制造公差和位置要素值。

由表 6.1 查得：IT7，尺寸为 $\phi 25$ mm 的量规公差 $T=0.0024$ mm，位置要素 $Z=0.0034$ mm；IT6，尺寸为 $\phi 25$ 的量规公差为 $T=0.002$ mm，位置要素 $Z=0.0024$ mm。

（2）计算工作量规的极限偏差。

① $\phi 20$H7 孔用塞规

通规　　上偏差 $=\mathrm{EI}+Z+\dfrac{T}{2}=0+0.0034+0.0012=+0.0046$（mm）

$$\text{下偏差}=\mathrm{EI}+Z-\frac{T}{2}=0+0.0034-0.0012=+0.0022\ \text{(mm)}$$

磨损极限 $=\mathrm{EI}=0$

止规　　上偏差 $=\mathrm{ES}=+0.021$ mm

下偏差 $=\mathrm{ES}-T=+0.021-0.0024=+0.0186$（mm）

② $\phi 20$f6 轴用环规或卡规

通规　　上偏差 $=\mathrm{es}-Z+\dfrac{T}{2}=-0.02-0.0024+0.001=-0.0214$（mm）

$$下偏差=es-Z-\frac{T}{2}=-0.02-0.0024-0.001=-0.0234\ (mm)$$

磨损极限=es=−0.020

止规　上偏差=ei+T=−0.033+0.002=−0.031（mm）

　　　下偏差=ei=−0.033 mm

（3）绘制工作量规的公差带图如图 6.4 所示。量规的标注方法如图 6.5 所示。

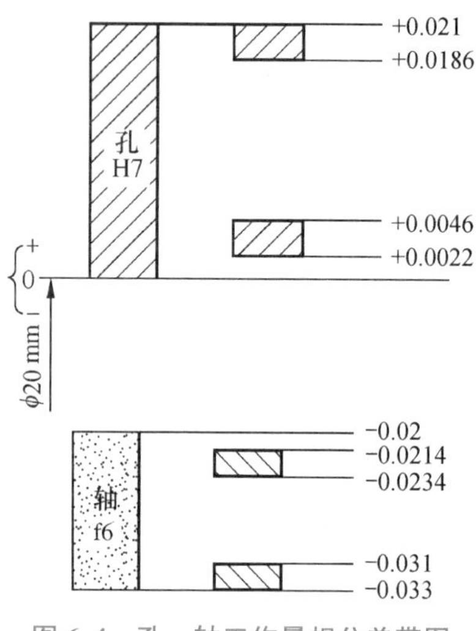

图 6.4　孔、轴工作量规公差带图

3. 量规其他技术要求

工作量规的形状误差应在量规的尺寸公差带内，形状公差为尺寸公差的 50%，但形状公差小于 0.001 mm 时，由于制造和测量都比较困难，形状公差都规定选为 0.001 mm。量规测量面的材料可用淬硬钢（合金工具钢、碳素工具钢等）和硬质合金，也可在测量面上镀以耐磨材料，测量面的硬度应为 HRC 58~65。

量规测量面的粗糙度，主要是从量规使用寿命、工件表面粗糙度以及量规制造的工艺水平考虑。一般量规工作面的粗糙度要求比被检工件的粗糙度要求要严格些，量规测量面粗糙度要求可参照表 6.2 选用。

表 6.2　量规测量表面粗糙度

工作量规	工件基本尺寸/mm		
	至 120	120~315	315~500
	Ra 最大允许值/μm		
IT6 级孔用量规	0.04	0.08	0.16
IT6~IT9 级轴用量规 IT7~IT9 级孔用量规	0.08	0.16	0.32
IT10~IT12 级孔、轴用量规	0.16	0.32	0.63
IT13~IT16 级孔、轴用量规	0.32	0.63	0.63

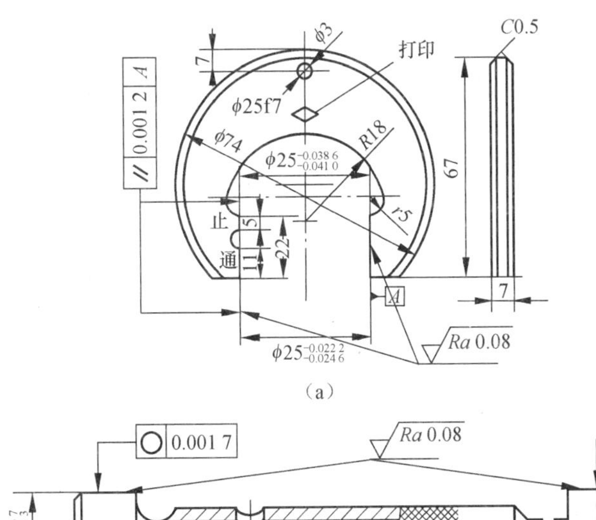

（a）

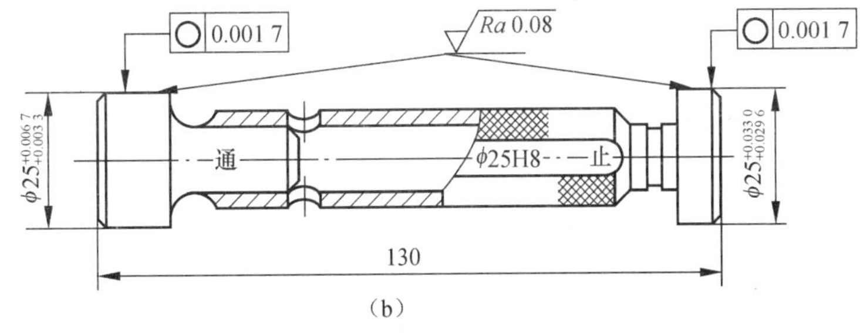

（b）

图 6.5　量规的标注方法

（a）卡规；（b）塞规

1. 光滑极限量规的通规和止规分别控制工件的什么尺寸?
2. 量规的基本特征是什么?
3. 试计算 φ30H7/f6 配合的孔、轴工作量规的极限偏差，并画出公差带图。

【学习评价】

评　价　项　目		分值	自评分
知识目标	了解光滑极限量规的作用、种类	15	
	掌握工作量规公差带的分布	15	
	理解泰勒原则的含义，掌握符合泰勒原则的量规应具有的要求、当量规偏离泰勒原则时应采取的措施	20	
能力目标	掌握塞规的设计方法	15	
	掌握卡规的设计方法	15	

续表

评 价 项 目		分值	自评分
素养目标	培养团队协作、吃苦耐劳、严谨细致、专注负责的工作态度	10	
	培养精雕细琢、精益求精的工作理念，以及对职业的认同感、责任感、荣誉感、使命感的“大国工匠”精神	10	

模块七

圆锥的公差配合与测量

【学习目标】

知识目标

1. 了解圆锥的主要几何参数，圆锥配合的特点、形成方法和基本要求；
2. 掌握圆锥公差项目和给定方法；
3. 掌握圆锥公差的选用和标注。

能力目标

1. 掌握使用万能角度尺测量角度；
2. 学会使用正弦规测量锥度偏差；
3. 掌握圆锥的相对测量方法。

素养目标

1. 培养正确面对困难、压力与挫折，具有积极进取、乐观向上和健康平和的心态；
2. 养成严格遵守操作规范和规章制度，遵纪守法的理念。

课程思政案例六

学习单元一　基本术语及定义

1. 圆锥的术语及定义

圆锥分内圆锥（圆锥孔）和外圆锥（圆锥轴）两种，主要几何参数见图 7.1。

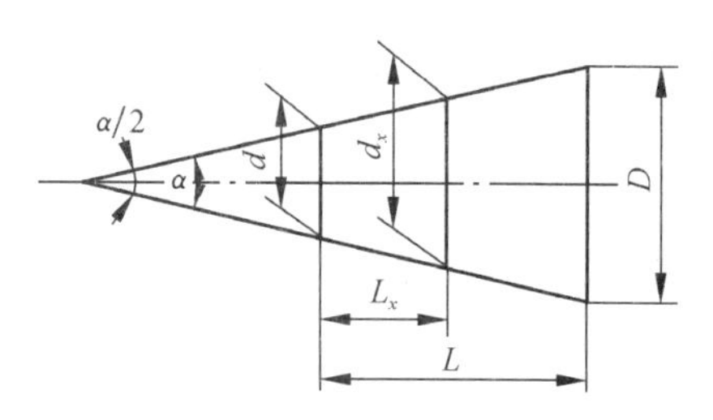

图 7.1　圆锥的主要几何参数

（1）圆锥角：在通过圆锥轴线的截面内，两条素线间的夹角用符号 α 表示。

（2）圆锥直径：圆锥在垂直于其轴线的截面上的直径。常用的圆锥直径有：最大圆锥直径 D、最小圆锥直径 d、给定截面内圆锥直径 d_x。

（3）圆锥长度：最大圆锥直径截面与最小圆锥直径截面之间的轴向距离，用符号 L 表示。给定截面与基准端面之间的距离，用符号 L_x 表示。

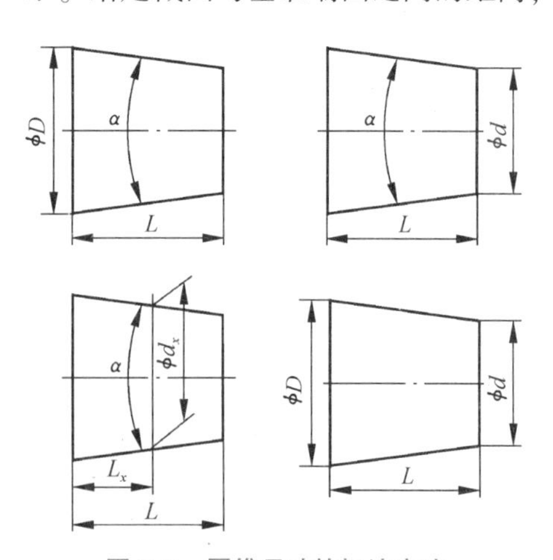

图 7.2　圆锥尺寸的标注方法

在零件图样上，对圆锥只要标注一个圆锥直径（D、d 或 d_x）、圆锥角 α 和圆锥长度（L 或 L_x），或者标注最大与最小圆锥直径 D、d 和圆锥长度 L，如图 7.2 所示，则该圆锥就被完全确定了。

（4）锥度：两个垂直于圆锥轴线截面的圆锥直径之差与该两截面的轴向距离之比，用符号 C 表示。例如最大圆锥直径 D 与最小圆锥直径 d 之差对圆锥长度 L 之比，即

$$C = (D - d)/L$$

锥度 C 与圆锥角 α 的关系为

$$C = 2\tan(\alpha/2)$$

锥度一般用比例或分数表示，例如 $C = 1:5$ 或 $C = 1/5$。GB 157—1989《锥度和角度系列》规定了一般用途的锥度与圆锥角系列（见表 7.1）和特殊用途的锥度与圆锥角系列（见表 7.2），它们只适用于光滑圆锥。

表 7.1　一般用途圆锥的锥度与锥角系列（摘自 GB/T 157—2001）

基本值		推算值				应用举例
系列 1	系列 2	锥角 α			锥度 C	
		/(°)(′)(″)	/(°)	/rad		
120°		—	—	2.094 395 10	1 : 0.288 675	节气阀、汽车、拖拉机阀门
90°		—	—	1.570 796 33	1 : 0.500 000	重型顶尖、重型中心孔、阀销锥体

续表

基本值		推算值				应用举例
系列 1	系列 2	锥角 α			锥度 C	
		/(°) (′) (″)	/(°)	/rad		
	75°	—	—	1. 308 996 94	1 : 0. 615 613	埋头螺钉、小于 10 的螺锥
60°		—	—	1. 017 197 55	1 : 0. 866 025	顶尖、中心孔、弹簧夹头、埋头钻
45°		—	—	0. 785 398 16	1 : 1. 207 107	埋头铆钉
30°		—	—	0. 523 598 78	1 : 1. 866 025	摩擦轴节、弹簧卡头、平衡块
1 : 3		18°55′28. 7″	18. 924 644°	0. 330 297 35	—	受力方向垂直于轴线易拆开的连接
	1 : 4	14°15′0. 1″	14. 250 033°	0. 248 709 99	—	
1 : 5		11°25′16. 3″	11. 241 186°	0. 199 337 30	—	受力方向垂直于轴线的连接，锥形摩擦离合器，磨床主轴
	1 : 6	9°31′38. 2″	9. 527 283°	0. 166 282 46	—	
	1 : 7	8°10′16. 4″	8. 171 234°	0. 142 614 93	—	
	1 : 8	7°9′9. 6″	7. 152 669°	0. 124 837 62	—	重型机床主轴
1 : 10		5°43′29. 3″	5. 724 810°	0. 099 916 79	—	受轴向力和扭转力的连接处，主轴承受轴向力
	1 : 12	4°46′18. 8″	4. 771 888°	0. 083 285 16	—	
	1 : 15	3°49′15. 9″	3. 818 305°	0. 066 641 99	—	承受轴向力的机件，如机车十字头轴
1 : 20		2°51′51. 1″	2. 864 192°	0. 049 989 59	—	机床主轴，刀具刀杆尾部，锥形绞刀，心轴
1 : 30		1°54′34. 9″	1. 909 683°	0. 033 330 25	—	锥形绞刀、套式绞刀、扩孔钻的刀杆，主轴颈部
1 : 50		1°8′45. 2″	1. 145 877°	0. 019 999 33	—	锥销、手柄端部、锥形绞刀、量具尾部
1 : 100		34′22. 6″	0. 572 953°	0. 009 999 92	—	受其静变负载不拆开的连接件，如心轴等
1 : 200		17′11. 3″	0. 286 478°	0. 004 999 99	—	导轨镶条、受振及冲击负载不拆开的连接件
1 : 500		6′52. 5″	0. 114 592°	0. 002 000 00	—	

注：系列 1 中 120°~1 : 3 的数值近似按 *R*10/2 优先数系列，1 : 5~1 : 500 按 *R*10/3 优先数系列（见GB/T 321）。

表 7.2 特殊用途圆锥的锥度与锥角（摘自 GB/T 157—2001）

基本值	推算值				适 用
	圆锥角 α			锥度 C	
	/(°)(′)(″)	/(°)	/rad		
11°54′	—	—	0.207 694 18	1∶4.797 451 1	纺织机械和附件
8°40′	—	—	0.151 261 87	1∶6.598 441 5	
7°	—	—	0.122 173 05	1∶8.174 927 7	
7∶24（1∶3.429）	16°35′39.4″	16.594290°	0.289 625 00	1∶3.428 571 4	机床主轴工具配合
1∶19.002	3°0′53″	3.014 554°	0.052 613 90	—	莫氏锥度 No.5
1∶19.180	2°59′12″	2.986 590°	0.052 125 84	—	莫氏锥度 No.6
1∶19.212	2°58′54″	2.981 618°	0.052 039 05	—	莫氏锥度 No.0
1∶19.254	2°58′31″	2.975 117°	0.051 925 59	—	莫氏锥度 No.4
1∶19.922	2°52′32″	2.875 402°	0.050 185 23	—	莫氏锥度 No.3
1∶20.020	2°51′41″	2.861 332°	0.049 939 67	—	莫氏锥度 No.2
1∶20.047	2°51′26″	2.857 480°	0.049 872 44	—	莫氏锥度 No.1

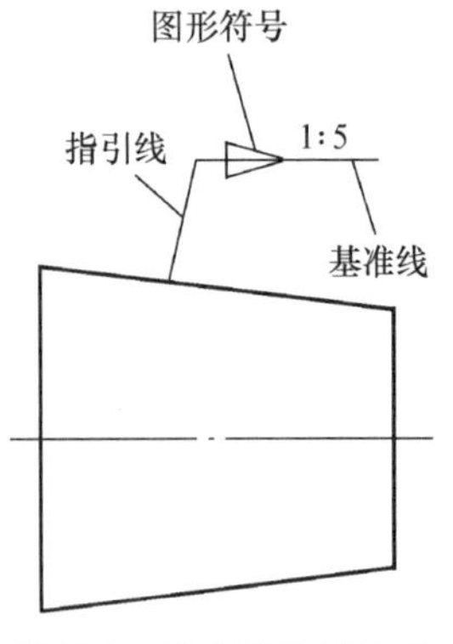

图 7.3 锥度的标注方法

在零件图样上，锥度用特定的图形符号和比例（或分数）来标注，如图 7.3 所示。图形符号配置在平行于圆锥轴线的基准线上，并且其方向与圆锥方向一致，在基准线的上面标注锥度的数值，用指引线将基准线与圆锥素线相连。

在图样上标注了锥度，就不必标注圆锥角，两者不应重复标注。

2. 圆锥公差的术语及定义

（1）基本圆锥：设计时给定的圆锥，它是一种理想圆锥。基本圆锥的确定方法如图 7.2 所示，它可以由一个基本圆锥直径、基本圆锥角（或基本锥度）和基本圆锥长度三个基本要素确定。

（2）实际圆锥：实际存在且可通过测量得到的圆锥，如图 7.4 所示。在实际圆锥上测量得到的直径称为实际圆锥直径 d_a。在实际圆锥的任一轴截面内，分别包容圆锥上对应两条实际素线且距离为最小的两对平行直线之间的夹角称为实际圆锥角 α_a，在不同的轴向截面内的实际圆锥角不一定相同。

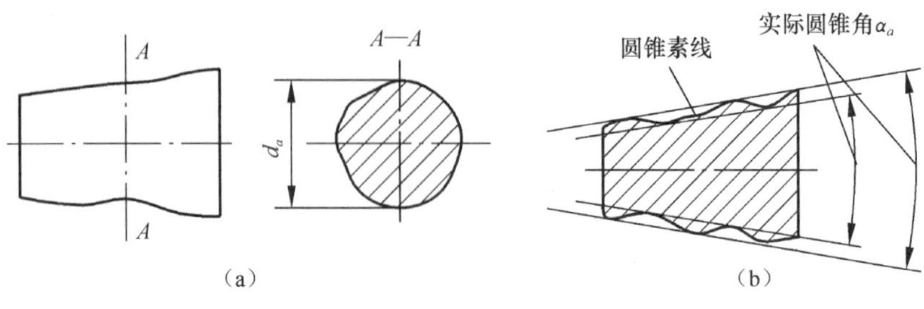

图 7.4 实际圆锥

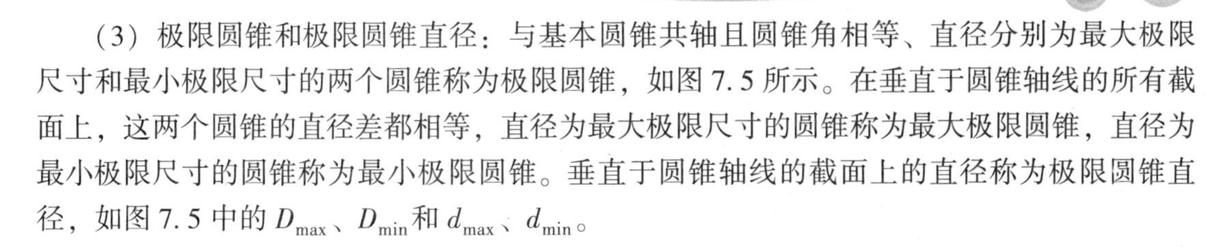

(3) 极限圆锥和极限圆锥直径：与基本圆锥共轴且圆锥角相等、直径分别为最大极限尺寸和最小极限尺寸的两个圆锥称为极限圆锥，如图 7.5 所示。在垂直于圆锥轴线的所有截面上，这两个圆锥的直径差都相等，直径为最大极限尺寸的圆锥称为最大极限圆锥，直径为最小极限尺寸的圆锥称为最小极限圆锥。垂直于圆锥轴线的截面上的直径称为极限圆锥直径，如图 7.5 中的 D_{max}、D_{min} 和 d_{max}、d_{min}。

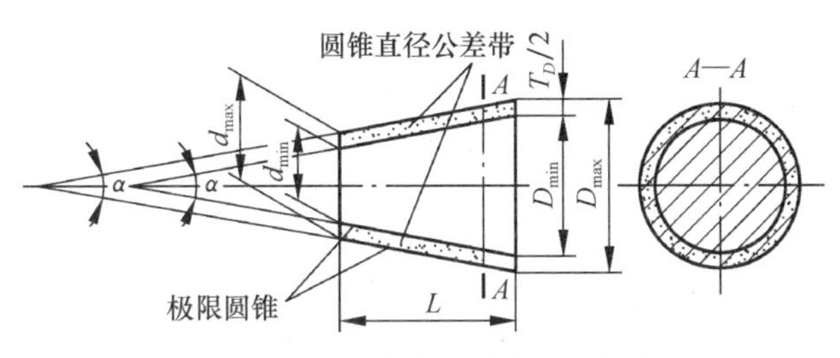

图 7.5　极限圆锥和圆锥直径公差带

(4) 圆锥直径公差和圆锥直径公差带：圆锥直径允许的变动量称为圆锥直径公差，用符号 T_D 表示（图 7.5），圆锥直径公差在整个圆锥长度内都适用。两个极限圆锥所限定的区域称为圆锥直径公差带。

(5) 给定截面圆锥直径公差和给定截面圆锥直径公差带：在垂直于圆锥轴线的给定的圆锥截面内，圆锥直径的允许变动量称为给定截面圆锥直径公差，用代号 T_{DS} 表示，如图 7.6 所示。它仅适用于该给定截面。在给定圆锥截面内，由两个同心圆所限定的区域称为给定截面圆锥直径公差带。

(6) 极限圆锥角、圆锥角公差和圆锥角公差带：允许的最大圆锥角和最小圆锥角称为极限圆锥角，它们分别用符号 α_{max} 和 α_{min} 表示，如图 7.7 所示。圆锥角公差是指圆锥角的允许变动量。当圆锥角以弧度或角度为单位时，用代号 AT_α 表示；以长度为单位时，用代号 AT_D 表示。极限圆锥角 α_{max} 和 α_{min} 限定的区域称为圆锥角公差带。

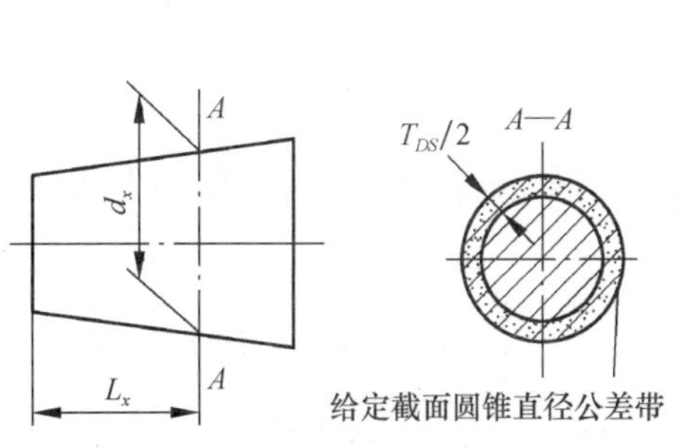

图 7.6　给定截面圆锥直径公差带

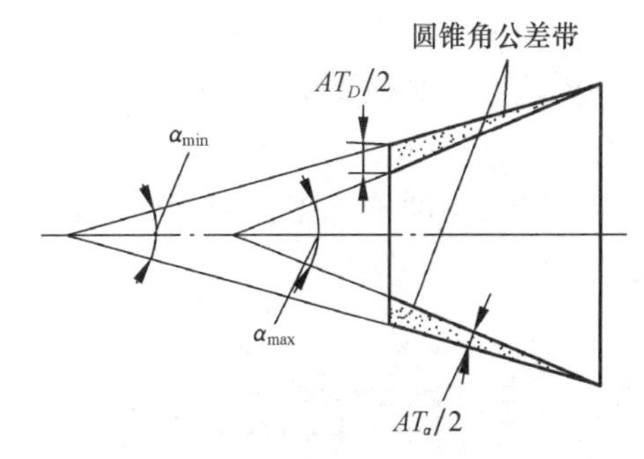

图 7.7　极限圆锥角和圆锥角公差带

3. 圆锥配合的术语及定义

1) 圆锥配合

基本圆锥相同的内、外圆锥直径之间，由于连接不同所形成的相互关系称为圆锥配合。圆锥配合分为下列三种：具有间隙的配合称为间隙配合，主要用于有相对运动的圆锥配合

中，如车床主轴的圆锥轴颈与滑动轴承的配合；具有过盈的配合称为过盈配合，常用于定心传递扭矩，如带柄铰刀、扩孔钻的锥柄与机床主轴锥孔的配合；可能具有间隙或过盈的配合称为过渡配合，其中要求内、外圆锥紧密接触。间隙为零或稍有过盈的配合称为紧密配合，它用于对中定心或密封。为了保证良好的密封性，通常将内、外锥面成对研磨，此时相配合的零件无互换性。

2）圆锥配合的形成

圆锥配合的配合特征是通过规定相互结合的内、外锥的轴向相对位置形成的。按确定圆锥轴向位置的不同方法，圆锥配合的形成有以下两种方式：

（1）结构型圆锥配合：由内、外圆锥的结构或基面距（内、外圆锥基准平面之间的距离）确定它们之间最终的轴向相对位置，并因此获得指定配合性质的圆锥配合。

例如，图 7.8 为由内、外圆锥的轴肩接触得到间隙配合，图 7.9 为由基面距形成的过盈配合的示例。

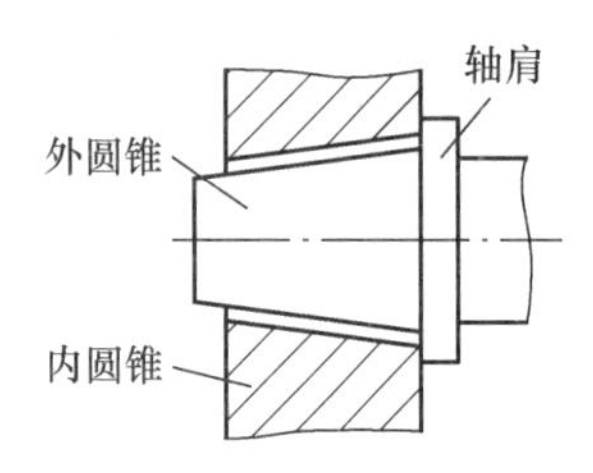

图 7.8　由结构形成的圆锥间隙配合

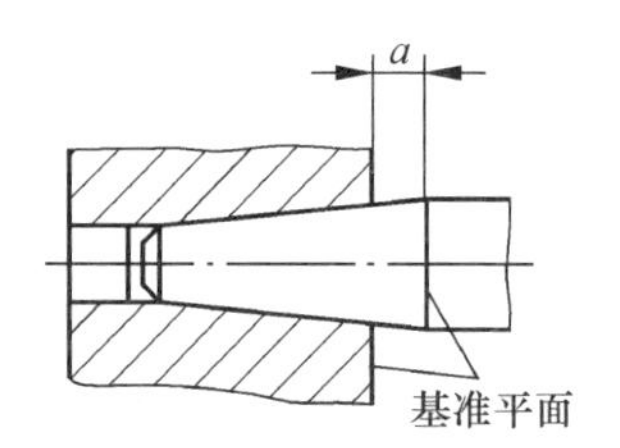

图 7.9　由基面距形成的圆锥过盈配合

（2）位移型圆锥配合：由内、外圆锥实际初始位置（P_a）开始，作一定的相对轴向位移（E_a）或施加一定的装配力产生轴向位移而获得的圆锥配合。

例如，图 7.10 是在不受力的情况下，内、外圆锥相接触，由实际初始位置 P_a 开始，内圆锥向左作轴向位移 E_a，到达终止位置 P_f 而获得的间隙配合。图 7.11 为由实际初始位置 P_a 开始，对内圆锥施加一定的装配力，使内圆锥向右产生轴向位移 E_a，到达终止位置 P_f 而获得的过盈配合。

应当指出，结构型圆锥配合由内、外圆锥直径公差带决定其配合性质；位移型圆锥配合由内、外圆锥相对轴向位移（E_a）决定其配合性质。

3）初始位置和极限初始位置

在不施加力的情况下，相互结合的内、外圆锥表面接触时的轴向位置称为初始位置，见图 7.12。

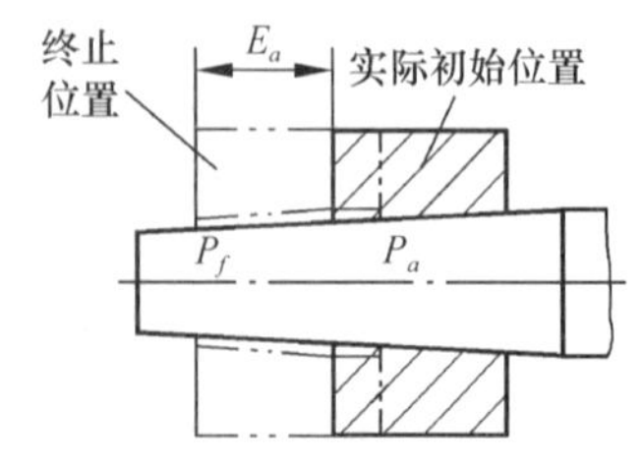

图 7.10　由轴向位移形成圆锥间隙配合

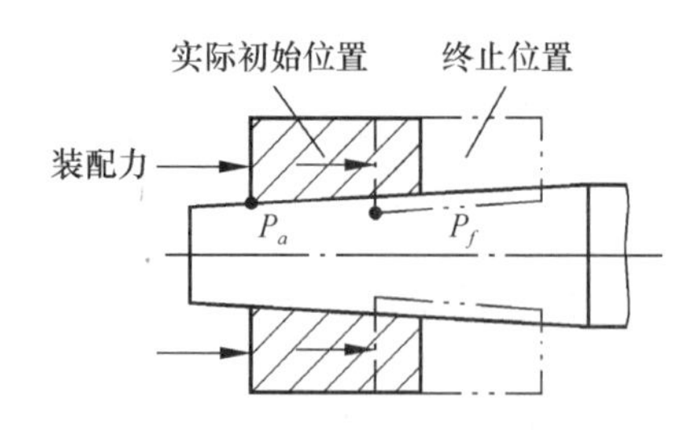

图 7.11　由施加装配力形成圆锥过盈配合

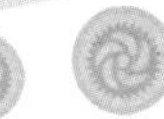

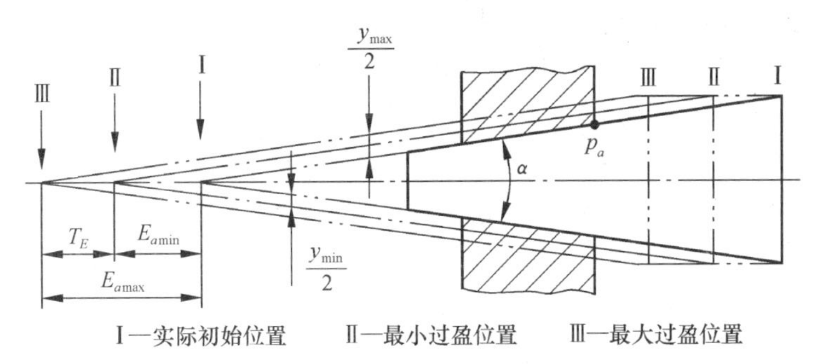

图 7.12　轴向位移公差

初始位置所允许的变动界限称为极限初始位置。其中一个极限初始位置为最小极限内圆锥与最大极限外圆锥接触时的位置；另一个极限初始位置为最大极限内圆锥与最小极限外圆锥接触时的位置。实际初始位置必须位于极限初始位置的范围内。

4）极限轴向位移和轴向位移公差

相互结合的内、外圆锥从实际初始位置移动到终止位置的距离所允许的界限称为极限轴向位移。最小间隙 X_{min} 或最小过盈 Y_{min} 的轴向位移称为最小轴向位移 E_{amin}；最大间隙 X_{max} 或最大过盈 Y_{max} 的轴向位移称为最大轴向位移 E_{amax}。实际轴向位移应在 $E_{amin} \sim E_{amax}$ 范围内，如图 7.12 所示。轴向位移的变动量称为轴向位移公差 T_E，它等于最大轴向位移与最小轴向位移之差，即

$$T_E = E_{amax} - E_{amin}$$

对于间隙配合

$$E_{amin} = X_{min}/C$$
$$E_{amax} = X_{max}/C$$
$$T_E = (X_{max} - X_{mix})/C$$

对于过盈配合

$$E_{amin} = |Y_{min}|/C$$
$$E_{amin} = |Y_{max}|/C$$
$$T_E = (Y_{max} - Y_{min})/C$$

式中，C 为轴向位移折算为径向位移的系数，即锥度。

学习单元二　圆 锥 公 差

1. 圆锥公差项目

圆锥是一个多参数零件，为满足其性能和互换性要求，国标对圆锥公差给出了四个项目。

（1）圆锥直径公差 T_D：以基本圆锥直径（一般取最大圆锥直径 D）为基本尺寸，按 GB 1800—9 规定的标准公差选取。其数值适用于圆锥长度范围内的所有圆锥直径。

（2）给定截面圆锥直径公差 T_{DS}：以给定截面圆锥直径 d_x 为基本尺寸，按 GB/T 1800.3 规定的标准公差选取。它仅适用于给定截面的圆锥直径。

（3）圆锥角公差 AT：共分为 12 个公差等级，它们分别用 AT1、AT2、…、AT12 表示，其中 AT1 精度最高，等级依次降低，AT12 精度最低。如需要更高或更低等级的圆锥角公差时，按公比 1.6 向两端延伸得到。更高等级用 AT0、AT01、…表示，更低等级用 AT13、AT14…表示。GB/T 11334—2005《圆锥公差》规定的圆锥角公差的数值见表 7.3。莫氏工具圆锥的锥度公差和尺寸见表 7.4。

表 7.3　圆锥角公差（摘自 GB/T 11334—2005）

基本圆锥长度 L /mm		圆锥角公差等级								
		AT4			AT5			AT6		
		AT_α		AT_D	AT_α		AT_D	AT_α		AT_D
大于	至	/μrad	(″)	/μm	/μrad	/(′)(″)	/μm	/μrad	/(′)(″)	/μm
10	16	160	33	>1.6~2.5	250	52″	>2.5~4.0	400	1′22″	>4.0~6.3
16	25	125	26″	>2.0~3.2	200	41″	>3.2~5.0	315	1′05″	>5.0~8.0
25	40	100	21″	>2.5~4.0	160	33″	>4.0~6.3	250	52″	>6.3~10.0
40	63	80	16″	>3.2~5.0	125	26″	>5.0~8.0	200	41″	>8.0~12.5
63	100	63	13″	>4.0~6.3	100	21″	>6.3~10.0	160	33″	>10.0~16.0
100	160	50	10″	>5.0~8.0	80	16″	>8.0~12.5	125	26″	>12.5~20.0
基本圆锥长度 L /mm		圆锥角公差等级								
		AT7			AT8			AT9		
		AT_α		AT_D	AT_α		AT_D	AT_α		AT_D
大于	至	/μrad	/(′)(″)	/μm	/μrad	/(′)(″)	/μm	/μrad	/(′)(″)	/μm
10	16	630	2′10″	>6.3~10.0	1000	3′26″	>10.0~16.0	1 600	5′30″	>16~25
16	25	500	1′43″	>8.0~12.5	800	2′54″	>12.5~20.0	1 250	4′18″	>20~32
25	40	400	1′22″	>10.0~16.0	630	2′10″	>16.0~25.0	1 000	3′26″	>25~40
40	63	315	1′05″	>12.5~20.0	500	1′43″	>20.0~32.0	800	2′45″	>32~50
63	100	250	52″	>16.0~25.0	400	1′22″	>25.0~40.0	630	2′10″	>40~63
100	160	200	41″	>20.0~32.0	315	1′05″	>32.0~50.0	500	1′43″	>50~80
注：1 μrad 等于半径为 1 m，弧长为 1 μm 所对应的圆心角。5 μrad≈1″（秒）；300 μrad≈1′（分）。										

表 7.4　莫氏工具圆锥的锥度公差和尺寸（摘自 GB/T 1443—1996）

莫氏圆锥号			0	1	2	3	4	5	6
内圆锥的最大直径			9.045	12.065	17.780	23.825	31.267	44.399	63.318
锥度 C			1：19.212 =0.052 05	1：20.047 =0.049 88	1：20.020 =0.049 95	1：19.922 =0.050 20	1：19.254 =0.051 94	1：19.002 =0.052 63	1：19.180 =0.052 14
锥角 α	基本尺寸		2°58′54″	2°51′26″	2°51′41″	2°52′32″	2°58′31″	3°00′53″	2°59′12″
	极限偏差	外圆锥		+1′05″ 0	+52″ 0			+41″ 0	+33″ 0
		内圆锥		0 −1′05″	0 −52″			0 −41″	0 −33″
注：当锥度偏差换算为锥角偏差时，锥度偏差 0.000 01 相当于锥角偏差 2″。									

为了加工和检测方便，圆锥角公差可用角度值 AT_α 或线值 AT_D 给定，AT_α 与 AT_D 的换算关系为：

$$AT_D = AT_\alpha \times L \times 10^{-3}$$

式中 AT_D、AT_α 和 L 的单位分别为 μm、μrad 和 mm。

例 1：L 为 63 mm，选用 AT7，查表 7.3 得 AT_α 为 315 μrad 或 1′05″，AT_D 为 20 μm

例 2：L 为 50 mm，选用 AT7，查表 7.3 得 AT_α 为 315 μrad 或 1′05″，则：

$$AT_D = AT_\alpha \times L \times 10^{-3} = 315 \times 50 \times 10^{-3} = 15.75(\mu m)$$

取 AT_D 为 15.8 μm。

AT4～AT12 的应用举例如下：AT4～AT6 用于高精度的圆锥量规和角度样板；AT7～AT9 用于工具圆锥、圆锥销、传递大扭矩的摩擦圆锥；AT10～AT11 用于圆锥套、圆锥齿轮等中等精度零件；AT12 用于低精度零件。

圆锥角的极限偏差可按单向取值或者双向对称或不对称取值，如图 7.13 所示。为了保证内、外圆锥的接触均匀性，圆锥角公差带通常采用对称于基本圆锥角分布。

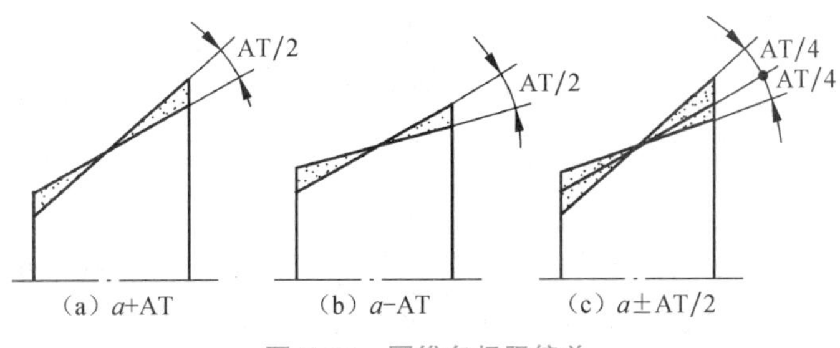

图 7.13 圆锥角极限偏差

(4) 圆锥的形状公差 T_F：一般由圆锥直径公差带限制而不单独给出。若需要可给出素线直线度公差和（或）横截面圆度公差，或者标注圆锥的面轮廓度公差。显然，面轮廓度公差不仅控制素线直线度误差和截面圆度误差，而且控制圆锥角偏差。

2. 圆锥的公差标注

圆锥的公差标注，应根据圆锥的功能要求和工艺特点选择公差项目。在图样上标注相配内、外圆锥的尺寸和公差时，内、外圆锥必须具有相同的基本圆锥角（或基本锥度），标注直径公差的圆锥直径必须具有相同的基本尺寸。圆锥公差通常可以采用面轮廓度法（图 7.14）。有配合要求的结构型内、外圆锥，也可采用基本锥度法（图 7.15），当无配合要求时可采用公差锥度法标注（图 7.16）。

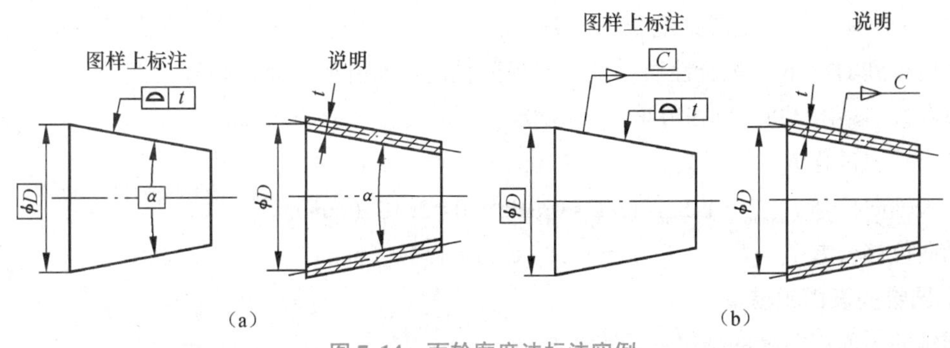

图 7.14 面轮廓度法标注实例

(a) 给定圆锥角；(b) 给定锥度

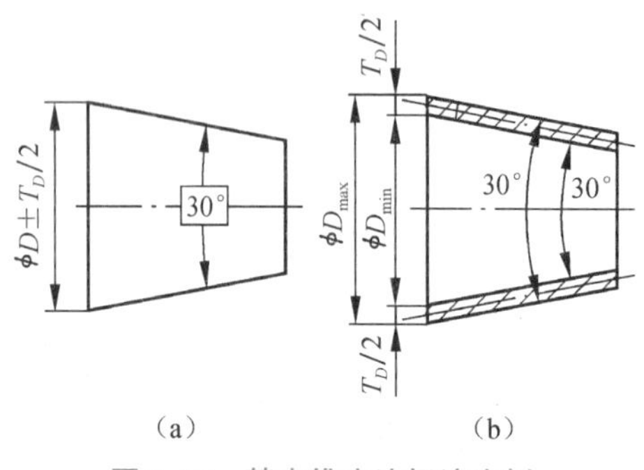

图 7.15　基本锥度法标注实例

(a) 图样标注；(b) 说明

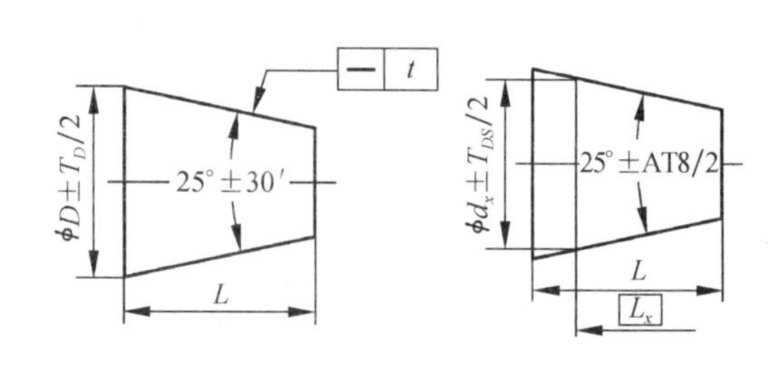

图 7.16　公差锥度法标注实例

3. 圆锥直径公差带的选择

1）结构型圆锥配合的内、外圆锥直径公差带的选择

结构型圆锥配合的配合性质由相互连接的内、外圆锥直径公差带之间的关系决定。内圆锥直径公差带在外圆锥直径公差带之上者为间隙配合；内圆锥直径公差带在外圆锥直径公差带之下者为过盈配合；内、外圆锥直径公差带交叠者为过渡配合。

结构型圆锥配合的内、外圆锥直径的公差值和基本偏差值可以分别从 GB/T 1800. 1—2009 规定的标准公差系列和基本偏差系列中选取。公差带可以从 GB/T 1801—2009 规定的公差带中选取。倘若 GB/T 1801—2009 中规定的公差带不能满足设计要求，则可按 GB/T 1800. 1—2009 中规定的任一标准公差和任一基本偏差组成所需要的公差带。

结构型圆锥配合也分为基孔制配合和基轴制配合。为了减少定值刀具、量规的规格和数目，获得最佳技术经济效益，应优先选用基孔制配合。

2）位移型圆锥配合的内、外圆锥直径公差带的选择

位移型圆锥配合的配合性质由圆锥轴向位移或者由装配力决定。因此，内、外圆锥直径公差带仅影响装配时的初始位置，不影响配合性质。

位移型圆锥配合的内、外圆锥直径公差带的基本偏差，采用 H/h 或 JS/js。其轴向位移的极限值按极限间隙或极限过盈来计算。

例 7.1　有一位移型圆锥配合，锥度 C 为 1∶30，内、外圆锥的基本直径为60 mm，要求装配后得到 H7/u6 的配合性质。试计算极限轴向位移并确定轴向位移公差。

解：按 ϕ60H7/u6，可查得 $Y_{min}=-0.057$ mm，$Y_{max}=-0.106$ mm

最小轴向位移 $E_{amin}=|Y_{min}|/C=0.057\times30=1.71$（mm）

最大轴向位移 $E_{aman}=|Y_{max}|/C=0.106\times30=3.18$（mm）

轴向位移公差 $T_E=E_{amax}-E_{amin}=3.18-1.71=1.47$（mm）

4. 圆锥的表面粗糙度

圆锥的表面粗糙度的选用参见表 7.5。

表 7.5　圆锥的表面粗糙度推荐值

表面 \ 粗糙度 \ 连接型式	定心连接	紧密连接	固定连接	支承轴	工具圆锥面	其　他
	Ra 不大于/μm					
外表面	0.4~1.6	0.1~0.4	0.4	0.4	0.4	1.6~6.3
内表面	0.8~3.2	0.2~0.8	0.6	0.8	0.8	1.6~6.3

5. 一般公差的公差等级和极限偏差数值

未注公差角度的极限偏差见表 7.6。它是在车间通常加工条件下可以保证的公差。

表 7.6　角度尺寸的极限偏差数值（摘自 GB/T 1804—2000）

公差等级	长度/mm				
	≤10	>10~50	>50~120	>120~400	>400
精密 f 中等 m	±1°	±30′	±20′	±10′	±5′
粗糙 c	±1°30′	±1°	±30′	±15′	±10′
最粗 v	±3°	±2°	±1°	±30′	±20′

注：1. 本标准适用于金属切削加工件的角度。
2. 图样上未注公差角度的极限偏差，按本标准规定的公差等级选取，并由相应的技术文件做出规定。
3. 未注公差角度的极限偏差规定于表 7.6，其值按角度短边长度确定。对圆锥角按圆锥素线长度确定。
4. 未注公差角度的公差等级在图样或技术文件上用标准号和公差等级符号表示。例如选用中等级时，表示为：GB/T 1804-m。

学习单元三　圆锥角和锥度的测量

测量锥度和角度的器具很多，其测量方法可分为直接量法和间接量法，直接量法又可分为相对量法和绝对量法。下面分别介绍锥度和角度的常用测量器具和测量方法。

1. 锥度和角度的相对量法

锥度和角度的相对量法是指用锥度或角度的定值量具与被测的锥度和角度相比较，用涂色法或光隙法估计被测锥度或角度的偏差。

在成批生产中常用圆锥量规检验圆锥工件的锥度和基面距偏差。圆锥量规分为圆锥塞规和套规，其结构如图 7.17 所示。

图 7.17（a）是不带扁尾的圆锥量规，图 7.17（b）是带扁尾的圆锥量规。

如前所述，圆锥工件的直径偏差和角度偏差都将影响基面距变化。因此，用圆锥量规检验圆锥工件时，是按照圆锥量规相对于被检验的圆锥工件端面的轴向移动（基面距偏差）

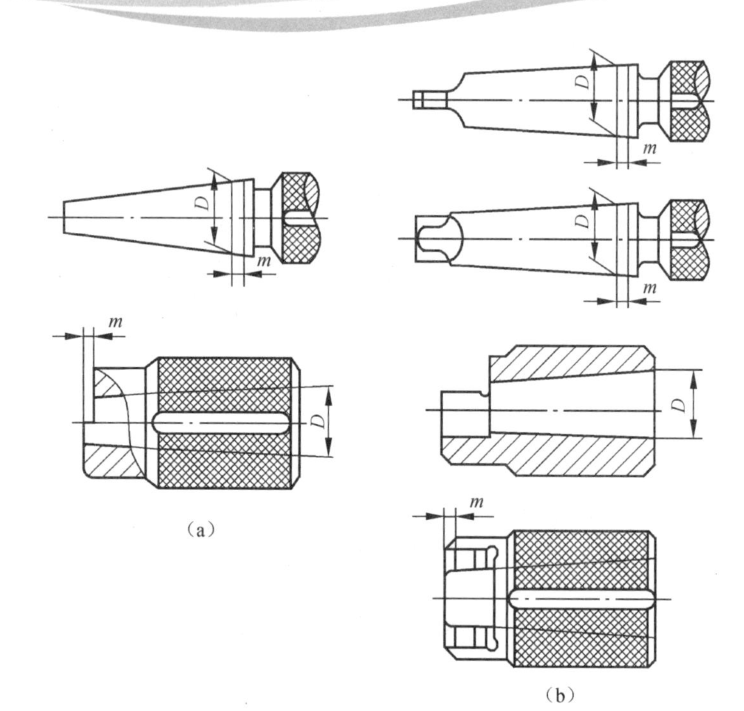

图 7.17　圆锥量规

来判断是否合格，为此在圆锥量规的大端或小端刻有两条相距为 m 的刻线或作距离为 m 值的小台阶，如图 7.18 所示，而 m 值等于圆锥工件的基面距公差。

由于圆锥配合时，通常对锥角公差有更高要求，所以当用圆锥量规检验时，首先以单项检验锥度，采用涂色法，即在圆锥量规上沿素线方向薄薄涂上二、三条显示剂（红丹或蓝油），然后轻轻地和被检工件对研，转动$\frac{1}{2}$~$\frac{1}{3}$转，取出圆锥量规，根据显示剂接触面积的位置和大小来判断锥角的误差。用圆锥塞规检验内圆锥时，若只有大端被擦去，则表示内圆锥的锥角小了；若小端被擦去，则说明内圆锥的锥角大了；若均匀地被擦去，才表示被检验的内圆锥锥角是正确的。其次再用圆锥量规按基面距偏差作综合检验，如图 7.18 所示。被检验工件的最大圆锥直径处于圆锥塞规两条刻线之间，表示被检验工件是合格的。

除圆锥量规外，对于外圆锥还可以用锥度样板（如图 7.19 所示）检验，合格的外圆锥最小圆锥直径应处在样板上两条刻线之间，锥度的正确性利用光隙判断。

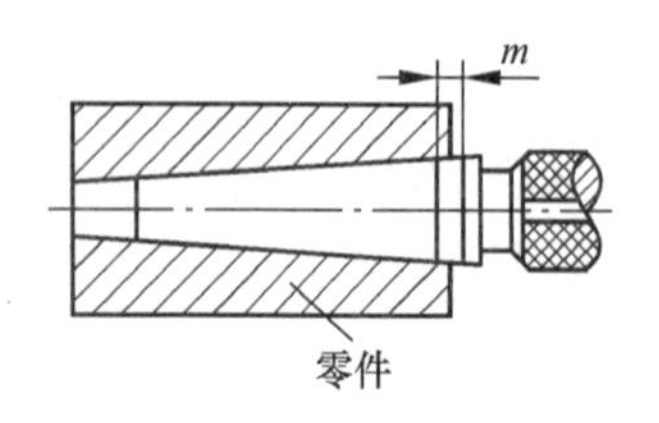

图 7.18　圆锥量规检验示意

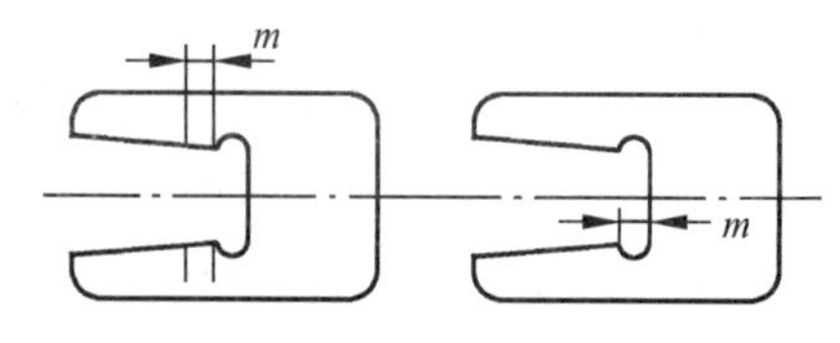

图 7.19　锥度样板

2. 锥度和角度的绝对量法

锥度和角度的绝对量法是指用分度量具、量仪直接测量工件的角度，被测角度的具体数值可以从量具、量仪上读出来。

生产车间常用万能角度尺直接测量被测工件的角度。

万能角度尺的类型很多，使用最广泛的如图 7.20 所示。其结构如下：基尺 4 固定在尺座 3 上，游标 1 和扇形板 6 可以沿着尺座移动，用制动头 5 制动。在扇形板上有卡块 10 装着角尺 7，角尺上又有卡块 9 装着直尺 8，2 是微动装置。

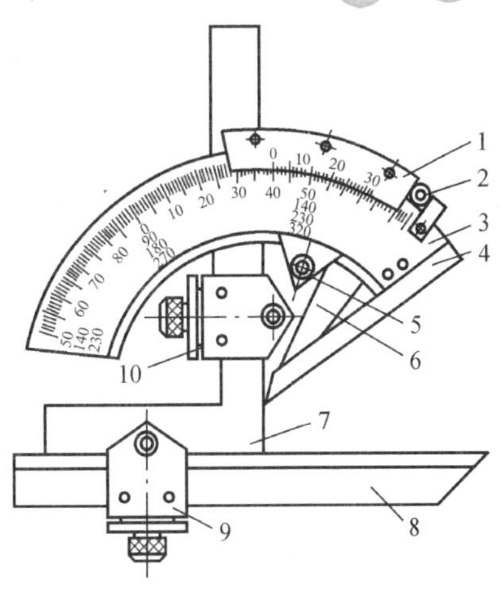

图 7.20　万能角度尺

1—游标；2—微动装置；3—尺座；4—基尺；5—制动头；6—扇形板；7—角尺；8—直尺；9—卡块；10—卡块

图 7.20 所示的万能角尺是根据游标原理制成的。在尺座上刻有基本角度标尺，尺上朝中心方向均匀地刻着 121 条刻线，每两条刻线间的夹角是 1°；游标上共刻 31 条刻线，每两条刻线间的夹角是$\left(\frac{29}{30}\right)^{\circ}$。因此，尺座和游标每一刻度间隔所夹夹角之差为：

$$1^{\circ}-\left(\frac{29}{30}\right)^{\circ}=\left(\frac{1}{30}\right)^{\circ}=2'$$

所以这种万能角度尺的游标读数值为 2′，其测量范围为 0°～320°。

利用基尺、角尺、直尺的不同组合，可以测量 0°～320°范围内的任意角度，如图 7.21 所示。

万能角尺度

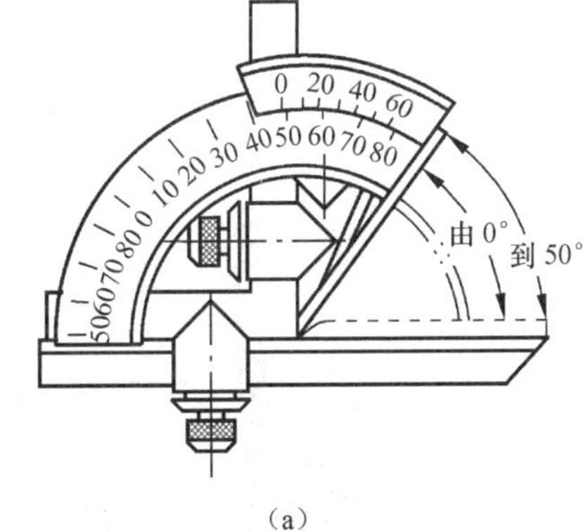

(a)

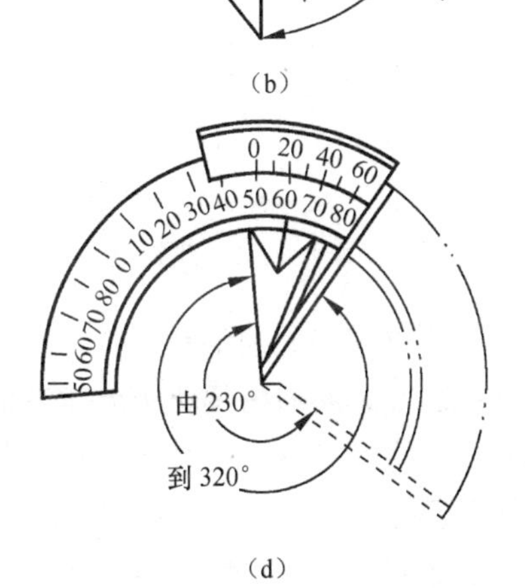

万能角尺度测角度

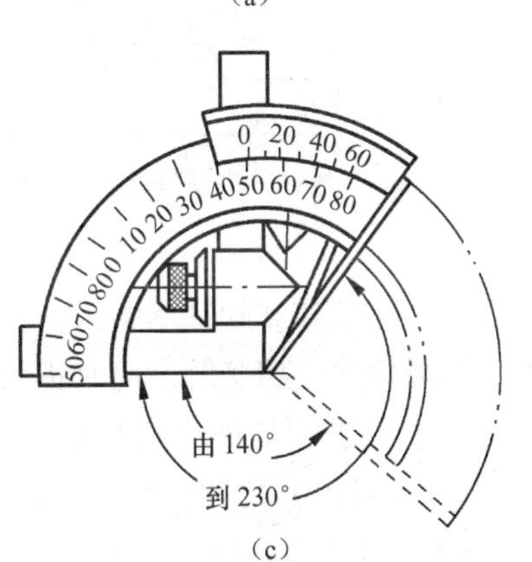

(c)

(b)　(d)

图 7.21　万能角度尺的各种组合

3. 锥度和角度的间接量法

锥度和角度的间接量法是指用正弦规、钢球、圆柱量规等测量器具，测量与被测工件的锥度或角度有一定函数关系的线值尺寸，然后通过函数关系计算出被测工件的锥度值或角度值。

在机床、工具中被广泛采用的特殊用途的圆锥，常用正弦规检验其锥度或角度偏差。在缺少正弦规的场合，可用钢球或圆柱量规测量圆锥角。

正弦规是利用正弦函数原理精确地检验圆锥量规的锥度或角度偏差。

正弦规的结构简单，如图 7.22 所示，主要由主体工作平面 1 和两个直径相同的圆柱 2 组成。为便于被检工件在正弦规的主体平面上定位和定向，装有侧挡板 4 和后挡板 3。

根据两圆柱中心间的距离和主体工作平面宽度，正弦规被制成两种型式：宽型正弦规和窄型正弦规。正弦规的两个圆柱中心距精度很高，如宽型正弦规 $L=100$ mm 的极限偏差为 ±0.003 mm；窄型正弦规 $L=100$ mm 的极限偏差为 ±0.002 mm。同时，工作平面的平面度精度，以及两个圆柱之间的相互位置精度都很高，因此，正弦规可以用作精密测量。

使用时，将正弦规放在平板上，圆柱之一与平板接触，另一圆柱下垫以量块组，则正弦规的工作平面与平板间组成一角度。其关系式为：

正弦规　　正弦规测锥度偏差

$$\sin\alpha = \frac{h}{L}$$

式中　α——正弦规放置的角度；

h——量块组尺寸；

L——正弦规两圆柱的中心距。

图 7.23 是用正弦规检验圆锥塞规的示意图。

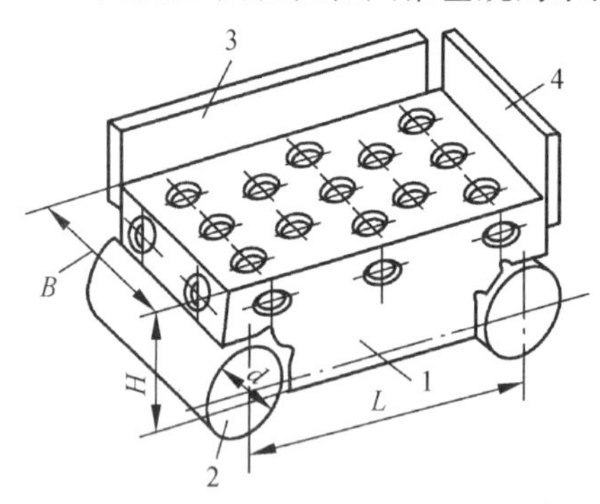

图 7.22　正弦规

1—主体工作平面；2—圆柱；3—后挡板；4—侧挡板

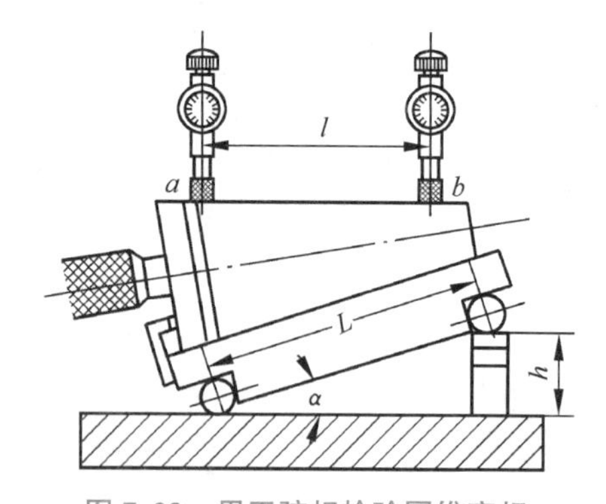

图 7.23　用正弦规检验圆锥塞规

用正弦规检验圆锥塞规时，首先根据被检验的圆锥塞规的基本圆锥角，按 $h=L\sin\alpha$ 算出量块组尺寸，然后将量块组放在平板上与正弦规圆柱之一相接触，此时正弦规主体工作平面相对于平板倾斜 α 角。放上圆锥塞规后，用千分表分别测量被检圆锥塞规上 a、b 两点，a、b 两点读数之差 Δh 对 a、b 两点间距离 l（可用直尺量得）之比即为锥度偏差 ΔC。

$$\Delta C = \frac{\Delta h}{l}$$

锥度偏差乘以弧度对秒的换算系数后，即可求得圆锥角偏差。

$$\Delta\alpha = 2\Delta C \times 10^5$$

式中　$\Delta\alpha$——圆锥角偏差，$[\Delta\alpha]$ 为（″）。

习　题

1. 圆锥的配合分哪几类？各自用于什么场合？

2. 一圆锥连接，锥度 $C=1:20$，内锥大端直径偏差 $\Delta D_i=+0.1$ mm，外锥大端直径偏差 $D_e=+0.05$ mm，结合长度 $L_p=80$ mm，以内锥大端直径为基本直径，内锥角偏差 $\Delta\alpha_i=+2'10''$，外锥角偏差 $\Delta\alpha_e=+1'22''$，试求：

① 由直径偏差所引起的基面距误差为多少？

② 由圆锥角偏差所引起的基面距误差为多少？

③ 当上述两项误差均存在时，可能引起的最大基面距误差为多少？

3. 设某万能铣床主轴圆锥孔与铣刀杆圆锥柄配合的参数为：$C=7:24$，配合长度 $H=100$ mm，圆锥最大直径 $D_i=D_e=69.85$ mm。铣刀杆安装后，位于大端的基面距允许在 ±0.4 mm 范围内变动。试确定圆锥孔和圆锥柄的公差（设内、外圆锥公差带对称分布）。

4. 相互结合的内、外圆锥的锥度为 1∶50，基本圆锥直径为 100 mm，要求装配后得到 H8/u7 的配合性质。试计算所需的极限轴向位移和轴向位移公差。

【学习评价】

评价项目		分值	自评分
知识目标	了解圆锥的主要几何参数，圆锥配合的特点、形成方法和基本要求	10	
	掌握圆锥公差项目和给定方法	15	
	掌握圆锥公差的选用和标注	15	
能力目标	掌握使用万能角度尺测量角度	15	
	学会使用正弦规测量锥度偏差	15	
	掌握圆锥的相对测量方法	10	
素养目标	培养正确面对困难、压力与挫折，具有积极进取、乐观向上和健康平和的心态培养	10	
	养成严格遵守操作规范和规章制度，遵纪守法的理念	10	

模块八
滚动轴承的公差与配合

【学习目标】

知识目标

1. 掌握滚动轴承的精度等级及其应用；
2. 了解滚动轴承公差及其特点；
3. 掌握滚动轴承与轴及外壳的配合。

能力目标

1. 掌握滚动轴承配合的轴、孔公差带选用与标注；
2. 掌握滚动轴承配合技术要求的选用与标注。

素养目标

1. 鼓励学生充分发挥主观能动性，全面发展，做最好的自己；
2. 帮助学生树立正确的人生观、价值观、世界观，并依此严谨细致、脚踏实地绘制人生目标蓝图。

课程思政案例七

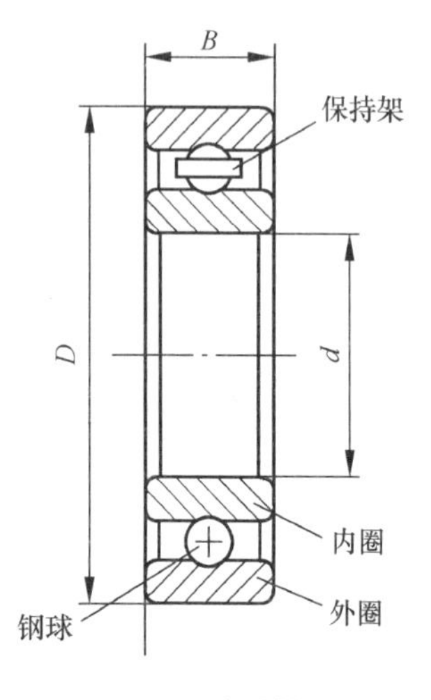

图 8.1　滚动轴承

滚动轴承（图 8.1）一般由内圈、外圈、滚动体（钢球或滚子）和保持架等部分组成，它是机械制造业中应用非常广泛的一种标准部件。

滚动轴承具有保证轴或轴上零件的回转精度，减少回转件与支承间的摩擦和磨损，承受径向载荷、轴向载荷或径向与轴向联合载荷，并起对机械零部件相互间位置进行定位的功能。

滚动轴承是由专门的轴承厂生产的，为了实现轴承互换性的要求，我国制定了滚动轴承的公差标准，它规定了滚动轴承的尺寸精度、旋转精度、测量方法，以及与轴承相配的壳体孔和轴颈的尺寸精度、配合、形位公差和表面粗糙度等。

滚动轴承的尺寸精度指轴承内径 d、外径 D、宽度等制造精度。

滚动轴承的旋转精度指轴承内、外圈的径向跳动；内、外圈端面对滚道的跳动；内圈基准端面对内孔的跳动等。

学习单元一　滚动轴承的公差等级及应用

按《滚动轴承公差标准》（GB/T 272—1993）规定，轴承按其公称尺寸精度与旋转精度分为五个精度等级，分别用 P0、P6（P6x）、P5、P4、P2 表示，其中 P0 级精度最低，P2 级精度最高。只有深沟球轴承有 P2 级；圆锥滚子轴承有 P6x 级而无 P6 级。表 8.1 给出了轴承公差新旧标准的对照。

表 8.1　轴承公差代号对照表

GB/272—1993 代号	含　义	示　例	GB/272—1988 老代号	示　例
/P0	公差等级为普通级的深沟球轴承	6205	G	205
/P6	公差等级为 6 级的深沟球轴承	6205/P6	E	E205
/P6x	公差等级为 6x 级的圆锥滚子轴承	30209/P6x	Ex	Ex7209
/P5	公差等级为 5 级的深沟球轴承	6205/P5	D	D205
/P4	公差等级为 4 级的深沟球轴承	6205/P4	C	C205
/P2	公差等级为 2 级的深沟球轴承	6205/P2	B	B205

P0 级为普通精度级，主要应用于旋转精度要求不高的一般机械中，如普通机床、汽车、

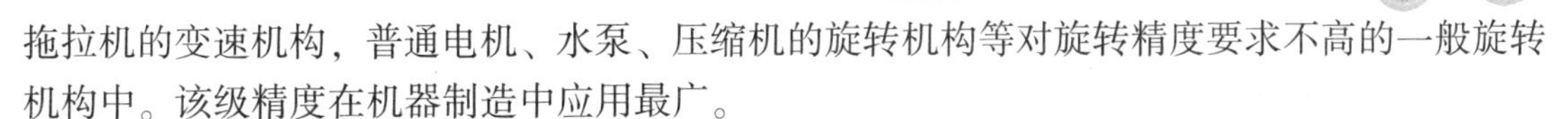

拖拉机的变速机构，普通电机、水泵、压缩机的旋转机构等对旋转精度要求不高的一般旋转机构中。该级精度在机器制造中应用最广。

除 P0 级外的 P6、P6x、P5、P4 和 P2 级统称为高精度轴承，均应用于旋转精度要求较高或转速较高的旋转机构中，如普通机床的主轴，前轴承多用 P5 级，后轴承多用 P6 级。较精密机床主轴的轴承采用 P4 级，精密仪器、仪表的旋转机构也常用 P4 级轴承。

P2 级轴承应用在旋转精度和转速很高的机械中，如精密坐标镗床的主轴、高精度磨床主轴所使用的轴承。

滚动轴承安装在机器上，其内圈与轴颈配合，外圈与壳体孔配合。它们的配合性质对保证机器正常运转，提高机械效率，延长使用寿命有极其重要的意义，因此必须满足下列两项要求：

(1) 合理必要的旋转精度。轴承工作时其内、外圈和端面的跳动能引起机件运转不平稳，导致振动和噪声。

(2) 滚动体与套圈之间有合适的径向游隙和轴向游隙（图 8.2）。滚动轴承径向或轴向游隙过大，会引起轴承较大的振动和噪声，以及转轴的径向或轴向窜动；游隙过小，又会使滚动体与套圈之间产生较大的接触应力，从而引起摩擦发热，使轴承寿命缩短。

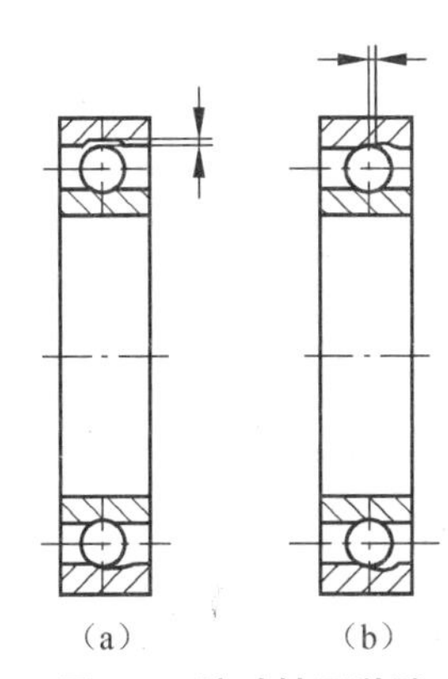

图 8.2　滚动轴承游隙
(a) 径向游隙；(b) 轴向游隙

游隙代号分为 6 组，常用基本组代号为 0，且一般不予标注，见表 8.2。

表 8.2　轴承游隙代号

代　号	含　义	示　例
/C1	游隙符合标准规定的 1 组	NN 3006K/C1
/C2	游隙符合标准规定的 2 组	6205/C2
—	游隙符合标准规定的 0 组	6205
/C3	游隙符合标准规定的 3 组	6205/C3
/C4	游隙符合标准规定的 4 组	6205/C4
/C5	游隙符合标准规定的 5 组	23264/C5

滚动轴承公差等级代号与游隙代号需同时标注时，可以进行简化，取公差等级代号加上游隙组号（0 组不表示）组合表示。0 组称基本组，其他组称辅助组，C1～C5 组的游隙的大小依次由小到大。

例如：/P52=P5+C2，表示轴承公差等级 P5 级，径向游隙 C2 组。

学习单元二　滚动轴承公差及其特点

滚动轴承的尺寸公差，主要指成套轴承的内径和外径的公差。由于滚动轴承的内圈和外圈都是薄壁零件，在制造、保管和自由状态下容易变形，但当轴承内圈与轴、外圈与壳体孔装配后，这种微量变形也容易得到矫正。因此，国家标准对轴承内径和外径尺寸公差做了两种规定。分别是：

（1）规定了内、外径尺寸的最大值和最小值所允许的极限偏差（即单一内、外径偏差），其主要目的是控制轴承的变形程度。

（2）规定内、外径实际量得尺寸的最大值和最小值的平均值极限偏差（即单一平面平均内、外径偏差），目的是保证轴承内径与轴、外径与壳体孔的尺寸配合精度。

对于高精度的P4、P2级轴承，上述两个公差项目都做了规定，而对其他一般公差等级的轴承，只要套圈任一横截面内测得的最大与最小直径平均值对公称直径的偏差（即单一平面平均内、外径偏差）在内、外径公差带内，就认为合格。

除此之外，对所有公差等级的轴承都规定了控制圆度的公差（即单一径向平面内的内、外径变动量）和控制圆柱度的公差（即平均内、外径变动量）。

轴承内、外径尺寸公差的特点是采用单向制，所有公差等级的公差都单向配置在零线下侧，即上偏差为零，下偏差为负值，如图8.3所示。

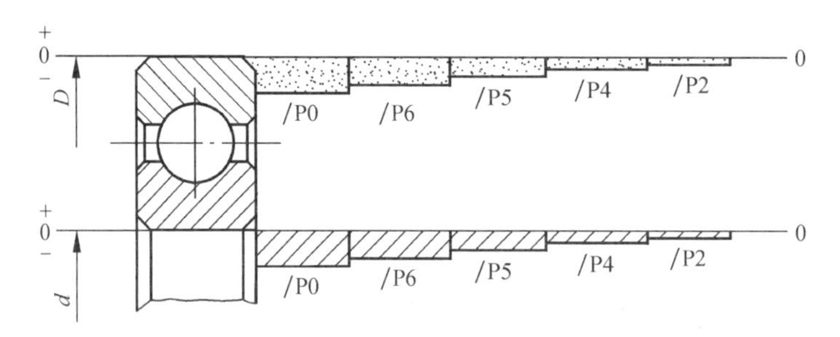

图8.3　不同公差等级轴承内、外径公差带的分布图

在国家标准《极限与配合》中，基准孔的公差带在零线之上，而轴承内孔虽然也是基准孔（轴承内孔与轴配合也是采用基孔制），但其所有公差等级的公差带都在零线之下。因此，轴承内圈与轴配合，比国家标准《极限与配合》中基孔制同名配合要紧得多。配合性质向过盈增加的方向转化。

所有公差等级的公差带都偏置在零线之下，这主要是考虑轴承配合的特殊需要。因为在多数情况下，轴承内圈是随轴一起转动，两者之间的配合必须有一定的过盈。但由于内圈是薄壁零件，且使用一定时间之后轴承往往要拆换，因此，过盈量的数值又不宜过大。假如轴承内孔的公差带与一般基准孔的公差带一样，单向偏置在零线上侧，并采用

《极限与配合》标准中推荐的常用（或优先）的过盈配合时，所取得过盈量往往嫌太大；如改用过渡配合，又担心出现轴孔结合不可靠；若采用非标准的配合，不仅给设计带来麻烦，而且还不符合标准化和互换性的原则。为此，轴承标准将内径的公差带偏置在零线下侧，再与《极限与配合》标准推荐的常用（或优先）过渡配合中某些轴的公差带结合时，完全能满足轴承内孔与轴配合性能要求。

轴承外径与外壳孔配合采用基轴制，轴承外径的公差带与《极限与配合》基轴制的基准轴的公差带虽然都在零线下侧，都是上偏差为零，下偏差为负值，但是，两者的公差数值是不同的。因此，轴承外圈及外壳孔配合与《极限与配合》圆柱基轴制同名配合相比，配合性质也是不完全相同的。

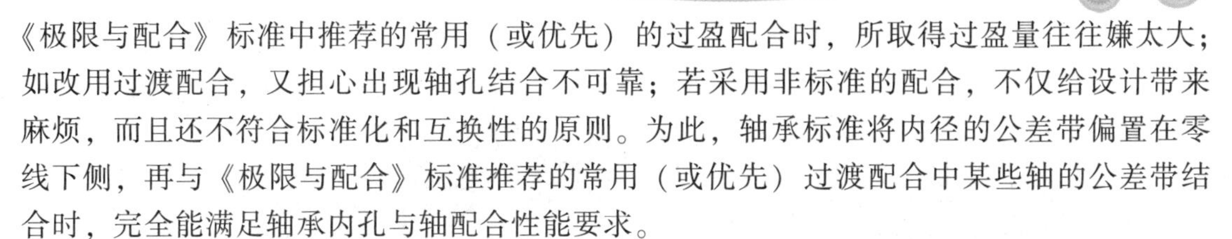

学习单元三　滚动轴承与轴及外壳孔的配合

滚动轴承的配合是指成套轴承的内孔与轴和外径和外壳孔的尺寸配合。合理的选择其配合对于充分发挥轴承的技术性能，保证机器正常运转、提高机械效率、延长使用寿命都有极重要的意义。

1. 配合选择的基本原则

1）轴承配合选择的任务

(1) 确定与轴承内孔结合的轴的公差带。

(2) 确定与轴承外径结合的外壳孔的公差带。

国家标准 GB/T 275—1993《滚动轴承与轴和外壳的配合》中，轴承常用配合及轴、轴承座孔的公差带位置，见图 8.4。

应注意，国标 GB/T 275—1993 的适用范围，该标准适用于：

① 对主机的旋转精度、运转平稳性、工作温度无特殊要求的安装情况；

② 对轴承的外形尺寸、种类等符合有关规定，且公称内径 $d \leqslant 500$ mm，公称外径 $D \leqslant 500$ mm；

③ 轴承公差符合 GB 307.1《滚动轴承公差》中的/P0、/P6（/P6x）；

④ 轴承游隙符合 GB 4604《滚动轴承径向游隙》中 0 组；

⑤ 轴为实心或厚壁空心；

⑥ 轴和外壳为钢或铸铁制件。

2）配合选择的基本原则

轴承配合的选择与负荷的种类、轴承的类型和尺寸大小、轴和轴承座孔的公差等级、材料强度、轴承游隙、轴承承受工作负荷的状况、工作环境以及拆卸的要求等对轴承的配合都有直接的影响。在选择配合时，都应考虑到。

(1) 按负荷类型区分，机器在运转过程中，滚动轴承内、外套圈可能承受以下三种类型的负荷。

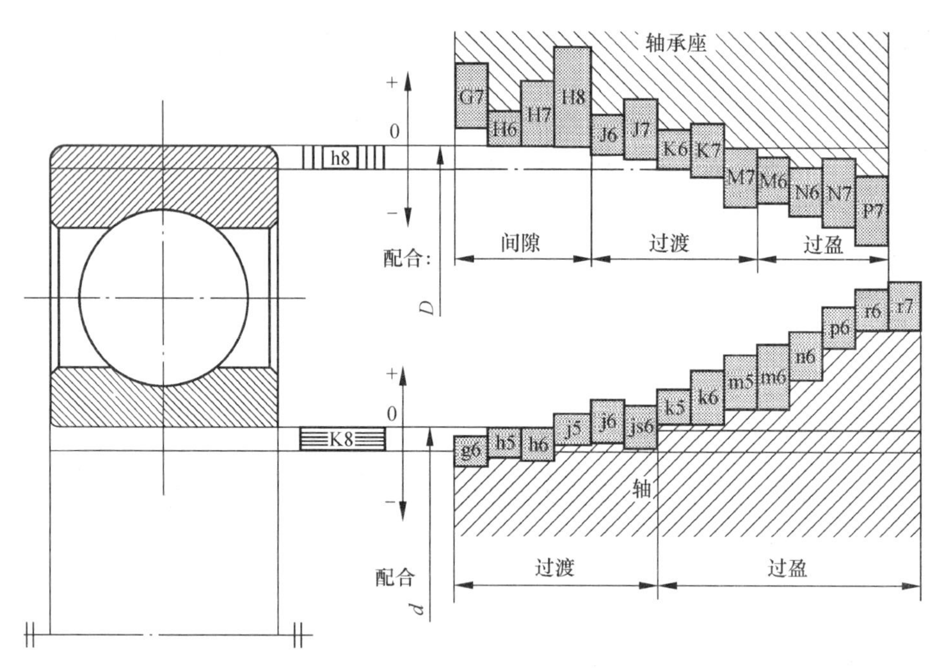

图 8.4　滚动轴承与轴和轴承座孔的配合

① 局部负荷：作用在轴承上的合成径向负荷，始终作用在套圈滚道的局部区域内，这种负荷称局部负荷。如图 8.5（a）外圈、图 8.5（b）内圈所示。轴承承受一个方向不变的径向负荷 F_r，固定套圈所承受的负荷性质即为局部负荷，或称固定负荷。

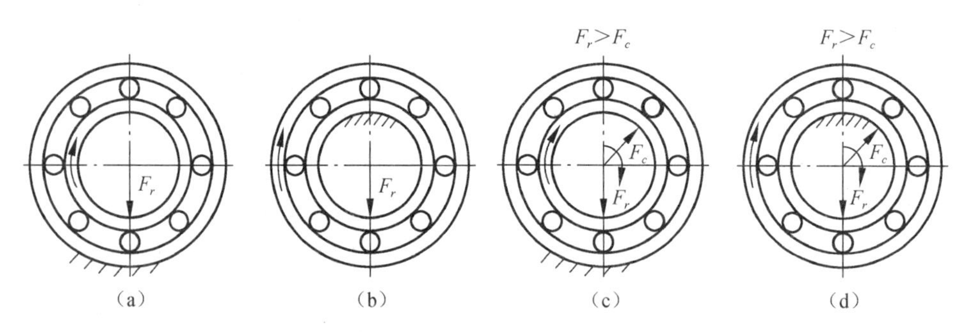

图 8.5　轴承承受的负荷类型

（a）内圈—循环负荷、外圈—局部负荷；（b）内圈—局部负荷、外圈—循环负荷；（c）内圈—循环负荷、外圈—摆动负荷；（d）内圈—摆动负荷、外圈—循环负荷

② 循环负荷：作用在轴承上的合成径向负荷顺次地作用在套圈滚道的整个圆周上，且沿滚道圆周方向旋转，一转以后重复形成循环，这种负荷称为循环负荷，如图 8.5（a）内圈、图 8.5（b）外圈所示，循环负荷的特点是：负荷与套圈相对转动，又称旋转负荷。

③ 摆动负荷：在轴承套圈上同时作用有一方向与大小不变的合成径向负荷与一个数值较小的旋转径向负荷所组成的合力，这种负荷称为摆动负荷。如图 8.5（c）外圈、图 8.5（d）内圈所示。F_r是不变的径向负荷，F_c是旋转的径向负荷，$F_r>F_c$。它们的合成负荷 F 仅

在小于180°的角度内所对应的一段滚道内摆动，如图8.6所示，*AB*弧为摆动负荷的作用区。

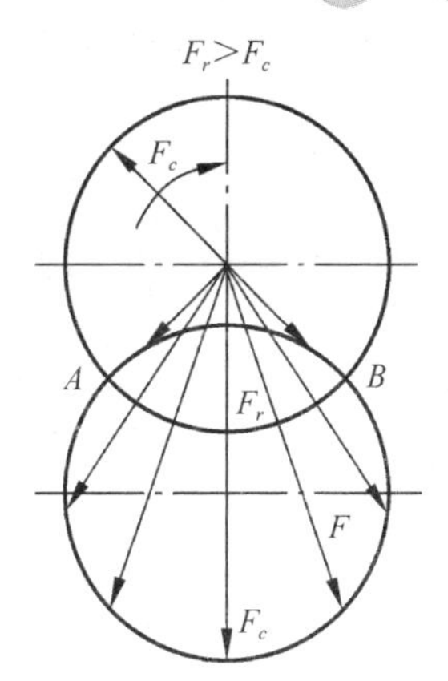

图8.6 摆动负荷的作用区域

对承受循环负荷的套圈应选过盈配合或较紧的过渡配合。过盈量的大小，以其转动时与轴或壳体孔间不产生爬行现象为原则。对承受局部负荷的套圈应选较松的过渡配合或较小的间隙配合，以便使套圈滚道间的摩擦力矩带动套圈偶尔转位、受力均匀、延长使用寿命。对承受摆动负荷的套圈，其配合要求与循环负荷相同或略松一点。对于承受冲击负荷或重负荷的轴承配合，应比在轻负荷和正常负荷下的配合要紧，负荷越大，其配合过盈量越大。

国标对向心轴承负荷的大小按径向当量动负荷 P_r 与径向额定动负荷 C_r 的关系分为三种：轻负荷、正常负荷、重负荷。见表8.3。

表8.3 负荷的种类和大小

P_r的大小	P_r与C_r的关系
轻负荷	$P_r \leqslant 0.07C_r$
正常负荷	$0.07C_r<P_r \leqslant 0.15C_r$
重负荷	$0.15C_r<P_r$

总之，配合选择的基本原则是要考虑轴承套圈相对负荷的状况，即相对于负荷方向旋转或摆动的套圈，应选择过盈配合或过渡配合；相对于负荷方向固定的套圈，应选择间隙配合。当以不可分离型轴承作游动支承时，则应以相对于负荷方向为固定的套圈作为游动套圈，选择间隙或过渡配合。

随着轴承尺寸的增大，选择的过盈配合过盈量越大，间隙配合间隙越大。

采用过盈配合会导致轴承游隙的减小，应检验安装后轴承的游隙是否满足使用要求，以便正确选择配合及轴承游隙。

（2）滚动轴承游隙的选择。游隙大小对轴承承载能力影响很大，其径向游隙又分为原始游隙、安装游隙和工作游隙。原始游隙，即未安装前的游隙。试验分析表明，工作游隙为比零稍小的负值时轴承寿命最高。产品样本中所列的基本额定动负荷 *C* 及基本额定静负荷 *C* 是轴承工作游隙为零时的理想负荷数值。

合理的轴承游隙的选择，应在原始游隙的基础上，考虑因配合、内外圈温度差以及负荷等因素所引起的游隙变化，使工作游隙接近最佳状态，选择游隙组别。对于在一般情况下工作的向心轴承（非调整式轴承），应优先选用基本组游隙；当对游隙有特殊要求时，可选用辅助组游隙（数值可参见GB/T 275—1993）。

3）公差带的选择

根据径向当量动负荷 P_r 的大小和性质进行选择。

（1）向心轴承和轴的配合：轴公差带代号按表8.4选择。

（2）向心轴承和壳体孔的配合：孔公差带代号按表8.5选择。

表 8.4　向心轴承和轴的配合　轴公差带代号

圆柱孔轴承						
运转状态		负荷	深沟球轴承、调心球轴承和角接触球轴承	圆柱滚子轴承和圆锥滚子轴承	调心滚子轴承	公差带
说　明	应用举例		轴承公称直径			
旋转的内圈负荷和摆动负荷	一般通用机械、电动机、机床主轴、泵、内燃机、正齿轮传动装置、铁路机车车辆轴箱、破脆机等	轻负荷	≤18 >18～100 >100～200	≤40 >40～140 >140～200	≤40 >40～100 >100～200	H5 j6① k6① m6①
		正常负荷	≤18 >18～100 >100～140 >140～200 >200～280	≤40 >40～100 >100～140 >140～200 >200～400	≤40 >40～65 >65～100 >100～140 >140～280 >281～500	j5 k5② m5② m6 n6 p6 r6
		重负荷		>50～140 >140～200 >200	>50～100 >100～140 >140～200 >200～280	n6③ p6③ r6③ r7③
固定的内圈负荷	静止于轴上的各类轮子，张紧轮绳轮、振动筛、惯性振动器	所有负荷	所有尺寸			f6 g6 h6 j6
仅有轴向载荷			所有尺寸			j6、js6
圆锥孔轴承						
所有负载	铁路机车车辆轴箱		装在退卸套上的所有尺寸			h8（IT6）⑤④
	一般机械传动		装在紧定套上的所有尺寸			h9（IT7）⑤④

注：① 凡对精度有较高要求的场合，应用 j5、k5、…代替 j6、k6、…。
② 圆锥滚子轴承、角接触球轴承配合对游隙影响不大，可用 k6、m6 代替 k5、m5。
③ 重负荷下的轴承游隙应选择大于 0 组。
④ 凡有较高精度或转速要求的场合，应选择 h6（IT5）代替 h8（IT6）等。
⑤ IT6、IT7 表示圆柱度公差数值。

表 8.5　向心轴承和壳体孔的配合　孔公差带代号

运转状态		负　荷	其　他	公差带①	
说　明	应用举例			球轴承	滚子轴承
固定的外圈负载	一般机械、铁路机车车辆轴箱、电动机、泵、曲轴主轴承	轻、正常、重	轴向易移动，可采用剖分式外壳	H7、G7②	
		冲击	轴向能移动，可采用整体式或剖分式外壳	J7、JS7	
摆动负载		轻、正常			
		正常、重	轴向不移动，采用整体式外壳	K7	
		冲击		M7	
旋转的外圈负载	张紧滑轮、轮毂轴承	轻		J7	K7
		正常		K7、M7	M7、N7
		重		—	N7、P7

注：① 并列公差带随尺寸的增大从左至右选择，对旋转精度有较高要求时，可相应提高一个公差等级。
② 不适用于剖分式外壳。

（3）推力轴承和轴的配合：轴公差带代号按表 8.6 选择。

表 8.6　推力轴承和轴的配合　轴公差带代号

轴圈工作条件		推力球和推力滚子轴承	推力调心滚子轴承②	公差带
		轴承公称内径/mm		
纯轴向载荷		所有尺寸		j6、js6
固定的轴圈负载	径向和轴向联合负载	—	≤250	j6
		—	>250	js6
旋转的轴圈负载或摆动负载		—	≤200	k6①
		—	>200～400	m6
		—	>400	n6

注：① 要求较小过盈时，可以分别用 j6、k6、m6 代替 k6、m6、n6。
② 也包括推力圆锥滚子轴承、推力角接触球轴承。

（4）推力轴承和壳体孔的配合：孔公差带代号按表 8.7 选择。

表 8.7　推力轴承和壳体孔的配合　孔公差带代号

座圈工作条件		轴承类型	公差带	备　注
纯轴向载荷		推力球轴承	H8	
		推力圆柱、圆锥滚子轴承	H7	
		推力调心滚子轴承		壳体孔与座圈间的间隙为 0.001*D*（*D* 为轴承公称外径）
固定的轴圈负载	径向和轴向联合负载	推力角接触球轴承、推力调心滚子轴承、推力圆锥滚子轴承	H7	
旋转的轴圈负载或摆动负载			K7	一般使用条件
			M7	具有较大径向负载

2. 公差等级的选择和配合表面粗糙度的选择

与轴承配合的轴或外壳孔的公差等级与轴承精度有关。轴承精度高时，所选用的公差等级也要高些；对同一公差等级的轴承，轴与轴承内孔配合时，轴选用的公差等级比壳体孔与轴承外径配合时壳体孔选用的公差等级要高一级。例如，与/P0，/P6（/P6x）级轴承配合的轴，其公差等级一般为 IT6，壳体孔一般为 IT7。对旋转精度和运转平稳性有较高要求的场合，在提高轴承公差等级的同时，轴承配合部位也应按相应精度提高。

配合表面的粗糙度和公差等级的选择，参考表 8.8。

表 8.8　配合表面的粗糙度　μm

轴或轴承座直径（mm）		轴或外壳配合表面直径公差等级								
		IT7			IT6			IT5		
		表面粗糙度								
大于	至	*Rz*	*Ra*		*Rz*	*Ra*		*Rz*	*Ra*	
			磨	车		磨	车		磨	车
	80	10	1.6	3.2	6.3	0.8	1.6	4	0.4	0.8
80	500	16	1.6	3.2	10	1.6	3.2	6.3	0.8	1.6
端面		25	3.2	6.3	25	3.2	6.3	10	1.6	3.2

3. 配合面及端面的形状和位置公差

轴颈和壳体孔表面的圆柱度公差、轴肩及壳体孔的端面跳动按表 8.9 的规定进行选择，标注方法参照图 8.7。

表 8.9　轴和壳体孔的形位公差

基本尺寸/mm		圆柱度 t				端面跳动 t_1			
		轴　径		壳体孔		轴　径		壳体孔肩	
		轴承公差等级							
		/P0	/P6（/P6x）	/P0	/P6（/P6x）	/P0	/P6（/P6x）	/P0	/P6（/P6x）
大于	至	公差值（μm）							
	6	2.5	1.5	4	2.5	5	3	8	5
6	10	2.5	1.5	4	2.5	6	4	10	6
10	18	3	2	5	3	8	5	12	8
18	30	4	2.5	6	4	10	6	15	10
30	50	4	2.5	7	4	12	8	20	12
50	80	5	3	8	5	15	10	25	15
80	120	6	4	10	6	15	10	25	15
120	180	8	5	12	8	20	12	30	20
180	250	10	7	14	10	20	12	30	20
250	315	12	8	16	12	25	15	40	25
315	400	13	9	18	13	25	15	40	25
400	500	15	10	20	15	25	15	40	25

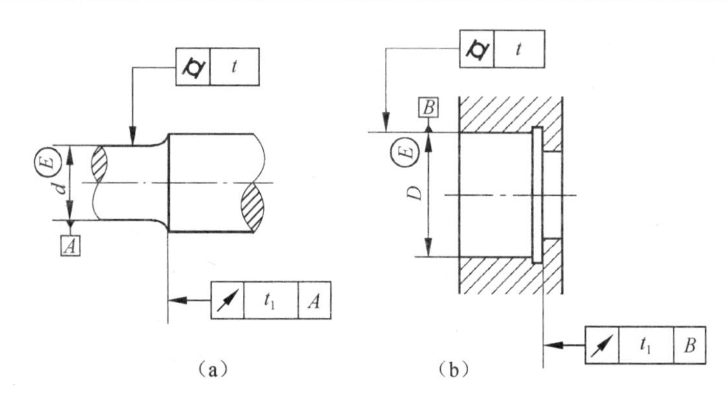

图 8.7　轴颈和外壳孔公差在图样上的标注

（a）轴颈；（b）外壳孔

4. 滚动轴承配合选用举例

例 8.1　已知减速器的功率为 6 kW，从动轴转速为 85 r/min，其两端的轴承为 6 212 深沟球轴承（d=60 mm，D=110 mm），轴上安装齿轮，模数 m=3 mm，齿数Z=80。试确定轴颈外壳孔的公差带、形位公差值和表面粗糙度参数值，并标注在图样上（由机械零件设计已算得 F=0.02C）。

解：

① 减速器属于一般机械，转速 85 r/min 不高，故选择/P0 级轴承。0 级精度，代号中可以省略不标注。

② 齿轮传动时，轴承内圈与轴一起旋转，承受负荷，应选择较紧的配合；外圈相对于负荷

方向静止，它与外壳孔的配合应选择较松的配合。由于 $F=0.01C$，小于 $0.07C$，故轴承属于轻负荷。查表 8.5、表 8.6，选轴颈公差带为 j6，外壳孔公差带为 H7。

③ 查表 8.9 轴颈圆柱度公差为 0.005 mm，轴肩端面圆跳动公差为 0.015 mm，外壳孔的圆柱度公差为 0.01 mm。

④ 查表 8.8 中表面粗糙度数值，磨削轴取 $Ra \leqslant 0.8\ \mu m$；轴肩端面取 $Ra \leqslant 3.2\ \mu m$。精车外壳孔取 $Ra \leqslant 3.2\ \mu m$。

⑤ 标注见图 8.8。因滚动轴承是标准件，装配图上只需要标注出轴颈和外壳孔的公差带代号。

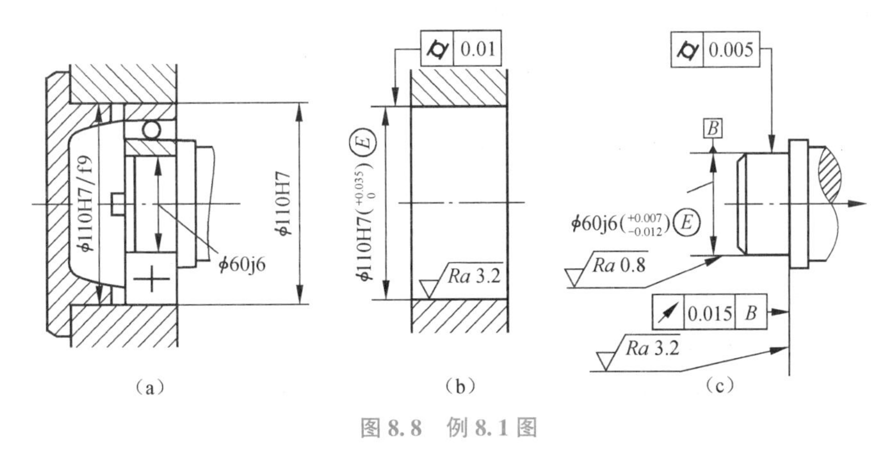

图 8.8　例 8.1 图

习　题

1. 滚动轴承的互换性有何特点？
2. 滚动轴承的精度是根据什么分的？共有几级？代号是什么？
3. 选择滚动轴承与轴和外壳孔的配合时考虑哪些因素？
4. 与滚动轴承配合时，负荷大小对配合的松紧影响如何？
5. 某机床主轴箱内装有两个/P0 级深沟球轴承（6 208），外圈与齿轮一起旋转，内圈固定在轴上不转，其装配结构及轴承内、外圈尺寸见图 8.9。外圈承受的是循环负荷，内圈承受的是局部负荷，且 $F<0.07C$，试决定孔和轴的公差、几何公差及表面粗糙度。
6. 某机床转轴上安装 6 308/P6 向心球轴承，内径为 40 mm，外径为 90 mm，该轴承受着一个 4 000 N 的定向径向负荷，轴承的额定负荷为 31 400 N，内圈随轴一起转动，而外圈静止。试确定轴颈与外壳孔的极限偏差、形位公差值和表面粗糙度参数值，并把所选公差参照图 8.8 标注在图样上。

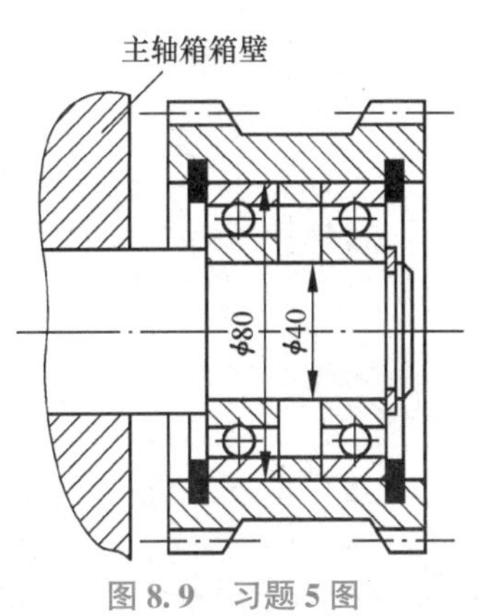

图 8.9　习题 5 图

【学习评价】

评 价 项 目		分值	自评分
知识目标	掌握滚动轴承的精度等级及其应用	15	
	了解滚动轴承公差及其特点	15	
	掌握滚动轴承与轴及外壳的配合	15	
能力目标	掌握滚动轴承配合的轴、孔公差带选用与标注	20	
	掌握滚动轴承配合技术要求的选用与标注	15	
素养目标	鼓励学生充分发挥主观能动性，全面发展，做最好的自己	10	
	帮助学生树立正确的人生观、价值观、世界观，并依此严谨细致、脚踏实地绘制人生目标蓝图	10	

模块九

螺纹的公差配合与测量

【学习目标】

知识目标

1. 了解普通螺纹的使用要求；
2. 掌握普通螺纹基本几何参数的定义、查表和计算；
3. 理解普通螺纹主要几何参数对互换性的影响，作用中径的概念和中径合格性判断原则；
4. 掌握国家标准有关普通螺纹公差等级和基本偏差的规定。

能力目标

1. 学会普通螺纹的基本几何参数的 查表和计算；
2. 掌握普通螺纹公差与配合的选用和正确标注；
3. 使用螺纹千分尺检测螺纹中径；
4. 用三针法检测螺纹中径；
5. 使用万能工具显微镜检测螺纹参数。

素养目标

1. 严格遵守实验室规则，讲卫生，爱护仪器设备，养成严谨的工作作风；
2. 引导学生充分利用“资源”，善于“借势”、扬长避短，提高自身的可塑性和可迁移能力。

课程思政案例八

学习单元一　基础知识认知

1. 螺纹的分类及使用要求

螺纹结合在机械制造及装配安装中是广泛采用的一种结合形式，按用途不同可分为两大类：

（1）连接螺纹：主要用于紧固和连接零件，因此又称紧固螺纹，如米制普通螺纹是使用最广泛的一种。要求其有良好的旋合性和连接的可靠性。牙型为三角形。

（2）传动螺纹：主要用于传递动力或精确位移，要求具有足够的强度和保证精确的位移。传动螺纹牙型有梯形、矩形等。机床中的丝杠、螺母常采用梯形牙型，而在滚动螺旋副（滚珠丝杠副）则采用单、双圆弧滚道。

本章主要讨论普通螺纹的公差与配合以及测量，对传动螺纹只作一般介绍。

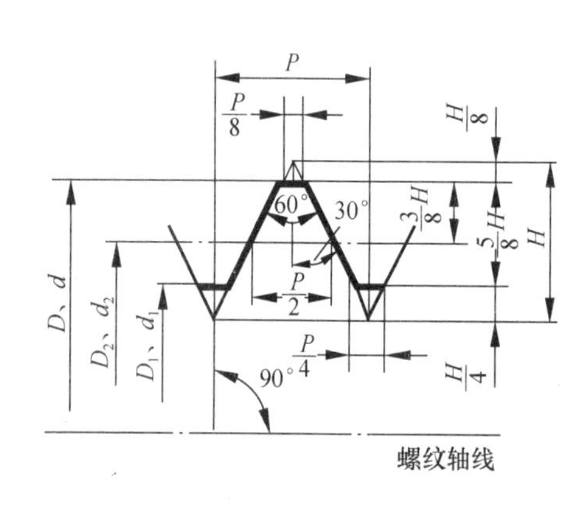

图 9.1　普通螺纹基本牙型

2. 普通螺纹的基本几何参数

米制普通螺纹的基本牙型如图 9.1 所示。它是将原始三角形规定削平高度，截去顶部和底部所形成的螺纹牙型，称基本牙型。

（1）大径 D 或 d：指与内螺纹牙底或外螺纹牙顶相重合的假想圆柱体直径。国标规定米制普通螺纹大径的基本尺寸为螺纹的公称直径。

（2）小径 D_1 或 d_1：指与内螺纹牙顶或外螺纹牙底相重合的假想圆柱体直径。

普通螺纹小径与大径的基本尺寸之间的关系为：

$$d_1 = d - 1.082\,532P \quad D_1 = D - 1.082\,532P$$

（3）中径 D_2 或 d_2：为一假想的圆柱体直径，其母线在 $H/2$ 处，在此母线上牙体与牙槽的宽度相等。

普通螺纹中径与大径的基本尺寸之间的关系为：

$$d_2 = d - 0.649\,519P \quad D_2 = D - 0.649\,519P$$

（4）单一中径 $D_{2单一}$ 或 $d_{2单一}$：为一假想圆柱体直径，该圆柱体的母线在牙槽宽度等于 $P/2$ 处，而不考虑牙体宽度大小。因它在实际螺纹上可以测得，它代表螺纹中径的实际尺寸。

（5）螺距 P：相邻两牙在中径母线上对应两点间的轴向距离。

（6）导程 Ph：同一条螺旋线上相邻两牙在中径线上对应两点间的轴向距离。

（7）牙型角 α 与牙型半角 $\frac{\alpha}{2}$：是指在螺纹牙型上相邻两牙侧间的夹角。对米制普通螺

纹，$\frac{\alpha}{2}$是指牙侧与螺纹轴线的垂线间的夹角，米制普通螺纹$\frac{\alpha}{2}=30°$。牙型角正确时，其牙型半角可能有误差，如两半角分别为29′和31′，故还应测量半角。

(8) 原始三角形高度 H：指原始等边三角形顶点到底边的垂直距离。

(9) 牙型高度 h：指螺纹牙顶与牙底间的垂直距离。

(10) 螺纹旋合长度 L：指两配合螺纹沿螺纹轴线方向相互旋合部分的长度。

学习单元二　普通螺纹各参数对互换性的影响

影响螺纹互换性的几何参数有五个：大径、中径、小径、螺距和牙型半角，其主要因素是螺距误差、牙型半角误差和中径误差。因普通螺纹主要保证旋合性和连接的可靠性，标准只规定中径公差，而不分别制定三项公差。

1. 螺距误差的影响

螺距误差包括与旋合长度无关的局部误差和与旋合长度有关的累积误差，从互换性的观点看，应考虑与旋合长度有关的累积误差。

在车间生产条件下，对螺距很难逐个地分别检测，因而对普通螺纹不采用规定螺距公差的办法，而是采取将外螺纹中径减小或内螺纹中径增大，以保证达到旋合的目的。用螺距误差换算成中径的补偿值称为螺距误差的中径当量，以 f_P 或 F_p 表示。

由于螺距有误差，在旋合长度上产生螺距累积误差 ΔP_Σ，使内、外螺纹无法旋合，见图 9.2。

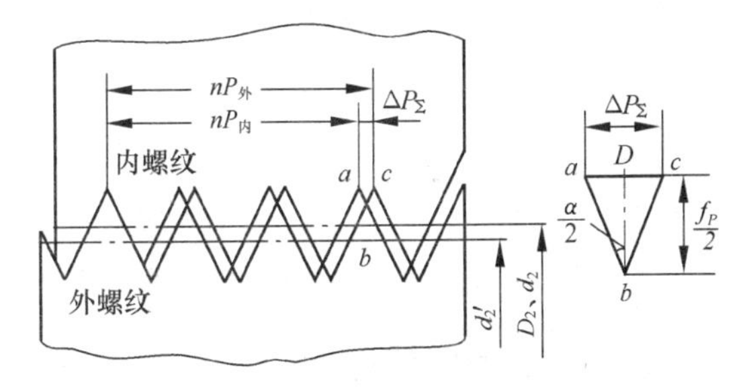

图 9.2　螺距误差对互换性的影响

为讨论方便，设内、外螺纹的中径和牙型半角均无误差，内螺纹无螺距误差，仅外螺纹有螺距误差。此误差 ΔP_Σ 相当于使外螺纹中径增大一个 f_P 值，此 f_P 值称为螺距误差的中径当量或补偿值。从△abc 中可知：$f_P/2=|\Delta P_\Sigma|/2\tan\frac{\alpha}{2}$。米制普通螺纹牙型半角$\frac{\alpha}{2}=30°$，故 $f_P=1.732|\Delta P_\Sigma|$。

2. 牙型半角误差的影响

牙型半角误差可能是由于牙型角 α 本身不准确或由于它与轴线的相对位置不正确而造成的，也可能是两者综合误差的结果。

为便于分析，设内螺纹具有理想牙型，外螺纹的中径和螺距与内螺纹相同，仅有半角误差，现分为两种情况讨论。

(1) 外螺纹牙型半角小于内螺纹牙型半角，如图 9.3 (a) 所示。

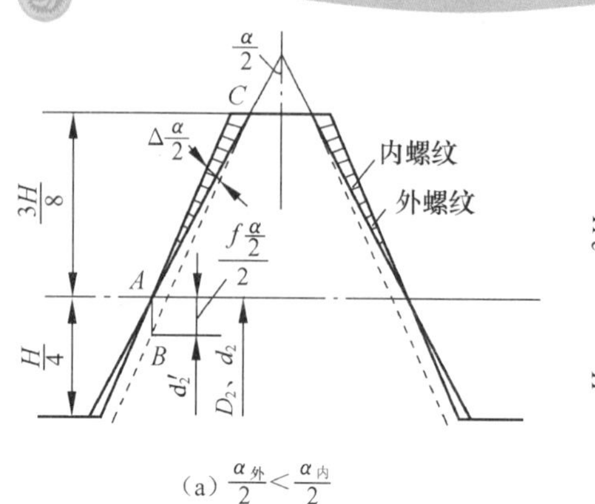

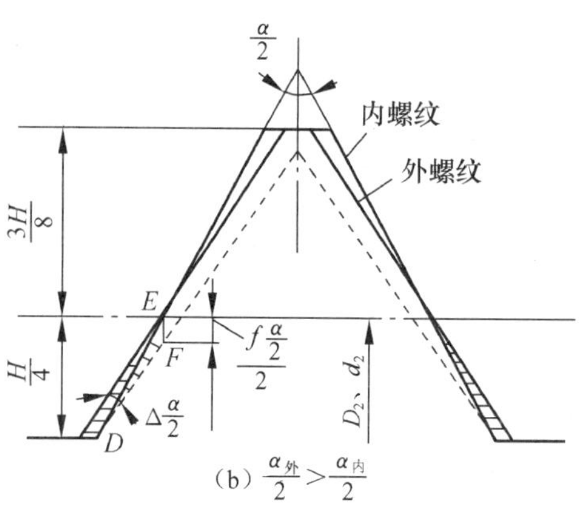

图 9.3　牙型半角误差与当量中径的关系

$\Delta\dfrac{\alpha}{2}=\dfrac{\alpha_{外}}{2}-\dfrac{\alpha_{内}}{2}<0$，剖线部分产生靠近大径处的干涉而不能旋合。

为了保证可旋合性，可把内螺纹的中径增大 $f_{\frac{\alpha}{2}}$，或把外螺纹中径减小 $f_{\frac{\alpha}{2}}$，由图中的 $\triangle ABC$，按正弦定理得：

$$\frac{f_{\frac{\alpha}{2}}/2}{\sin\left(\Delta\dfrac{\alpha}{2}\right)}=\frac{AC}{\sin\left(\dfrac{\alpha}{2}-\Delta\dfrac{\alpha}{2}\right)}$$

因 $\Delta\alpha/2$ 很小，$AC=\dfrac{3H/8}{\cos\dfrac{\alpha}{2}}$　$\sin\left(\Delta\dfrac{\alpha}{2}\right)\approx\Delta\dfrac{\alpha}{2}$　$\sin\left(\dfrac{\alpha}{2}-\Delta\dfrac{\alpha}{2}\right)\approx\sin\dfrac{\alpha}{2}$

如 $\Delta\dfrac{\alpha}{2}$以“分”计，H、P 以毫米计得：

$$f_{\frac{\alpha}{2}}=(0.44H/\sin\alpha)\left|\Delta\frac{\alpha}{2}\right|(\mu m)$$

当 $\alpha=60°$，$H=0.866P$ 可得：

$$f_{\frac{\alpha}{2}}=0.44P\left|\Delta\frac{\alpha}{2}\right|(\mu m)$$

（2）当外螺纹牙型半角大于内螺纹牙型半角，如图 9.3（b）所示。

$\Delta\dfrac{\alpha}{2}=\dfrac{\alpha_{外}}{2}-\dfrac{\alpha_{内}}{2}>0$，剖面线部分产生靠近小径处的干涉而不能旋合。

由 $\triangle DEF$ 导出：

$$f_{\frac{\alpha}{2}}=(0.29H/\sin\alpha)\left|\Delta\frac{\alpha}{2}\right|(\mu m)$$

当 $\alpha=60°$，$H=0.866P$ 可得：

$$f_{\frac{\alpha}{2}}=0.29P\left|\Delta\frac{\alpha}{2}\right|(\mu m)$$

一对内外螺纹，实际制造与结合通常是左、右半角不相等，产生牙型歪斜。$\Delta\dfrac{\alpha}{2}$可能为

正，也可能为负，如果同时产生上述两种干涉，可按上述两式的平均值计算，即：

$$f_{\frac{\alpha}{2}} = 0.36P\left|\Delta\frac{\alpha}{2}\right|(\mu m)$$

当左右牙型半角误差不相等时，$\Delta\frac{\alpha}{2}$可按 $\Delta\frac{\alpha}{2}=\left[\left|\Delta\frac{\alpha}{2}(右)\right|+\left|\Delta\frac{\alpha}{2}(左)\right|\right]/2$ 平均计算。

3. 单一中径误差的影响

单一中径误差 $\Delta D_{2单一}$ 或 $\Delta d_{2单一}$ 将直接影响螺纹的旋合性和结合强度。当外螺纹的中径大于内螺纹的中径时，会影响旋合性，反之，外螺纹中径过小，则配合太松，难以使牙侧间接触良好，影响连接可靠性。因此，为了保证螺纹的旋合性，应该限制外螺纹的最大中径和内螺纹的最小中径；为了保证螺纹的连接可靠性，还必须限制外螺纹的最小中径和内螺纹的最大中径。

4. 作用中径及螺纹中径合格性的判断原则

由于螺距误差和牙型半角误差均用中径补偿，对内螺纹讲相当于螺纹中径变小，对外螺纹讲相当于螺纹中径变大，此变化后的中径称为作用中径，即螺纹配合中实际起作用的中径。即：

$$D_{2作用} = D_{2单一} - f_P - f_{\frac{\alpha}{2}}(内螺纹)$$

$$d_{2作用} = d_{2单一} + f_P + f_{\frac{\alpha}{2}}(外螺纹)$$

作用中径把螺距误差、牙型半角误差及单一中径误差三者联系在一起，保证螺纹互换性的最主要参数。

判断螺纹中径合格性，根据螺纹的极限尺寸判断原则（泰勒原则），见图 9.4。即内螺纹的作用中径应不小于中径最小极限尺寸；单一中径应不大于中径最大极限尺寸，即：

$$D_{2作用} \geqslant D_{2\min},\quad D_{2单一} \leqslant D_{2\max}$$

外螺纹的作用中径应不大于中径最大极限尺寸，单一中径应不小于中径最小极限尺寸，$d_{2作用} \leqslant d_{2\max}$，$d_{2单一} \geqslant d_{2\min}$。

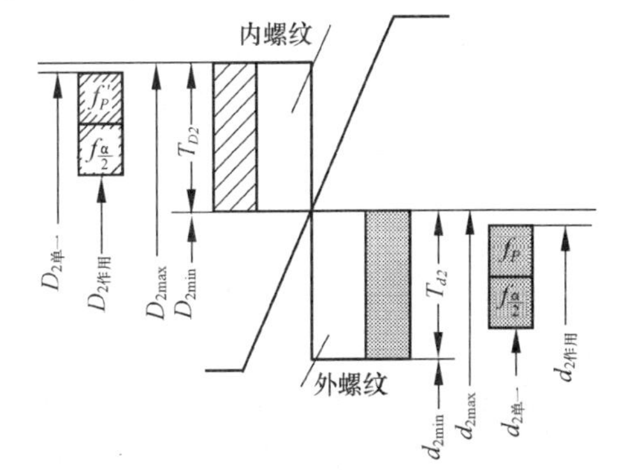

图 9.4　实际中径、螺距误差、牙型半角误差和中径的关系

例 9.1　有一 M24—6h 的螺栓，加工后量得其单一中径 $d_{2单一}=21.9$ mm，$\Delta P_{\Sigma}=+50\ \mu m$，$\Delta\frac{\alpha}{2}=+50'$，问此螺栓是否合格？

解： 由表 9.1 和表 9.2 得螺距 $P=3$ mm，中径基本尺寸 $d_2=22.051$ mm，查表 9.3 得 h 公差带的上偏差 es=0，则 $d_{2\max}=22.051$ mm。

表 9.1　普通螺纹的公称直径和螺距

mm

公称直径 D、d			螺距 P					
第一系列	第二系列	第三系列	粗牙	细　牙				
10			1.5	1.25	1	0.75	(0.5)	
		11	(1.5)		1	0.75	(0.5)	
12			1.75	1.5	1.25	1	(0.75)	(0.5)
	14		2	1.5	1.25	1	(0.75)	(0.5)
		15		1.5		(1)		
16			2	1.5		1	(0.75)	(0.5)
		17		1.5		(1)		
	18		2.5	2	1.5	1	(0.75)	(0.5)
20			2.5	2	1.5	1	(0.75)	(0.5)
	22		2.5	2	1.5	1	(0.75)	(0.5)
24			3	2	1.5	1	(0.75)	
		25		2	1.5	(1)		
		26			1.5			
	27		3	2	1.5	1	(0.75)	
		28		2	1.5	1		
30			3.5	(3)	2	1.5	1	(0.75)
		32			2	1.5		
	33		3.5	(3)	2	1.5	(1)	(0.75)
		35				1.5		
36			4	3	2	1.5	(1)	

注：1. 直径优先选用第一系列，其次第二系列，第三系列尽可能不用。

2. 括号内螺距尽可能不用。

表 9.2　普通螺纹基本尺寸（摘自 GB/T 197—2018）

mm

公称直径 D、d	螺距 P	中径 D_2 或 d_2	小径 D_1 或 d_1	公称直径 D、d	螺距 P	中径 D_2 或 d_2	小径 D_1 或 d_1
20	2.5	18.376	17.294	30	3.5	37.727	26.211
	2	18.701	17.835		2	28.701	27.835
	1.5	19.025	18.376		1.5	29.026	28.376
	1	19.350	18.917		1	29.350	28.917
24	3	22.051	20.752	36	4	33.402	31.670
	2	22.701	21.835		3	34.051	32.752
	1.5	23.026	22.376		2	34.701	33.835
	1	23.350	22.917		1.5	35.026	34.376

表 9.3　普通螺纹的基本偏差和公差（摘自 GB/T 197—2018）　μm

螺距 P /mm	内螺纹的基本偏差 EI		外螺纹的基本偏差 es				内螺纹小径公差 T_{D1} 公差等级					外螺纹大径公差 T_{d1} 公差等级		
	G	H	e	f	g	h	4	5	6	7	8	4	6	8
1	+26	0	−60	−40	−26	0	150	190	236	300	375	112	180	280
1.25	+28	0	−63	−42	−28	0	170	212	265	335	425	132	212	335
1.5	+32	0	−67	−45	−32	0	190	236	300	375	475	150	236	375
1.75	+34	0	−71	−48	−34	0	212	265	335	425	530	170	265	425
2	+38	0	−71	−52	−38	0	236	300	375	475	600	180	280	450
2.5	+42	0	−80	−58	−42	0	280	355	450	560	710	212	335	530
3	+48	0	−85	−63	−48	0	315	400	500	630	800	236	375	600
3.5	+53	0	−90	−70	−53	0	355	450	560	710	900	265	425	670
4	+60	0	−95	−75	−60	0	375	475	600	750	950	300	475	750

查表 9.4 得中径公差 $T_{d2}=0.2$ mm，则 $d_{2\min}=21.851$ mm。

表 9.4　普通螺纹中径公差（摘自 GB/T 197—2018）　μm

公称直径 D/mm		螺距	内螺纹中径公差 T_{D2}					外螺纹中径公差 T_{d2}						
			公差等级					公差等级						
>	≤	P/mm	4	5	6	7	8	3	4	5	6	7	8	9
5.6	11.2	0.5	71	90	112	140	—	42	53	67	85	106	—	—
		0.75	85	106	132	170	—	50	63	80	100	125	—	—
		1	95	118	150	190	236	56	71	90	112	140	180	224
		1.25	100	125	160	200	250	60	75	95	118	150	190	236
		1.5	112	140	180	224	280	67	85	106	132	170	212	295
11.2	22.4	0.5	75	95	118	150	—	45	56	71	90	112	—	—
		0.75	90	112	140	180	—	53	67	85	106	132	—	—
		1	100	125	160	200	250	60	75	95	118	150	190	236
		1.25	112	140	180	224	280	67	85	106	132	170	212	265
		1.5	118	150	190	236	300	71	90	112	140	180	224	280
		1.75	125	160	200	250	315	75	95	118	150	190	236	300
		2	132	170	212	265	335	80	100	125	160	200	250	315
		2.5	140	180	224	280	355	85	106	132	170	212	265	335
22.4	45	0.75	95	118	150	190	—	56	71	90	112	140	—	—
		1	106	132	170	212	—	63	80	100	125	160	200	250
		1.5	125	160	200	250	315	75	95	118	150	190	236	300
		2	140	180	224	280	355	85	106	132	170	212	265	335
		3	170	212	265	335	425	100	125	160	200	250	315	400
		3.5	180	224	280	355	450	106	132	170	212	265	335	425
		4	190	236	300	375	415	112	140	180	224	280	355	450
		4.5	200	250	315	400	500	118	150	190	236	300	375	475

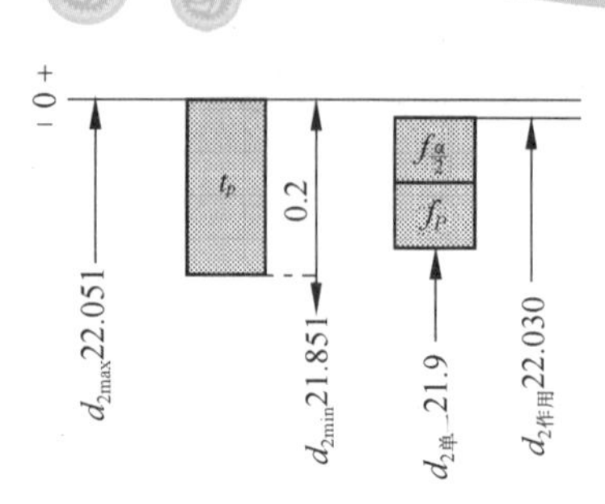

图 9.5　例 9.1 螺栓中公差和各项误差的分布

计算螺距误差和牙型半角误差的当量中径，则

$$f_P = 1.732|\Delta P_\Sigma| = 1.732 \times 50 = 86.6(\mu m),$$

$$f_{\frac{\alpha}{2}} = 0.29P\left|\Delta\frac{\alpha}{2}\right| = 0.29 \times 3 \times 50 = 43.5(\mu m)$$

$$d_{2作用} = 21.9 + 0.0866 + 0.0435 = 22.030(mm)$$

螺栓 $d_{2单一} > d_{2min}$，$d_{2作用} < d_{2max}$。

该螺栓中径合格，公差带分布见图 9.5。

5. 螺纹大、小径的影响

螺纹制造为保证旋合，使内螺纹的大、小径的实际尺寸大于外螺纹大、小径的实际尺寸，不会影响配合及互换性。若内螺纹的小径过大或外螺纹的大径过小，将影响螺纹连接的强度，因此必须规定其公差，见表 9.3。

学习单元三　普通螺纹的公差与配合

1. 普通螺纹的公差带

1）螺纹的公差等级（见表 9.5）

表 9.5　螺纹公差等级

螺纹直径	公差等级	螺纹直径	公差等级
内螺纹小径 D_1	4、5、6、7、8	外螺纹大径 d	4、6、8
内螺纹中径 D_2	4、5、6、7、8	外螺纹中径 d_2	3、4、5、6、7、8、9

其中 3 级精度最高，9 级精度最低，一般 6 级为基本级。各级公差值可分别查阅表 9.3，表 9.4。在同一公差等级中，内螺纹中径公差比外螺纹中径公差大 32%，是因为内螺纹较难加工。

对内螺纹的大径和外螺纹的小径不规定具体公差值，而只规定内、外螺纹牙底实际轮廓不得超过按基本偏差所确定的最大实体牙型，即保证旋合时不发生干涉。

2）螺纹的基本偏差（如图 9.6 所示）

标准中对内螺纹的中径、小径规定采用 G、H 两种公差带位置，以下偏差 EI 为基本偏差，如图 9.6（a）所示。

对外螺纹的中、大径规定了 e、f、g、h 四种公差带位置，以上偏差 es 为基本偏差，如图 9.6（b）所示。

普通螺纹的基本偏差值见表 9.3。

3）旋合长度与配合精度

螺纹的配合精度不仅与公差等级有关，而且与旋合长度有关。

螺纹旋合长度分短旋合长度 S、中等旋合长度 N 和长旋合长度 L 三组，见表 9.6。

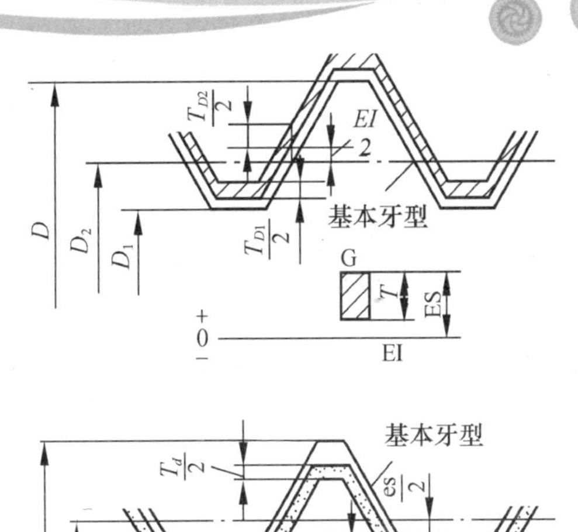

(a)

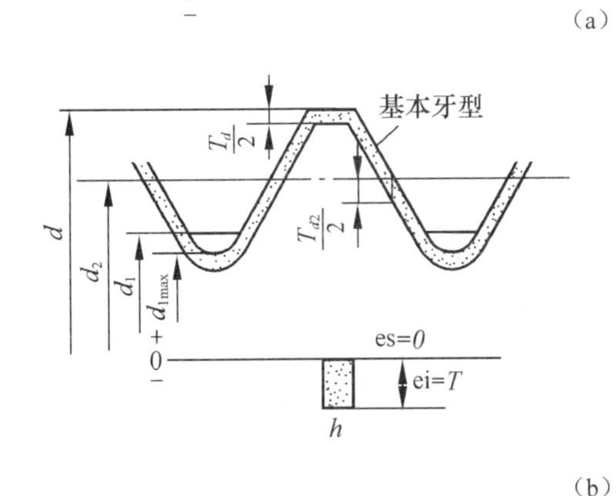

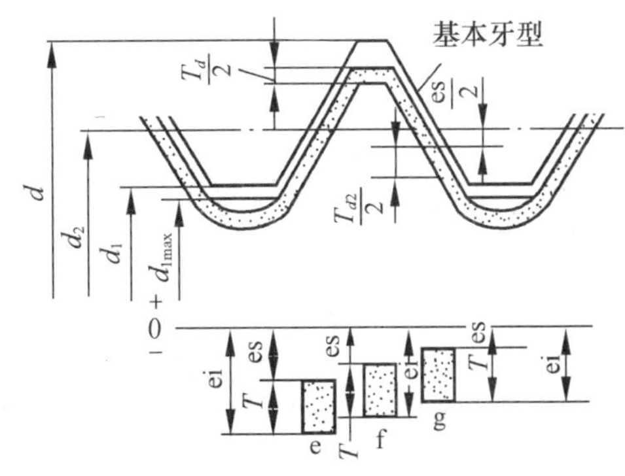

(b)

图 9.6　内、外螺纹的基本偏差

表 9.6　螺纹旋合长度（摘自 GB/T 197—2018）　　mm

公称直径 D、d		螺距 P	旋合长度			
			S	N		L
>	≤		≤	>	≤	>
5.6	11.2	0.75	2.4	2.4	7.1	7.1
		1	3	3	9	9
		1.25	4	4	12	12
		1.5	5	5	15	15
11.2	22.4	1	3.8	3.8	11	11
		1.25	4.5	4.5	13	13
		1.5	5.6	5.6	16	16
		1.75	6	6	18	18
		2	8	8	24	24
		2.5	10	10	30	30
22.4	45	1	4	4	12	12
		1.5	6.3	6.3	19	19
		2	8.5	8.5	25	25
		3	12	12	36	36
		3.5	15	15	45	45
		4	18	18	53	53
		4.5	21	21	63	63

各组旋合长度的特点是：长旋合长度旋合后稳定性好，且有足够的连接强度，但加工精度难以保证。当螺纹误差较大时，会出现螺纹副不能旋合的现象。短旋合长度，加工容易保证，但旋合后稳定性较差。一般情况下应采用中等旋合长度。集中生产的紧固件螺纹，图样上没注明旋合长度，制造时螺纹公差均按中等旋合长度考虑。

根据螺纹的公差等级和旋合长度将螺纹分为精密、中等及粗糙三种精度等级。精密级用于精密螺纹，如要求配合性质变动较小的螺纹，中等级用于一般用途螺纹，粗糙级用于要求不高或制造螺纹有困难的场合，例如在热轧棒料上和深盲孔内加工螺纹。

螺纹的精度等级是衡量螺纹质量的综合指标。对于不同旋合长度组的螺纹，应采用不同的公差等级，以保证同一精度下螺纹配合精度和加工难易程度相当。

2. 螺纹公差带的选用

选用公差带与配合：由螺纹公差等级和公差带位置组合，可得到各种公差带。为减少刀具、量具规格数量，提高经济效益，对内螺纹规定了 13 个选用公差带，对外螺纹规定了 18 个选用公差带。

下面两表中公差带优先选用顺序为：粗字体公差带、一般字体公差带、括号内公差带。带方框的粗字体公差带用于大量生产的紧固件螺纹。除特殊情况外，表 9.7 和表 9.8 以外的其他公差带不宜选用。

表 9.7　内螺纹选用公差带（摘自 GB/T 197—2018）

精度	公差带位置 G			公差带位置 H		
	S	*N*	*L*	*S*	*N*	*L*
精密				4H	4H5H	5H6H
中等	（5G）	**6G**	（7G）	**5H**	**6H**	**7H**
粗糙		（7G）	（8G）		7H	8H

表 9.8　外螺纹选用公差带（摘自 GB/T 197—2018）

精度	公差带位置 e			公差带位置 f			公差带位置 g			公差带位置 h		
	S	*N*	*L*	*S*	*N*	*L*	*S*	*N*	*L*	*S*	*N*	*L*
精密								（4g）	（5g4g）	（3h4h）	**4h**	（5h4h）
中等		**6e**	（7e6e）		**6f**		（5g6g）	**6g**	（7g6g）	（5h6h）	6h	（7h6h）
粗糙		（8e）	（9e8e）					8g	（9g8g）			

表 9.7 的内螺纹公差带能与表 9.8 的外螺纹公差带形成任意组合，但是，为了保证内、外螺纹间有足够的螺纹接触高度，推荐完工后的螺纹零件宜优先组成 H/g，H/h 或 G/h 配合。对公称直径小于和等于 1.4 mm 的螺纹，应选用 5H/6h，4H/6h 或更精密的配合。

对于涂镀螺纹的公差带如无其他特殊说明，推荐公差带适用于涂镀前螺纹。涂镀后，螺纹实际轮廓上的任何点不应超越按公差位置 H 或 h 所确定的最大实体牙型。对于镀层较厚的螺纹可选 H/f、H/e 等配合。

3. 螺纹标记

一个完整的螺纹标记由螺纹特征代号，尺寸代号、螺纹公差代号及其他有必要进一步说明的个别信息组成。

1）螺纹特征代号和尺寸代号的标记

螺纹特征代号用字母“M”表示，单线螺纹的尺寸代号为“公称直径×螺距”，公称直径和螺距数值的单位为毫米。对粗牙螺纹，螺距项可以省略。多线螺纹的尺寸代号为“公

称直径×Ph（导程）P（螺距）”，公称直径、导程和螺距数值的单位为毫米。如果要进一步表明螺纹的线数，可在后面增加括号说明（使用英语进行说明，例如双线为 two starts；三线为 three starts；四线为 four starts）。例如：

公称直径为 8 mm 的单线粗牙（螺距为 1.25 mm）螺纹的标记为：M8

公称直径为 8 mm，螺距为 1 mm 的单线细牙螺纹标记为：M8×1

公称直径为 16 mm，螺距为 1.5 mm、导程为 3 mm 的双线螺纹标记为：M16×Ph3P1.5 或 M16×Ph3P1.5（two starts）

2）螺纹公差带代号的标记

公差带代号包含中径公差带代号和顶径（指外螺纹的大径和内螺纹的小径）公差带代号。中径公差带代号在前，顶径公差带代号在后。各直径的公差带代号由表示公差等级的数值和表示公差带位置的基本偏差代号（内螺纹用大写字母；外螺纹用小写字母）组成。如果中径公差带代号与顶径公差带代号相同，只标注一个公差带代号即可。螺纹尺寸代号与公差带间用“—”号隔开。例如：

中径公差带为 5g、顶径公差带为 6g、公称直径为 10 mm、螺距为 1 mm 的单线细牙外螺纹标记为：M10×1—5g6g

中径公差带和顶径公差带均为 6g、公称直径为 10 mm 的单线粗牙外螺纹的标记为：M10-6g

中径公差带为 5H、顶径公差带为 6H、公称直径为 10 mm、螺距为 1 mm 的单线细牙内螺纹的标记为：M10×1—5H6H

中径公差带和顶径公差带均为 6H、公称直径为 10 mm 的单线粗牙内螺纹的标记为：M10-6H

在下列情况下，中等公差精度螺纹不标注其公差带代号。

内螺纹：

——5H　公称直径小于和等于 1.4 mm 时；

——6H　公称直径大于和等于 1.6 mm 时。

注：对螺距为 0.2 mm 的螺纹，其公差等级为 4 级。

外螺纹：

——6h　公称直径小于和等于 1.4 mm 时；

——6g　公称直径大于和等于 1.6 mm 时。

示例：

中径公差带和顶径公差带为 6g、中等公差精度的粗牙外螺纹：M10

中径公差带和顶径公差带为 6H、中等公差精度的粗牙内螺纹：M10

表示内、外螺纹配合时，内螺纹公差带代号在前，外螺纹公差带代号在后，中间用斜线分开。

示例：公差带为 6H 的内螺纹与公差带为 5g6g 的外螺纹组成配合：M20×2—6H/5g6g

公差带为 6H 的内螺纹与公差带为 6g 的外螺纹组成配合（中等公差精度、粗牙）：M6

4. 有必要说明的其他信息的标记

标记内有必要说明的其他信息包括螺纹的旋合长度和旋向。

对短旋合长度组和长旋合长度组的螺纹，应在公差带代号后分别标注“S”和“L”代号并用“—”号分隔开，中等旋合长度组螺纹不标注旋合长度代号。对左旋螺纹，应在旋合长度代号之后标注“LH”代号并用“—”号分隔开，右旋螺纹不标注旋向代号。

下面以一个完整的螺纹标记加以说明：

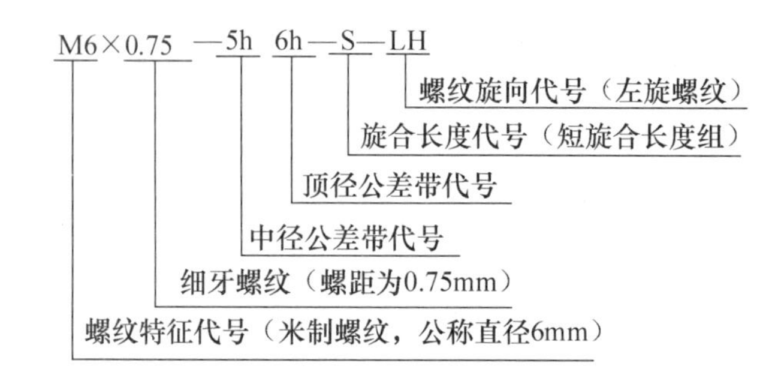

右旋螺纹：M6（螺距、公差带代号、旋合长度代号和旋向代号被省略）

例 9.2 求出 M24—6H/5g6g 普通内、外螺纹的中径、大径和小径的基本尺寸，极限偏差和极限尺寸。

解：① 由表 9.1 查螺距 $P=3$ mm。

② 由表 9.2 查得：

大径 $D=d=24$ mm

中径 $D_2=d_2=22.051$ mm

小径 $D_1=d_1=20.752$ mm

③ 由表 9.3、表 9.4 查得极限偏差（mm）

	ES（es）	EI（ei）
内螺纹大径	不规定	0
中径	+0.265	0
小径	+0.5	0
外螺纹大径	−0.048	−0.248
中径	−0.048	−0.208
小径	−0.048	不规定

④ 计算极限尺寸（mm）

	最大极限尺寸	最小极限尺寸
内螺纹大径	不超过实体牙型	24
中径	22.316	22.051
小径	21.252	20.752
外螺纹大径	23.952	23.752
中径	22.003	21.843
小径	20.704	不超过实体牙型

学习单元四　梯形螺纹丝杠、螺母技术标准简介

丝杠和丝杠螺母是传递精确位移的传动零件，将旋转运动变为直线运动。丝杠和丝杠螺母常采用牙型角为30°的单线梯形螺纹，其基本牙型、基本尺寸采用GB/T 5796—2005的规定。由于丝杠不仅用于传递运动和动力，还要精确地传递位移。为机床制造的需要，机械工业部颁布标准JB/T 2886—2005《机床梯形螺纹丝杠、螺母技术条件》，此标准适用于机床传动用的单线梯形螺纹的丝杠和螺母。

1. 丝杠和丝杠螺母的精度等级

机床丝杠和丝杠螺母的精度等级，按JB/T 2886—2005规定：根据用途与使用要求，分为3、4、5、6、7、8、9级共七个精度等级，其中3级精度最高，其余等级的精度依次降低。

各级精度的用途如下：

3、4级精度用于超高精度的坐标镗床和坐标磨床的传动定位丝杠和螺母；

5、6级精度用于高精度的螺纹磨床，齿轮磨床和丝杠车床中的主传动丝杠和螺母；

7级精度用于精密螺纹车床、齿轮机床、镗床和平面磨床等的精确传动丝杠和螺母；

8级精度用于卧式车床和普通铣床的进给丝杠和螺母；

9级精度用于低精度的进给机构。

2. 影响传递位移精度的公差项目及其规定

丝杠传送精确位移，其位移精度主要决定于螺旋线误差和螺距误差。

螺旋线误差是在中径线上实际螺旋线相对于理论螺旋线偏离的最大代数差。它较综合地反映了丝杠传动误差，标准规定用螺旋线公差加以限制。但由于测量螺旋线误差的动态测量仪尚未普及，所以只对4～6级丝杠规定了螺旋线公差。误差在丝杠的一转和25 mm、100 mm、300 mm及全长上考核，在中径线上测量。

螺距公差用于4～9级丝杠，螺距公差分为分螺距公差、单个螺距公差、给定长度内（25 mm、100 mm、300 mm）和全长上的螺距累积公差，分别限制分螺距误差、单个螺距误差和螺距累积误差。

分螺距误差是指在丝杠的若干等分转角内，螺旋面的实际位移对公称尺寸的偏差的最大代数差。它近似于丝杠一转内的螺旋线误差。规定分螺距公差，以提高丝杠一转内的轴向位移精度。对分螺距误差的测量应在单个螺距误差处测量三转。

对于高精度丝杠，用螺距公差来评定是不全面的，因为各单个螺距误差只是丝杠螺旋面上一些个别点，不能反映螺距面上的全部误差。

丝杠牙型半角误差对丝杠的位移精度也有影响，它还使丝杠与螺母不能全面接触，影响磨损程度，因而标准中规定了牙型半角的极限偏差，它用于4～8级丝杠。

3. 传动间隙的公差项目及其规定

在丝杠与螺母结合中主要是中径配合，为了使丝杠易于旋转和储存润滑油，故在大径、中径、小径处均留有间隙，因而标准对丝杠大、中、小径规定了保证有间隙的一种公差带，且公差值较大，用于4～9级丝杠。

同理，螺母的大径、小径与丝杠并不接触，故对各级螺母只规定一种公差带，且公差值较大。而对螺母的中径公差使其随丝杠的精度和螺距的不同而不同，精度越高，公差越小，保证间隙也越小。并规定非配作螺母的中径下偏差为零。

对于高精度的丝杠、螺母，生产中采用螺母按丝杠配作。对6级以上配作螺母的丝杠，公差带宽度相对于公称尺寸的零线两侧对称分布。换言之，即对配作螺母的丝杠，允许丝杠中径实际值大于公称尺寸。

考虑到丝杠中径的形位误差会影响配合间隙的均匀性（径向：一边间隙大，另一边间隙小；以及轴向的间隙不均匀），标准中又对丝杠中径的形位误差加以限制，规定了丝杠全长上中径尺寸变动量公差和径向跳动公差。

此外，对螺母与丝杠配作的径向平均间隙作了推荐，标准还规定了丝杠和螺母的表面粗糙度。

学习单元五　螺纹的检测

螺纹的检测方法有两种：综合检验和分项测量。

1. 螺纹的综合检验

综合检验是指同时检验螺纹的几个参数，采用螺纹极限量规来检验内、外螺纹的合格性。即按螺纹的最大实体牙型做成通端螺纹量规，以检验螺纹的旋合性；再按螺纹中径的最小实体尺寸做成止端螺纹量规，以控制螺纹连接的可靠性，从而保证螺纹结合件的互换性。螺纹综合检验只能评定内、外螺纹的合格性，不能测出实际参数的具体数值，但检验效率高，适用于批量生产的中等精度的螺纹。

1）用螺纹工作量规检验外螺纹

车间生产中，检验螺纹所用的量规称螺纹式工作量规。图9.7所示的是检验外螺纹大径用的光滑卡规和检验外螺纹用的螺纹环规。这些量规都有通规和止规，它们的检验项目如下：

（1）通端螺纹工作环规（T）：主要用来检验外螺纹作用中径（$d_{2作用}$），其次是控制外螺纹小径的最大极限尺寸（$d_{1\max}$），是属于综合检验。因此，通端螺纹工作环规应有完整的牙型，其长度等于被检螺纹的旋合长度。合格的外螺纹都应被通端螺纹工作环规顺利地旋入，这样就保证了外螺纹的作用中径未超出最大实体牙型的中径，即 $d_{2作用}<d_{2\max}$。同时，外螺纹的小径也不超出它的最大极限尺寸。

（2）止端螺纹工作环规（Z）：只是用来检验外螺纹单一中径的一个参数。为了尽量减

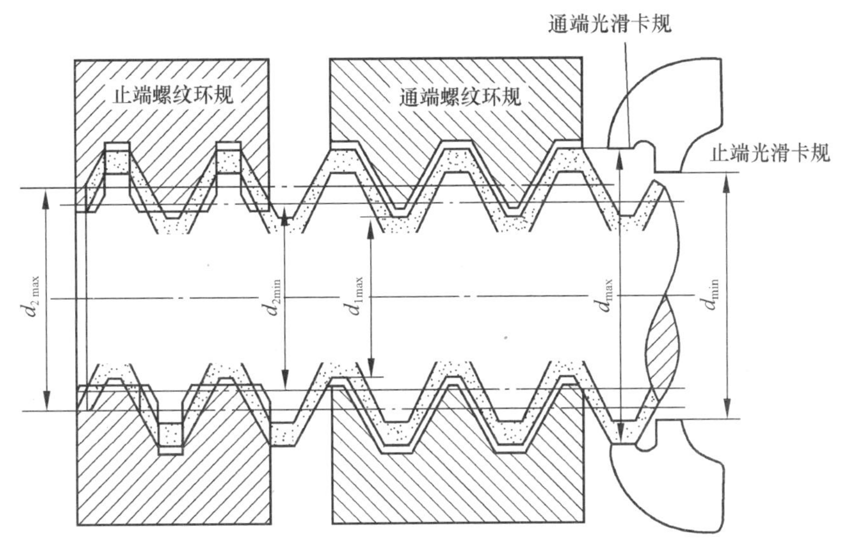

图 9.7　用环规检验外螺纹

少螺距误差和牙型半角误差的影响，必须使它的中径部位与被检验的外螺纹接触，因此止端螺纹工作环规的牙型做成截短的不完整的牙型，并将止端螺纹工作环规的长度缩短到 2～3.5 牙。

合格的外螺纹不应完全通过止规螺纹的工作环规，应该是仍允许旋合一部分。具体规定是：对于小于等于 4 牙的外螺纹，止端螺纹工作环规的旋合量不得多于 2 牙；对于大于 4 牙的外螺纹，止端螺纹工作环规的旋合量不得多于 3.5 牙。这些没有完全通过止端螺纹工作环规的外螺纹，说明它的单一中径没有超出最小实体牙型的中径，即 $d_{2单一}>d_{2\min}$。

（3）光滑极限卡规：它用来检验外螺纹的大径尺寸。通端光滑卡规应该通过被检验外螺纹的大径，这样可以保证外螺纹大径不超过它的最大极限尺寸；止端光滑卡规不应该通过被检验的外螺纹大径，这样就可以保证外螺纹大径不小于它的最小极限尺寸。

2）用螺纹工作量规检验内螺纹

图 9.8 所示的是检验内螺纹小径用的光滑塞规和检验内螺纹用的螺纹塞规。这些量规都有通规和止规，它们对应的检验项目如下。

（1）通端螺纹工作塞规（T）：主要用来检验内螺纹的作用中径（$D_{2作用}$），其次是控制内螺纹大径最小极限尺寸（$D_{\min}$），也是综合检验。因此通端螺纹工作塞规应有完整的牙型，其长度等于被检螺纹的旋合长度。合格的内螺纹都应被通端螺纹工作塞规顺利地旋入，这样就保证了内螺纹的作用中径及内螺纹的大径不小于它们的最小极限尺寸，即 $D_{2作用}>D_{2\min}$。

（2）止端螺纹工作塞规（Z）：只是用来检验内螺纹单一中径的一个参数。为了尽量减少螺距误差和牙型半角误差的影响，止端螺纹工作塞规缩短到 2～3.5 牙，并做成截短的不完整的牙型。合格的内螺纹不完全通过止端螺纹工作塞规，但仍允许旋合一部分，即对于小于等于 4 牙的内螺纹，止端螺纹工作塞规从两端旋合量之和不得多于 2 牙；对于大于 4 牙的内螺纹，量规旋合量不得多于 2 牙。这些没有完全通过止端螺纹工作塞规的内螺纹说明它的单一中径没有超过最小实体牙型的中径，即：$D_{2单一}<D_{2\max}$。

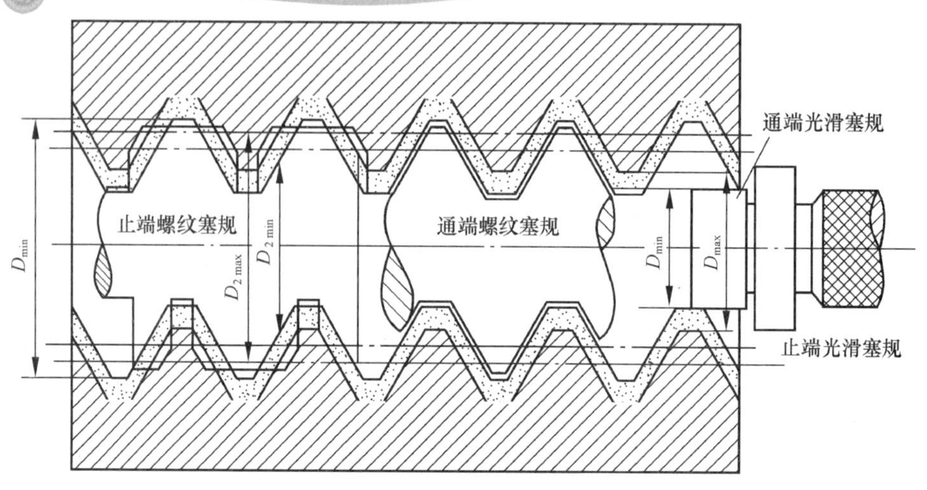

图9.8　用塞规检验内螺纹

（3）光滑极限塞规：它是用来检验内螺纹小径尺寸的。通端光滑塞规应通过被检验内螺纹小径，这样保证内螺纹小径不小于它的最小极限尺寸；止端光滑塞规不应通过被检验内螺纹小径，这样就可以保证内螺纹小径不超过它的最大极限尺寸。

2. 螺纹的单项测量

单项测量是指用量具或量仪测量螺纹每个参数的实际值，可以对各项误差进行分析，找出生产原因从而指导生产。单项测量主要用于测量精密螺纹、螺纹量规、螺纹刀具等，在分析与调整螺纹加工工艺时，也采用单项测量。

分项测量用的测量器具可分为两类：

专用量具——通常只测量螺纹中径这一参数，如用螺纹千分尺测量中径。

通用量仪——可分别测量螺纹各个参数，如工具显微镜。

下面叙述常用的螺纹测量器具和测量方法。

1）用螺纹千分尺测量中径

测量外螺纹中径时，可以使用带插入式测量头的螺纹千分尺测量。它的构造与外径千分尺相似，差别仅在于两个测量头的形状。螺纹千分尺的测量头做成和螺纹牙型相吻合的形状，即一个V形测量头，与螺纹牙型凸起部分相吻合；另一个为圆锥形测量头，与螺纹牙型沟槽相吻合，如图9.9所示。

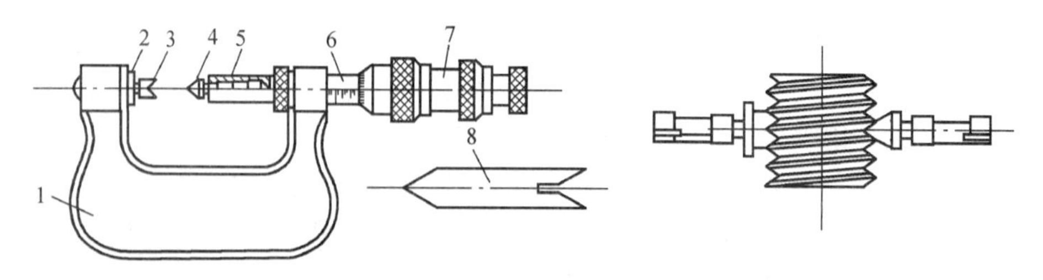

图9.9　螺纹千分尺

1—螺纹千分尺的弓架；2—架砧；3—V形测量头；4—圆锥形测量头；5—主量杆；6—内套筒；7—外套筒；8—校对样板

这种螺纹千分尺有一套可换测量头，每对测量头只能用来测量一定螺距范围的螺纹。螺纹千分尺有 0～25 mm 至 325～350 mm 等数种规格。

用螺纹千分尺测量外螺纹中径时，读得的数值是螺纹中径的实际尺寸，它不包括螺距误差和牙型半角误差在中径上的当量值。但是螺纹千分尺的测量头是根据牙型角和螺距的标准尺寸制造的，当被测量的外螺纹存在螺距和牙型半角误差时，测量头与被测量的外螺纹不能很好地吻合，所以测出的螺纹中径的实际尺寸误差相当显著，一般误差为 0.05～0.20 mm，因此螺纹千分尺只能用于工序间测量或对粗糙级的螺纹工件测量，而不能用来测量螺纹切削工具和螺纹量具。

2）用单针和三针测量螺纹中径

（1）用单针量法测量螺纹中径。

单针量法用于直径较大的外螺纹工件，测量时利用已加工好的外螺纹大径作为测量基准，如图 9.10 所示，测出单针外母线与外螺纹大径间的跨距 M 值，通过计算求得螺纹中径 d_z。

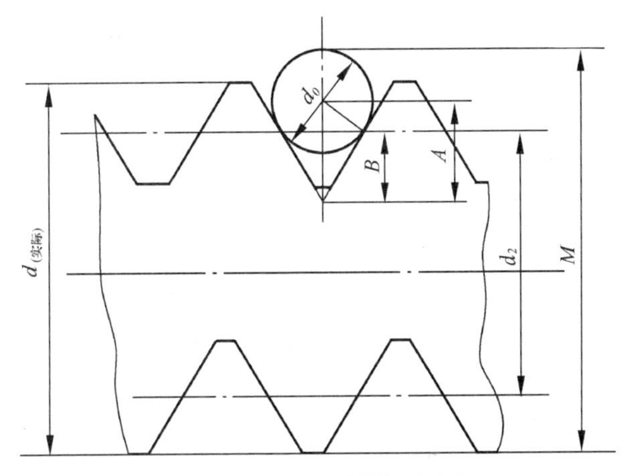

图 9.10　单针法测量螺纹中径

中径的计算如下：

$$M=\frac{d_{实际}}{2}+\frac{d_2}{2}+(A-B)+\frac{d_0}{2}$$

$$A=\frac{d_0}{2\sin\frac{\alpha}{2}},\qquad B=\frac{P}{4}\cot\frac{\alpha}{2}$$

$$M=\frac{d_{实际}}{2}+\frac{d_2}{2}+\left(\frac{d_0}{2\sin\frac{\alpha}{2}}-\frac{P}{4}\cot\frac{\alpha}{2}\right)+\frac{d_0}{2}$$

$$=\frac{d_{实际}+d_2+d_0\left(1+\frac{1}{\sin\frac{\alpha}{2}}\right)-\frac{P}{2}\cot\frac{\alpha}{2}}{2}$$

对于公制普通螺纹 $\alpha=60°$，公式化简如下：

$$M=\frac{d_{实际}+d_2+3d_0-0.886P}{2}$$

或

$$d_2=2M-d_{实际}-3d_0+0.886P$$

为了消除螺纹大径、中径的圆度误差和螺纹的偏心误差对测量结果的影响，可在 180° 方向各测一次 M 值，取算术平均值

$$M=\frac{M_1+M_2}{2}$$

式中 $d_{2实际}$——螺纹大径的实际尺寸（使用与测量 M 值精度相同的量仪测量）；

d_0——量针直径。

（2）用三针量法测量螺纹中径。

三针量法是将三根直径相同的量针，放在螺纹牙型沟槽中间（如图 9.11 所示），用接触式量仪或测微量具测出三根量针外母线之间的跨距 M，根据已知的螺距 P、牙型半角 $\frac{\alpha}{2}$ 及量针直径 d_0 的数值算出中径 d_2。

由图 9.11 可知：

$$M=d_2+2(A-B)+d_0$$

$$A=\frac{d_0}{2\sin\frac{\alpha}{2}}\quad B=\frac{P}{4}\cot\frac{\alpha}{2}$$

$$M=d_2+2\left(\frac{d_0}{2\sin\frac{\alpha}{2}}-\frac{P}{4}\cot\frac{\alpha}{2}\right)+d_0$$

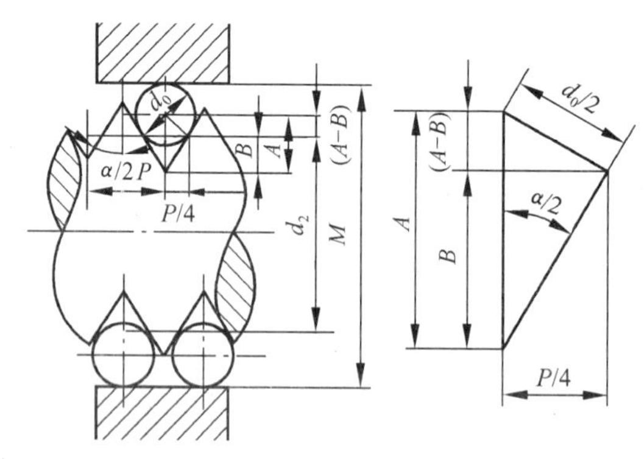

图 9.11　三针法测量螺纹中径

或者

$$d_2=M-d_0\left(1+\frac{1}{2\sin\frac{\alpha}{2}}\right)+\frac{P}{4}\cot\frac{\alpha}{2}$$

对于公制普通螺纹 $\alpha=60°$，则：

$$d_2 = M - 3d_0 + 0.886P$$

从上述公式可知，用三针量法的测量精度，除与所选量仪的示值误差和量针本身的误差有关外，还与被检螺纹的螺距误差和牙型半角误差有关。

为了消除牙型半角误差对测量结果的影响，应选最佳量针 $d_{0(最佳)}$，使它与螺纹牙型侧面的接触点恰好在中径线上，如图 9.12 所示。

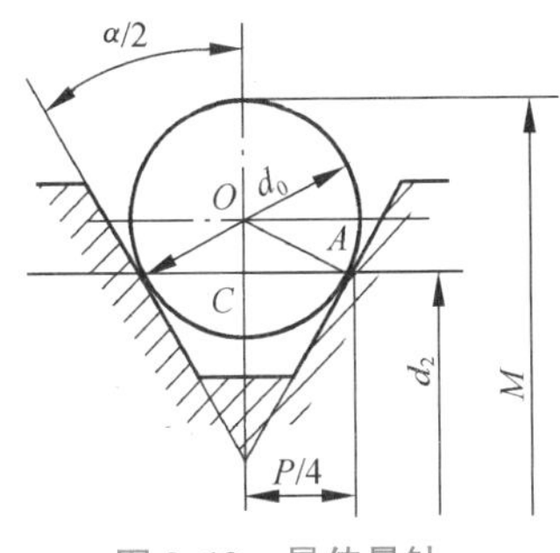

图 9.12　最佳量针

$$\angle CAO = \frac{\alpha}{2}, \quad AC = \frac{P}{4}, \quad OA = \frac{d_{0(最佳)}}{2}$$

$$\cos\frac{\alpha}{2} = \frac{AC}{OA} = \frac{P}{2d_{0(最佳)}}$$

$$d_{0(最佳)} = \frac{P}{2\cos\frac{\alpha}{2}} = \frac{P}{\sqrt{3}}$$

从上式可以看出，若对每一种螺距给以相应的最佳量针的直径，这样，量针的种类将增加到二十多种，这是该量法不足之处。但是可计算出螺纹的单一中径，且计算公式可以简化成下式：

$$d_{2单一} = M - 1.5d_{0(最佳)}$$

三针的精度分为两个等级，即 0 级与 1 级两种：0 级三针主要用来测量螺纹中径公差在 4 至 8 μm 的螺纹工件；1 级量针用来测量螺纹中径公差在 8 μm 以上的螺纹工件。

三针量法的测量精度比目前常用的其他方法的测量精度要高，且在生产条件下，应用也较方便。

3）用工具显微镜测量螺纹各参数

工具显微镜是一种以影像法作为测量基础的精密光学仪器，加上测刀后也能以轴切法来进行更精确的测量。它既可以测量精密螺纹的基本参数（大径、中径、小径、螺距、牙型半角），也可以测量轮廓复杂的样板、成形刀具、冲模以及其他各种零件的长度、角度、半径等，因此在工厂的计量室和车间中应用普遍。

工具显微镜有万能、大型、小型三种，图 9.13 所示是大型工具显微镜的外观图。

在大型工具显微镜上，回转工作台 16 可沿底座 23 上的导轨在两个互相垂直方向上移动，测微螺杆 17 和 19 分别用来移动和读出纵向和横向移动的距离，测微计测量范围为 0～25 mm，分度值为 0.01 mm。为了扩大测量范围，在滑板 1 和 20 与测微螺杆之间加上不同尺寸的量块，其最大移动距离，纵向增大至 150 mm，横向增大至 50 mm。

旋转手轮 18 可使工作台在水平面内旋转 360°，转过的角度可由工作台的圆周刻度及固定游标读出，游标的分度值为 3′。在圆工作台中央装有透明载物台 15（一般用厚的平玻璃做成），被测螺纹可直接安置在台面上进行测量。

旋转手柄 6 使悬臂 7 沿支臂 5 上下移动，进行显微镜的粗调焦距，精调焦距可旋动旋钮 12，通过一套多头螺纹传动来完成。借助手轮 14 可使支臂绕轴心左右倾斜，倾斜角度可由螺旋读数套 13 读出，倾斜角度范围为±12°。

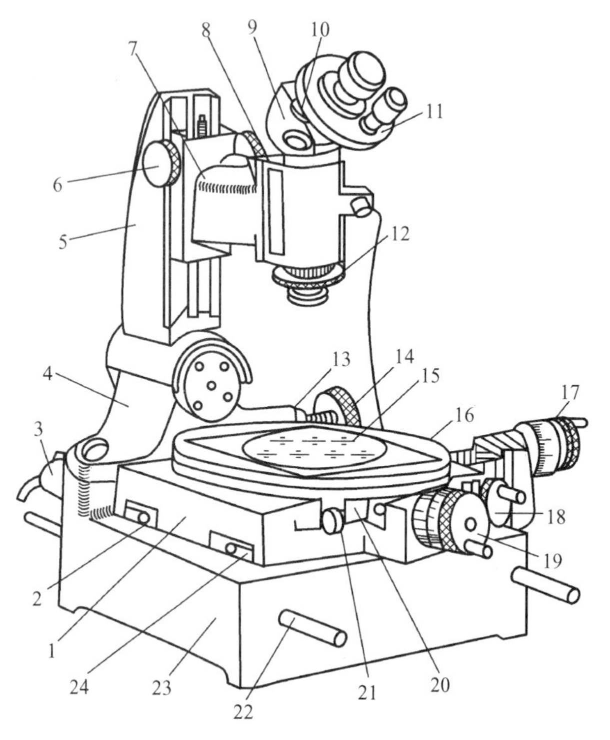

图 9.13　大型工具显微镜

1—滑板；2—移动导轨；3—玻璃刻度盘；4—支座；5—支臂；6—旋转手柄；7—悬臂；8—物镜管座；9—棱镜座；10—反射镜；11—测角目镜；12—旋动旋钮；13—螺旋读数套；14—手轮；15—载物台；16—回转工作台；17—测微螺杆；18—旋转手轮；19—测微螺杆；20—滑板；21—调节螺栓；22—圆柱；23—底座；24—固定导轨

物镜管座 8 以螺纹旋入悬臂中，物镜共有四支，其放大倍率分别是 1x、1.5x、3x、5x，根据不同放大倍率选用后直接插在物镜管座内，管座上端没有棱镜座 9，内装正像棱镜，11 为测角目镜，其放大倍率为 10x，则总的放大倍率分别为 10x、15x、30x、50x。

图 9.14 为大型工具显微镜的光学系统示意图。

由光源 13 发出的光线通过滤光片 12 和可变光阑 11 后射向反射镜 10，入射光线经反射镜后垂直向上，并经聚光镜 9 形成远心光束来照亮透明载物台 8 上的被测工件 7。最后射入显微镜系统（6 为物镜、5 为正像棱镜、4 为反射镜、3 是装在目镜头里的具有交叉刻线和角度刻线的可以转动的玻璃刻度盘），然后从目镜 2 和 1 射出。这样，通过目镜不仅可以看到被测工件的阴影轮廓，而且还可以看到交叉刻线，通过角度目镜 2 可以看到刻在玻璃刻度盘上的角度刻线，其分度值是 1°，另外还看到游标分划板，其分度值是 1′。

根据不同测量要求，可选用螺纹轮廓目镜或测角目镜。螺纹轮廓目镜用于测量角度及轮廓外形的角度偏差。测角目镜用于角度、螺纹及坐标的测量。

图 9.15（a）所示为测角目镜的外形图，图中 1 为平面反射镜，将光线反射到角度目镜 5 中，4 为中央目镜，3 为玻璃刻度盘，旋钮 2 可使玻璃刻度盘转动，角度目镜中的读数也随着变化，玻璃刻度盘转动前后两次读数之差就是玻璃刻度盘所转过的角度。6 为分度值为 1′的固定游标分划板。

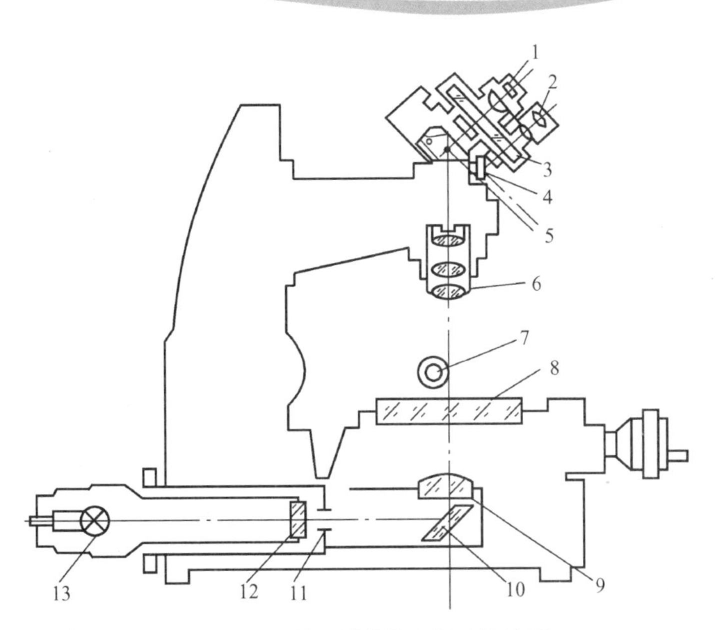

图 9.14　工具显微镜的光学系统简图

1—目镜；2—目镜；3—玻璃刻度盘；4—反射镜；5—正像棱镜；6—物镜；7—被测工件；8—载物台；9—聚光镜；10—反射镜；11—光阑；12—滤光片；13—光源

图 9.15（b）为测角目镜结构图。目镜分划板与玻璃刻度盘同时转动，分划板有下列刻线：一个十字线；与十字线纵线平行，对称分布四条刻线；两条相交 60°的斜线与上述刻线成 30°交角；在玻璃刻度盘的边缘有 0°～360°的刻度，通过读数显微镜的固定游标分划板，可读到分度值为 1′的精度。

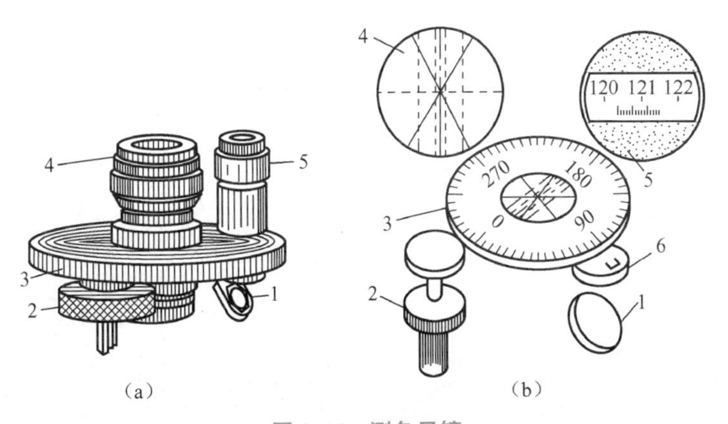

图 9.15　测角目镜

(a) 1—平面反射镜；2—旋钮；3—玻璃刻度盘；4—中央目镜；5—角度目镜；

(b) 1—平面反射镜；2—旋钮；3—玻璃刻度盘；4—中央目镜；5—角度目镜；6—固定游标分划板

下面介绍在大型工具显微镜上用测角目镜对螺纹各个单项参数进行测量。文中简述螺纹中径的测量，重点介绍螺纹单一中径的测量。

用影响法测量螺纹单一中径时，先将被测螺纹装在顶针上调准焦距，按仪器说明书所提供的光阑孔径选定表的规定调整好光阑，再把中央目镜倾斜一个螺纹升角 φ。其计算公

式如下：

$$\tan\varphi = \frac{nP}{\pi d_2}$$

式中　n——螺纹头数。

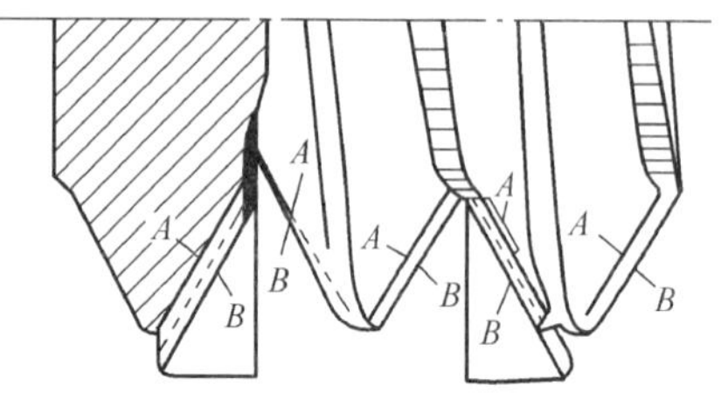

图 9.16　螺纹螺旋面投射的影像

这是由于投射到显微镜中的螺纹轮廓不是通过螺纹轴线剖面的轮廓。这个现象可用图 9.16 来说明。

图中 A 表示通过螺纹轴线剖面的螺纹轮廓；B 表示由于螺纹系一螺旋面投射到显微镜中的影像。显然，测量时以 B 代表 A，则存在测量误差，为了避免这种误差，可将支臂 5（图 9.13 中）倾斜一个螺纹升角 φ，但不能完全消除此影响。对于需要精确测量螺纹单一中径时，可用球形量头仿三针量法进行测量。

如前所述，螺纹单一中径是在螺纹牙型沟槽等于基本螺距一半的地方的直径。测量时先移动显微镜和被测螺纹，使被测牙型的影像进入视场，将目镜米字线中两条相交 60°的斜线之一与调整清晰的牙型影像边缘相压，而目镜米字线的交点对准牙型影像边缘上某一点（如图 9.17 中 1 的位置），不使工作台有横向移动，记下纵向测微计读数。再将纵向滑板移动到螺纹牙型沟槽的另一侧的相应点与相交 60°的另一斜线相压（如图 9.17 中 2 的位置），记下第二次纵向测微计读数，两次的读数差即螺纹牙型沟槽实际宽度。若此宽度不等于基本螺距一半，则稍微使横向滑板横向移动，然后按上述程序测出沟槽宽度，如此反复找正，直到该牙型沟槽宽度等于基本螺距一半时为止。此时，记下横向测微计读数，得第一个横向数值 α_1 或 α_2。

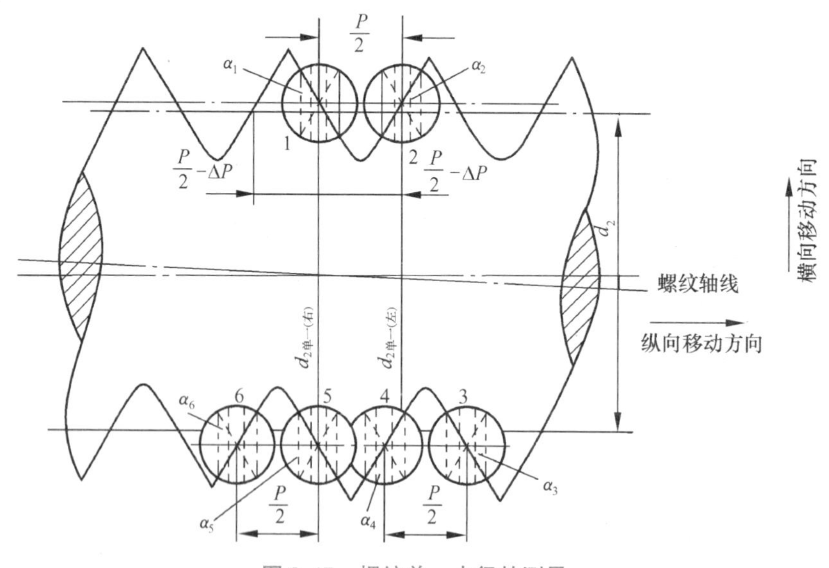

图 9.17　螺纹单一中径的测量

将支臂反向旋转到离中心位置一个螺纹升角，移动横向滑板列相对的另一边，依照上述方法，找到牙型沟槽宽度等于基本螺距一半处，记下第一次横向测微计读数，得第二个横向

数值 α_3 或 α_4。

两次横向数值之差，即为螺纹单一中径。

$$d_{2单一(左)} = \alpha_4 - \alpha_2$$

为了减少安装时螺纹轴线方向与横向滑板轴线不垂直所引起的误差，按图示如上述方法，再测得第三个横向数值 α_5 或 α_6，与第一个横向数值之差，即为：

$$d_{2单一(右)} = \alpha_5 - \alpha_1$$

最后取算术平均值，即为所测螺纹的单一中径 $d_{2单一}$。用式子表示为：

$$d_{2单一} = \frac{d_{2单一(左)} - d_{2单一(右)}}{2}$$

当工具显微镜上如备有球形测量头时，则可采用圆球接触测量螺纹单一中径。

球形测量头的外形尺寸如图 9.18 所示。

使用球形量头时，其球径按下式选择。对于公制普通螺纹：

$$d_{0(最佳)} = \frac{P}{\sqrt{3}}$$

测量螺纹单一中径时，将选择好的球形量头的球形部位直接放置在螺纹牙型沟槽中，使与螺纹牙型两侧面的接触点恰好通过中径线，然后测出 N 值。测量方法如图 9.19 所示。

关于 N 值的求法，根据三针量法中用最佳量针时的公式减去 $2d_{0(最佳)}$ 即可。

对于公制普通螺纹，化简后得：

$$N = d_{2单一} + \frac{3}{2}d_{0(最佳)} - 2d_{0(最佳)}$$

则

$$d_{2单一} = N + \frac{d_{0(最佳)}}{2}$$

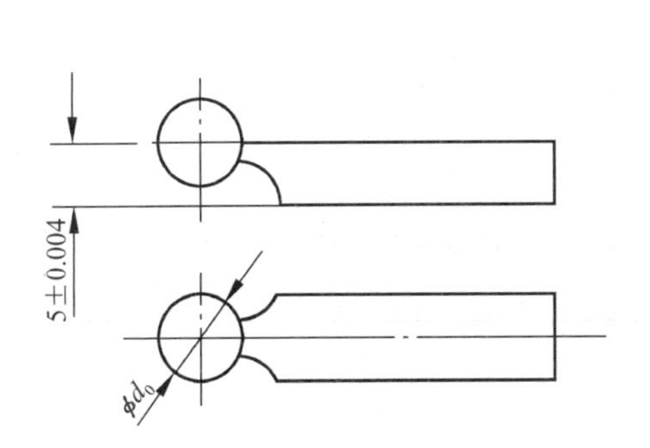

图 9.18　球形量头

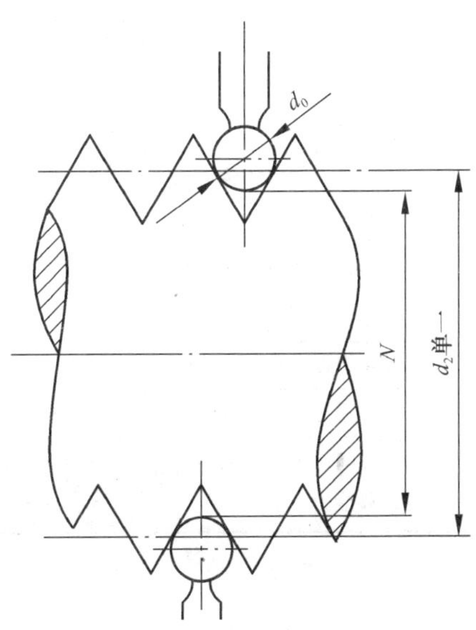

图 9.19　用球形量头测量螺纹单一中径

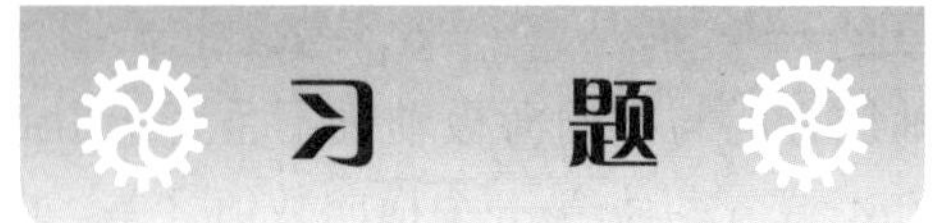

习　题

1. 有一螺栓 M30×2-6h，其单一中径 $d_{2单一}=28.329$ mm，螺距误差 $\Delta P_{\Sigma}=+35$ μm，牙型半角误差：$\Delta\frac{\alpha}{2}$（左）$=-30'$，$\Delta\frac{\alpha}{2}$（右）$=+65'$，试判断该螺栓的合格性？

2. 查表确定 M36-5g6g 外螺纹中径、大径的基本偏差和公差。

3. 查表确定 M24-6H/6g 内、外螺纹的中径、小径和大径的极限偏差；计算内、外螺纹的中径、小径和大径的极限尺寸；绘出内、外螺纹的公差带图。

4. 同一精度等级的螺纹，为什么旋合长度不同，中径公差等级也不同？

5. 螺纹的综合检验与单项测量分别使用什么条件？

6. 螺纹塞规和环规的通端与止端的牙型及长度有何不同？为什么？

7. 解释下列螺纹标注的含义：

M24×2-5H6H-L；　M24×2-4H5H；　M20-7g6g-S；　M30-6H/6g；

M6×0.75-5h6h-S-LH；　M16×Ph3P1.5（two starts）

【学习评价】

评价项目		分值	自评分
知识目标	了解普通螺纹的使用要求	10	
	掌握普通螺纹的基本几何参数的定义、查表和计算	10	
	理解普通螺纹主要几何参数对互换性的影响，作用中径的概念和中径合格性判断原则	10	
	掌握国家标准有关普通螺纹公差等级和基本偏差的规定	10	
能力目标	学会普通螺纹的基本几何参数的 查表和计算	8	
	掌握普通螺纹公差与配合的选用和正确标注	8	
	使用螺纹千分尺检测螺纹中径	8	
	用三针法检测螺纹中径	8	
	使用万能工具显微镜检测螺纹参数	8	
素养目标	严格遵守实验室规则，讲卫生，爱护仪器设备，养成严谨的工作作风	10	
	引导学生充分利用“资源”，善于“借势”、扬长避短，提高自身的可塑性和可迁移能力	10	

模块十
键和花键的配合与测量

【学习目标】

知识目标

1. 掌握平键连接及矩形花键连接的公差与配合；
2. 掌握平键连接及矩形花键连接的形位公差要求和标注；
3. 掌握平键连接及矩形花键连接的表面粗糙度的选用与标注；
4. 了解平键与矩形花键连接采用的基准制和检测方法。

能力目标

1. 掌握车间条件下，使用量块和百分表检测键槽对称度；
2. 使用三坐标测量机检测键槽对称度。

素养目标

1. 培养学生能正确面对困难、压力与挫折，具有积极进取、乐观向上和健康平和的心态；
2. 培养学生勇于探索，大胆实践，努力掌握新知识、新技术和新标准。

课程思政案例九

键连接在机械工程中应用广泛，通常用于轴与轴上零件的连接，用以传递扭矩，并可起到导向作用，如变速箱中的齿轮可以沿花键轴移动以达到变速的目的。

键的类型可分为单键和花键。单键包括平键、半圆键、楔键和切向键。其中，以平键和半圆键应用最多，如图 10.1 所示。

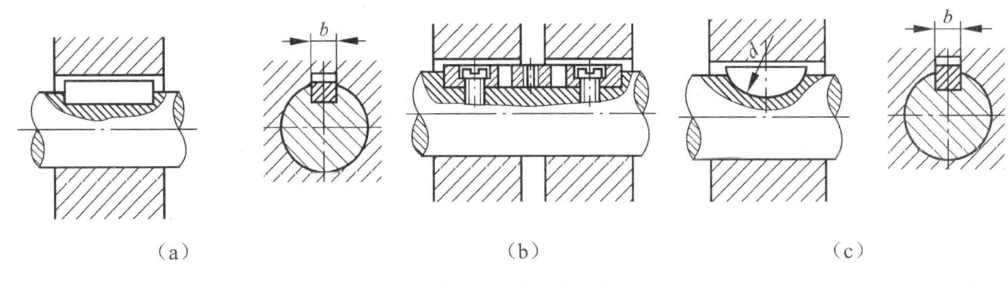

图 10.1　平键和半圆键连接

(a) 普通平键；(b) 导向平键；(c) 半圆键

学习单元一　单键连接

平键对中性好，可用于较高精度的连接，具有制造、装拆简便、成本低廉等优点。

这里只介绍平键的公差配合（GB/T 1095～1099—2003）。平键连接是由键、轴槽和轮毂三部分组成，其结合尺寸有键宽、槽宽、键高、槽深、键和槽长等参数。工作过程中是通过键的侧面和键槽的侧面相互接触来传递扭矩的，因此它们的宽度尺寸 b 是主要配合尺寸。

平键的剖面尺寸及键槽形式在国标 GB/T 1095～1099—2003 中都作了规定。平键的剖面尺寸如图 10.2 所示。

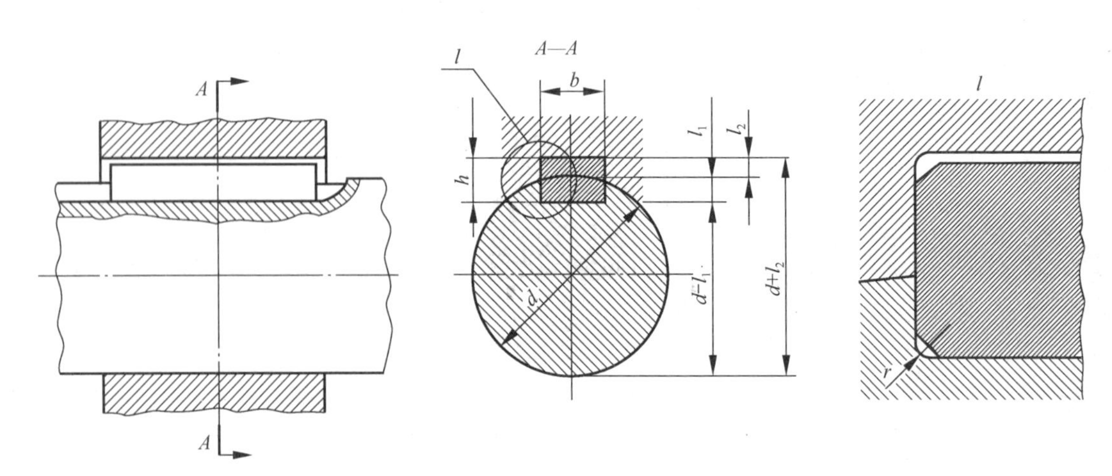

图 10.2　平键和键槽尺寸

1. 平键的公差与配合

平键连接采用基轴制，平键连接的配合分为三类：松连接、正常连接和紧密连接。各类连接的配合性质和适用场合如表 10.1 所示。

表 10.1　键连接的配合种类

键的类型	配合种类	尺寸 b 的公差带			配合性质及应用
		键	键槽	轮毂槽	
平键	松连接	h8	H9	D10	键在轴上或轮毂中能滑动。主要用于导向平键、滑键，轮毂可在轴上作轴向移动
	正常连接		N9	Js9	键在轴上和轮毂中固定。用于载荷不大的场合
	紧密连接		P9	P9	键在轴上和轮毂中固定。用于传递重载、冲击载荷或双向转矩

普通平键根据其两端形状又有 A 型（两端圆）、B 型（两端平）、C 型（一端圆、一端平）之分，如图 10.3 所示。

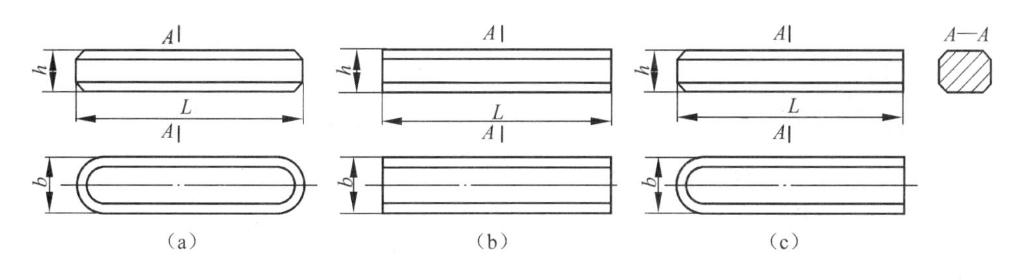

图 10.3　普通平键

(a) 普通 A 型平键；(b) 普通 B 型平键；(c) 普通 C 型平键

平键连接中，平键及键槽剖面尺寸和公差见表 10.2 和表 10.3，其他非配合尺寸的公差见表 10.4，表中各参数见图 10.2。

键槽的几何公差主要是指键槽的实际中心平面对基准轴线的对称度公差。键槽的对称度误差使键与键槽间不能保证面接触，致使传递扭矩时键工作表面负荷不均匀，从而影响键连接的配合性质。同时对称度误差还会影响键连接的自由装配。

为了保证键连接正常工作，国家标准对键和键槽的几何公差作出以下规定：

(1) 对称度公差等级按 GB/T 1184—1996《形状和位置公差》选取（以键宽 b 为主参数），一般取 7～9 级。

(2) 对长键（$L/b \geqslant 8$），规定键的两工作侧面在长度方向上的平行度，平行度公差也按 GB/T 1184—1996 选取：当 $b \leqslant 6$ mm 时取 7 级，$b \geqslant 8 \sim 36$ mm 时取 6 级，$b \geqslant 40$ mm 时取 5 级。

表 10.2　平键、键及键槽剖面尺寸和键槽公差（摘录）　mm

<table>
<tr><th>轴</th><th>键</th><th colspan="12">键槽轮毂槽</th></tr>
<tr><th rowspan="4">轴的直径
(d)</th><th rowspan="4">键尺寸
(b×h)</th><th colspan="6">宽度（b）</th><th colspan="4">深度</th><th rowspan="3" colspan="2">半径（r）</th></tr>
<tr><th rowspan="3">基本尺寸
(b)</th><th colspan="5">偏差</th><th rowspan="2" colspan="2">轴 l_1</th><th rowspan="2" colspan="2">毂 l_2</th></tr>
<tr><th colspan="2">松连接</th><th colspan="2">正常连接</th><th>紧密连接</th></tr>
<tr><th>轴 H9</th><th>毂 D10</th><th>轴 N9</th><th>毂 Js9</th><th>轴和毂 P9</th><th>基本尺寸</th><th>极限偏差</th><th>基本尺寸</th><th>极限偏差</th><th>min</th><th>max</th></tr>
<tr><td>自 6～8</td><td>2×2</td><td>2</td><td rowspan="2">+0. 025
0</td><td rowspan="2">+0. 060
+0. 020</td><td rowspan="2">−0. 004
−0. 029</td><td rowspan="2">±0. 012 5</td><td rowspan="2">−0. 006
−0. 031</td><td>1. 2</td><td rowspan="5">+0. 1
0</td><td>1</td><td rowspan="5">+0. 1
0</td><td rowspan="3">0. 08</td><td rowspan="3">0. 16</td></tr>
<tr><td>>8～10</td><td>3×3</td><td>3</td><td>1. 8</td><td>1. 4</td></tr>
<tr><td>>10～12</td><td>4×4</td><td>4</td><td rowspan="3">+0. 030
0</td><td rowspan="3">+0. 078
+0. 030</td><td rowspan="3">0
−0. 030</td><td rowspan="3">±0. 015</td><td rowspan="3">−0. 012
−0. 042</td><td>2. 5</td><td>1. 8</td></tr>
<tr><td>>12～17</td><td>5×5</td><td>5</td><td>3. 0</td><td>2. 3</td><td rowspan="3">0. 16</td><td rowspan="3">0. 25</td></tr>
<tr><td>>17～22</td><td>6×6</td><td>6</td><td>3. 5</td><td>2. 8</td></tr>
<tr><td>>22～30</td><td>8×7</td><td>8</td><td rowspan="2">+0. 036
0</td><td rowspan="2">+0. 098
+0. 040</td><td rowspan="2">0
−0. 036</td><td rowspan="2">±0. 018</td><td rowspan="2">−0. 015
−0. 051</td><td>4. 0</td><td rowspan="8">+0. 2
0</td><td>3. 3</td><td rowspan="8">+0. 2
0</td></tr>
<tr><td>>30～38</td><td>10×8</td><td>10</td><td>5. 0</td><td>3. 3</td><td rowspan="4">0. 25</td><td rowspan="4">0. 40</td></tr>
<tr><td>>38～44</td><td>12×8</td><td>12</td><td rowspan="4">+0. 043
0</td><td rowspan="4">+0. 120
+0. 050</td><td rowspan="4">0
−0. 043</td><td rowspan="4">±0. 026</td><td rowspan="4">−0. 018
−0. 061</td><td>5. 0</td><td>3. 3</td></tr>
<tr><td>>44～50</td><td>14×9</td><td>14</td><td>5. 5</td><td>3. 8</td></tr>
<tr><td>>50～58</td><td>16×10</td><td>16</td><td>6. 0</td><td>4. 3</td></tr>
<tr><td>>58～65</td><td>18×11</td><td>18</td><td>7. 0</td><td>4. 4</td><td rowspan="3">0. 40</td><td rowspan="3">0. 60</td></tr>
<tr><td>>65～75</td><td>20×12</td><td>20</td><td rowspan="2">+0. 052
0</td><td rowspan="2">+0. 149
+0. 065</td><td rowspan="2">0
−0. 052</td><td rowspan="2">±0. 031</td><td rowspan="2">−0. 022
−0. 074</td><td>7. 5</td><td>4. 9</td></tr>
<tr><td>>75～85</td><td>22×14</td><td>22</td><td>9. 0</td><td>5. 4</td></tr>
<tr><td>>85～95</td><td>25×14</td><td>25</td><td rowspan="2">+0. 052
0</td><td rowspan="2">+0. 149
+0. 065</td><td rowspan="2">0
−0. 052</td><td rowspan="2">±0. 031</td><td rowspan="2">−0. 022
−0. 074</td><td>9. 0</td><td rowspan="3">+0. 2
0</td><td>5. 4</td><td rowspan="3">+0. 2
0</td><td rowspan="3">0. 40</td><td rowspan="3">0. 60</td></tr>
<tr><td>>95～110</td><td>28×16</td><td>28</td><td>10. 0</td><td>6. 4</td></tr>
<tr><td>>110～130</td><td>32×18</td><td>32</td><td rowspan="4">+0. 062
0</td><td rowspan="4">+0. 180
+0. 080</td><td rowspan="4">0
−0. 062</td><td rowspan="4">±0. 037</td><td rowspan="4">−0. 026
−0. 088</td><td>11. 0</td><td>7. 4</td></tr>
<tr><td>>130～150</td><td>36×20</td><td>36</td><td>12. 0</td><td rowspan="3">+0. 3
0</td><td>8. 4</td><td rowspan="3">+0. 3
0</td><td rowspan="3">0. 70</td><td rowspan="3">1. 0</td></tr>
<tr><td>>150～170</td><td>40×22</td><td>40</td><td>13. 0</td><td>9. 4</td></tr>
<tr><td>>170～200</td><td>45×25</td><td>45</td><td>15. 0</td><td>10. 4</td></tr>
</table>

表 10.3　平键公差（摘录）　mm

<table>
<tr><td rowspan="2">b</td><td>基本尺寸</td><td>8</td><td>10</td><td>12</td><td>14</td><td>16</td><td>18</td><td>20</td><td>22</td><td>25</td><td>28</td></tr>
<tr><td>极限偏差
(h8)</td><td colspan="2">0
−0. 022</td><td colspan="4">0
−0. 027</td><td colspan="4">0
−0. 033</td></tr>
<tr><td rowspan="2">h</td><td>基本尺寸</td><td>7</td><td>8</td><td>8</td><td>9</td><td>10</td><td>11</td><td>12</td><td>14</td><td colspan="2">16</td></tr>
<tr><td>极限偏差
(h11)</td><td colspan="5">0
−0. 090</td><td colspan="5">0
−0. 110</td></tr>
</table>

表 10.4　键连接中非配合尺寸的公差带

非配合尺寸	键高（*h*）	键长（*L*）	轴槽长
公差带	h11	h14	H14

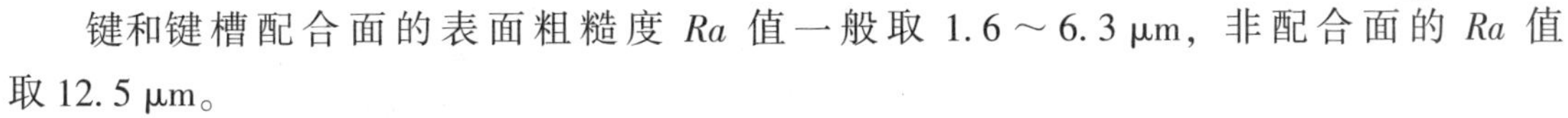

键和键槽配合面的表面粗糙度 *Ra* 值一般取 1.6～6.3 μm，非配合面的 *Ra* 值取 12.5 μm。

键槽尺寸和几何公差图样标注如图 10.4 所示。

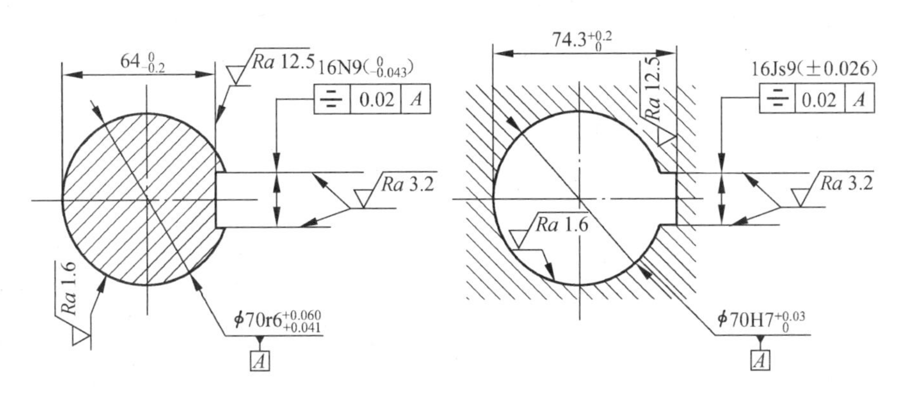

图 10.4　平键的键槽尺寸和公差标注示例

2. 键的检验

键和键槽的尺寸检验比较简单，可以用各种通用计量器具测量，如游标卡尺、千分尺等。大批量生产时也可以用专用的极限量规来检验，如图 10.5 所示。

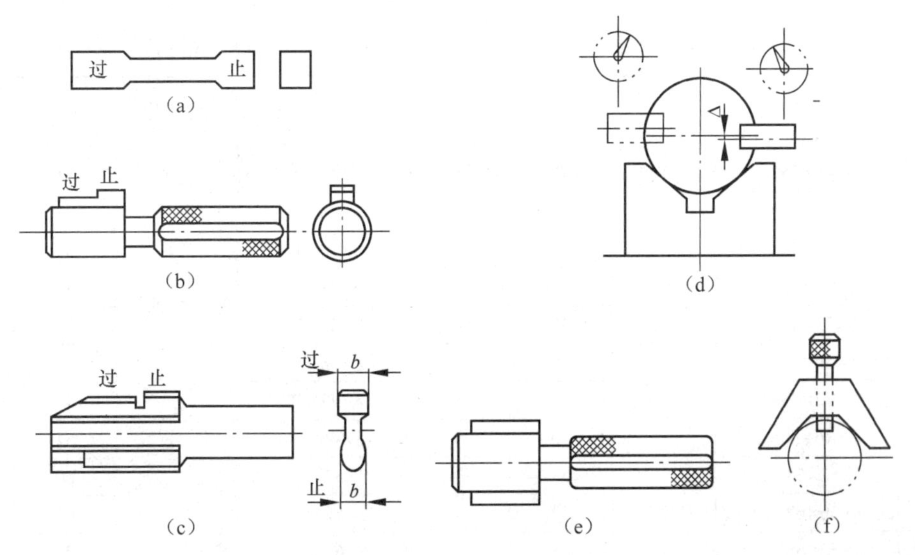

图 10.5　检验键槽的量规

(a) 检验键槽宽 *b* 用的极限量规；(b) 检验轮毂槽深 $D+t_1$ 用的极限量规；
(c) 检验轮毂槽宽和深度的键槽复合量规；(d) 轴槽对称度及歪斜度的测量；
(e) 检验轮毂槽对称度的量规；(f) 检验轴槽对称度的量规

键槽对称度检测

学习单元二　花键连接

花键是将键与轴制成一个整体，与单键连接相比，具有许多优点：定心精度高、导向性好、承载能力强等。花键按截面形状可分为矩形花键、渐开线花键、三角形花键，其中以矩形花键应用最广泛，这里仅介绍矩形花键。

矩形花键有三个主要尺寸，即大径 D、小径 d 和键（槽）宽 B，如图 10.6 所示。

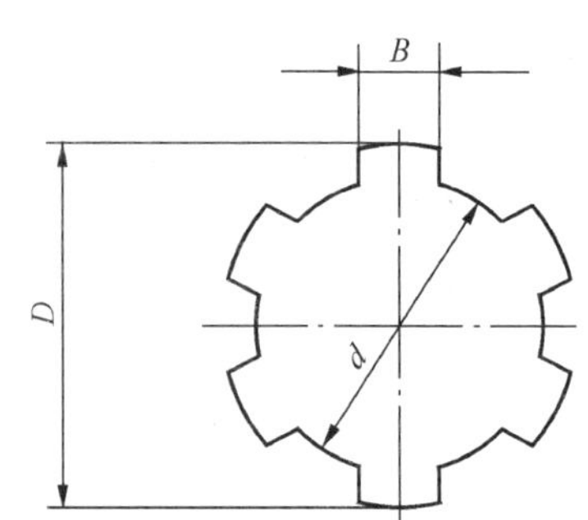

图 10.6　矩形内、外花键的基本尺寸

1）尺寸系列

矩形花键尺寸共分轻、中两个系列。键数规定为 6 键、8 键、10 键三种。轻、中两个系列的键数是相等的，对于同一小径两个系列的键宽（或槽宽）尺寸也是相等的，不同的是中系列的大径比轻系列的大，所以中系列配合时的接触面积大，承载能力高。

矩形花键基本尺寸系列如图 10.6 和表 10.5 所示。

表 10.5　矩形花键基本尺寸系列（摘自 GB/T 1144—2001）　mm

小径（d）	轻系列				中系列			
	规格（$N×b×D×B$）	键数（N）	大径（D）	键宽（B）	规格（$N×b×D×B$）	键数（N）	大径（D）	键宽（B）
23	6×23×26×6	6	26	6	6×23×28×6	6	28	6
26	6×26×30×6		30		6×26×32×6		32	
28	6×28×32×7		32	7	6×28×34×7		34	7
32	6×32×36×6		36	6	8×32×38×6	8	38	6
36	8×36×40×7	8	40	7	8×36×42×7		42	7
42	8×42×46×8		46	8	8×42×48×8		48	8
46	8×46×50×9		50	9	8×46×54×9		54	9
52	8×52×58×10		58	10	8×52×60×10		60	10
56	8×56×62×10		62		8×56×65×10		65	
62	8×62×68×12		68	12	8×62×72×12		72	12
72	10×72×78×12	10	78		10×72×82×12	10	82	
82	10×82×88×12		88		10×82×92×12		92	
92	10×92×98×14		98	14	10×92×102×14		102	14
102	10×102×108×16		108	16	10×102×112×16		112	16
112	10×112×120×18		120	18	10×112×125×18		125	18

矩形花键键槽截面形状和尺寸如图 10.7 和表 10.6 所示。

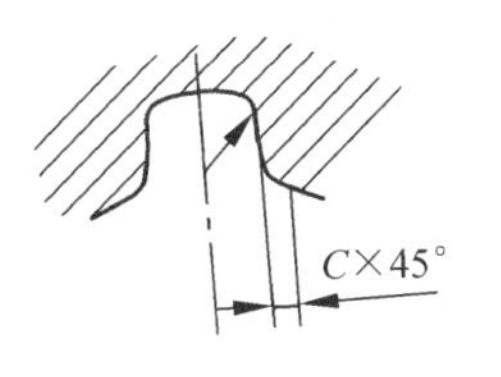

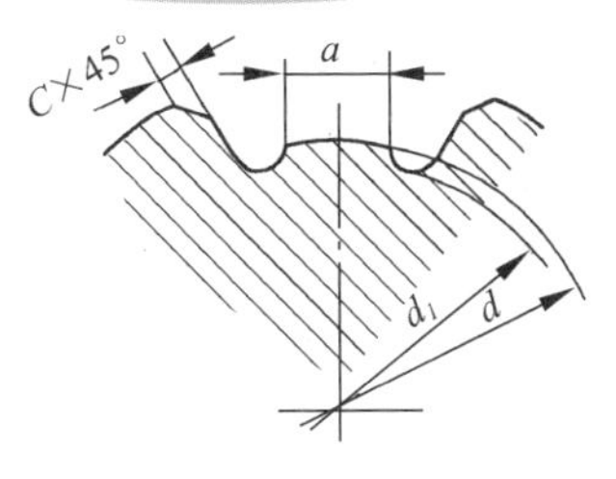

图 10.7　矩形花键键槽截面尺寸

表 10.6　键槽的截面尺寸　　mm

<table>
<tr><th rowspan="3">小径
d</th><th colspan="5">轻系列</th><th colspan="5">中系列</th></tr>
<tr><th rowspan="2">规格
N×d×D×B</th><th rowspan="2">C</th><th rowspan="2">r</th><th colspan="2">参考</th><th rowspan="2">规格
N×d×D×B</th><th rowspan="2">C</th><th rowspan="2">r</th><th colspan="2">参考</th></tr>
<tr><th>$d_{1\min}$</th><th>$\alpha_{\min}$</th><th>$d_{1\min}$</th><th>$\alpha_{\min}$</th></tr>
<tr><td>18</td><td rowspan="2"></td><td rowspan="2"></td><td rowspan="2"></td><td rowspan="2"></td><td rowspan="2"></td><td>6×18×22×5</td><td rowspan="3">0.3</td><td rowspan="3">0.2</td><td>16.6</td><td>1.0</td></tr>
<tr><td>21</td><td>6×21×25×5</td><td>19.5</td><td>2.0</td></tr>
<tr><td>23</td><td>6×23×26×6</td><td>0.2</td><td>0.1</td><td>22</td><td>3.5</td><td>6×23×28×6</td><td>21.2</td><td>1.2</td></tr>
<tr><td>26</td><td>6×26×30×6</td><td rowspan="6">0.3</td><td rowspan="6">0.2</td><td>24.5</td><td>3.8</td><td>6×26×32×6</td><td rowspan="5">0.4</td><td rowspan="5">0.3</td><td>23.6</td><td>1.2</td></tr>
<tr><td>28</td><td>6×28×32×7</td><td>26.6</td><td>4.0</td><td>6×28×34×7</td><td>25.8</td><td>1.4</td></tr>
<tr><td>32</td><td>8×32×36×7</td><td>30.3</td><td>2.7</td><td>8×32×38×6</td><td>29.4</td><td>1.0</td></tr>
<tr><td>36</td><td>8×36×40×7</td><td>34.4</td><td>3.5</td><td>8×36×42×7</td><td>33.4</td><td>1.0</td></tr>
<tr><td>42</td><td>8×42×46×8</td><td>40.5</td><td>5.0</td><td>8×42×48×8</td><td>39.4</td><td>2.5</td></tr>
<tr><td>46</td><td>8×46×50×9</td><td>44.6</td><td>5.7</td><td>8×46×54×9</td><td rowspan="3">0.5</td><td rowspan="3">0.4</td><td>42.6</td><td>1.4</td></tr>
<tr><td>52</td><td>8×52×58×10</td><td rowspan="7">0.4</td><td rowspan="7">0.3</td><td>49.6</td><td>4.8</td><td>8×52×60×10</td><td>48.6</td><td>2.5</td></tr>
<tr><td>56</td><td>8×56×62×10</td><td>53.5</td><td>6.5</td><td>8×56×65×10</td><td>52.0</td><td>2.5</td></tr>
<tr><td>62</td><td>8×62×68×12</td><td>59.7</td><td>7.3</td><td>8×62×72×12</td><td rowspan="5">0.6</td><td rowspan="5">0.5</td><td>57.7</td><td>2.4</td></tr>
<tr><td>72</td><td>10×72×78×12</td><td>69.6</td><td>5.4</td><td>10×72×82×12</td><td>67.4</td><td>1.0</td></tr>
<tr><td>82</td><td>10×82×88×12</td><td>79.3</td><td>8.5</td><td>10×82×92×12</td><td>77.0</td><td>2.9</td></tr>
<tr><td>92</td><td>10×92×98×14</td><td>89.6</td><td>9.9</td><td>10×92×102×14</td><td>87.3</td><td>4.5</td></tr>
<tr><td>102</td><td>10×102×108×16</td><td>99.6</td><td>11.3</td><td>10×102×112×16</td><td>97.7</td><td>6.2</td></tr>
</table>

2）定心方式

花键连接的主要要求是保证花键孔和花键轴连接后具有较高的同轴度，并传递转矩。花键配合中三个主要尺寸都可以起定心作用，所以在老标准中三个尺寸都可选为定心尺寸，但比较复杂。因此在新标准中统一规定用小径 d 定心，如图 10.8 所示，减少了定心种类。对定心直径 d 采用较高的公差等级；非定心直径 D 采用较低的公差等级，并且非定心直径表面之间留有较大的间隙，以保证它们不接触。为要保证传递扭矩和起导向的作用，键（槽）宽 B 的尺寸应具有足够的

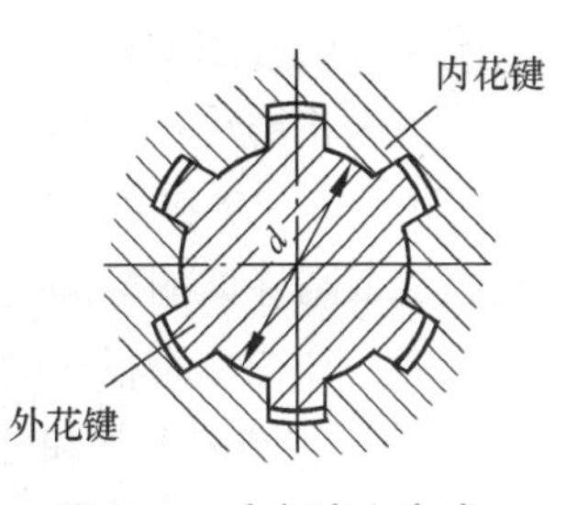

图 10.8　小径定心方式

精度。另外，经热处理后的内、外花键其小径可分别采用内圆磨及成型磨进行精加工，从而获得较高的加工精度和定心精度。

在某些行业中，也有采用键宽 B 定心的。它用于承载较大、传递双向扭拒，但对定心精度要求不高的场合。

3）公差与配合

（1）花键的尺寸公差与配合。

以小径定心的矩形花键，其小径 d、大径 D 和键宽 B 的尺寸公差带见表10.7。内、外花键定心小径、非定心大径和键（键槽）宽的尺寸公差带分为一般用和精密传动用两类。内、外花键的配合分为滑动、紧滑动和固定三种。

选择花键尺寸公差带的一般原则是：当定心精度要求高，传递扭矩大时，为了使连接的各表面接触均匀，应选择精密传动用的尺寸公差带。反之，则选用一般用的尺寸公差带。

表10.7　内、外花键尺寸公差带

<table>
<tr><th colspan="4">内花键</th><th colspan="3">外花键</th><th rowspan="3">装配型式</th></tr>
<tr><th rowspan="2">小径 d</th><th rowspan="2">大径 D</th><th colspan="2">键槽宽 B</th><th rowspan="2">小径 d</th><th rowspan="2">大径 D</th><th rowspan="2">键宽 B</th></tr>
<tr><th>拉削后不热处理</th><th>拉削后热处理</th></tr>
<tr><td colspan="8">一般用</td></tr>
<tr><td rowspan="3">H7</td><td rowspan="3">H10</td><td rowspan="3">H9</td><td rowspan="3">H11</td><td>f7</td><td rowspan="3">a11</td><td>d11</td><td>滑动</td></tr>
<tr><td>g7</td><td>f9</td><td>紧滑动</td></tr>
<tr><td>h7</td><td>h10</td><td>固定</td></tr>
<tr><td colspan="8">精密传动用</td></tr>
<tr><td rowspan="3">H5</td><td rowspan="6">H10</td><td colspan="2" rowspan="6">H7、H9</td><td>f5</td><td rowspan="6">a11</td><td>d8</td><td>滑动</td></tr>
<tr><td>g5</td><td>f7</td><td>紧滑动</td></tr>
<tr><td>h5</td><td>h8</td><td>固定</td></tr>
<tr><td rowspan="3">H6</td><td>f6</td><td>d8</td><td>滑动</td></tr>
<tr><td>g6</td><td>f7</td><td>紧滑动</td></tr>
<tr><td>h6</td><td>h8</td><td>固定</td></tr>
</table>

当精密传动用的内花键需要控制键侧配合间隙时，键槽宽的公差带可以选用H7（一般情况下可以选用H9）。

当内花键小径 d 的公差带选用H6和H7时，外花键小径的公差带允许选用高一级。

尺寸 d、D 和 B 的精度等级选择好之后，具体的数值可以根据尺寸的大小及精度等级查阅第2章圆柱体的标准公差数值表以及轴和孔的基本偏差数值表。

内、外花键小径 d 的极限尺寸遵循包容原则。

（2）花键的形状和位置公差。

花键除上述尺寸公差外，还有几何公差的要求。在大批大量生产条件下，为了便于采用综合量规进行检验，花键的几何公差主要是控制键（键槽）的位置度误差（包括等分度误

差和对称度误差）和键侧对轴线的平行度误差。

位置度公差按图 10.9 和表 10.8 确定。

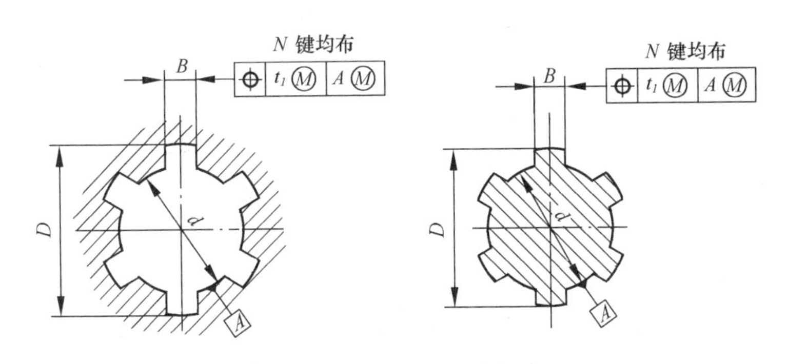

图 10.9　花键位置公差标注

表 10.8　花键位置度公差　mm

键槽宽或键宽 B		3	3.5～6	7～10	12～18
		t_1			
键槽宽		0.010	0.015	0.020	0.025
键宽	滑动、固定	0.010	0.015	0.020	0.025
	紧滑动	0.008	0.010	0.013	0.016

对较长的花键，还需要控制键侧对轴线的平行度误差，其数值标准中未作规定，可以根据产品性能在设计时自行规定。

对单件、小批量生产的花键，一般不采用综合量规进行检验，可以检验键宽的对称度误差和键槽的等分度误差代替检验位置度误差。具体规定参考图 10.10 和表 10.9。

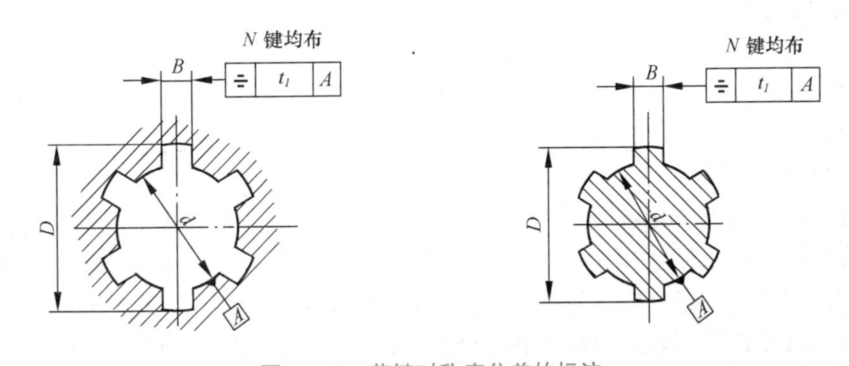

图 10.10　花键对称度公差的标注

表 10.9　花键的对称度公差和等分度公差（二者同值）　mm

键槽宽或键宽 B	3	3.5～6	7～10	12～18
	t_2			
一般用	0.010	0.012	0.015	0.018
精密传动用	0.006	0.008	0.009	0.011

花键小径、大径和键侧的表面粗糙度数值可以参考表10.10。

表10.10 花键表面粗糙度

加工表面	内花键	外花键
	Ra不大于（μm）	
小径	1.6	0.8
大径	6.3	3.2
键侧	6.3	1.6

4）花键的标注

矩形花键在图纸上的标注包括以下项目：键数 N×小径 d×大径 D×键宽 B，其各自的公差带代号和精度等级标注于各基本尺寸之后，标准号在最后面，如图10.11所示。

例10.1 某花键副 $N=6$，$d=23\dfrac{H7}{f6}$，$D=26\dfrac{H10}{a11}$，$B=6\dfrac{H11}{d10}$。根据不同需要各种标注如下：

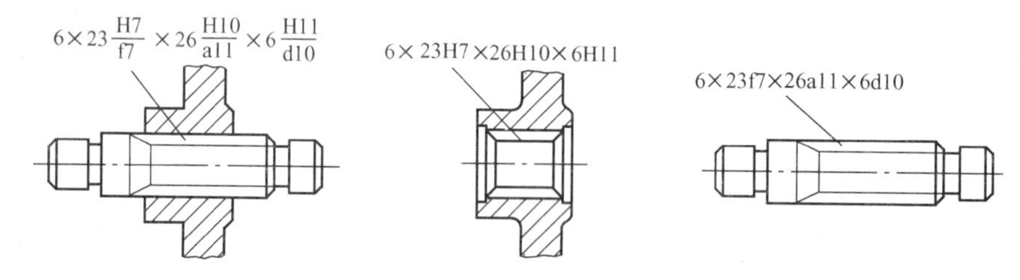

图10.11 矩形花键参数的标注

花键规格：6×23×26×6

花键副：$6\times23\dfrac{H7}{f6}\times26\dfrac{H10}{a11}\times6\dfrac{H11}{d10}$ GB/T 1144—2001

内花键：6×23H7×26H10×6H11 GB/T 1144—2001

外花键：6×23f6×26a11×6d10 GB/T 1144—2001

5）矩形花键的检验

矩形花键的检验方法是根据不同的生产规模而确定的。在单件小批量生产中，没有现成的量规可以使用，可采用通用量具按独立原则分别对各尺寸（d、D 和 B）进行单项检验，并检测键宽的对称度、键（键槽）的等分度等形位误差项目。

对于大批量生产，一般采用量规进行检验（内花键用综合塞规见图10.12（a）、外花键用综合环规见图10.12（b））按包容原则综合检测花键的小径 d、大径 D 及键（键槽）宽 B 的作用尺寸，即包括上述位置度（等分度、对称度在内）和同轴度等形位误差。综合量规只有通端，故另需要用单项规（内花键用塞规、外花键用卡板）分别检测尺寸 d、D 和 B 的最小实体尺寸。

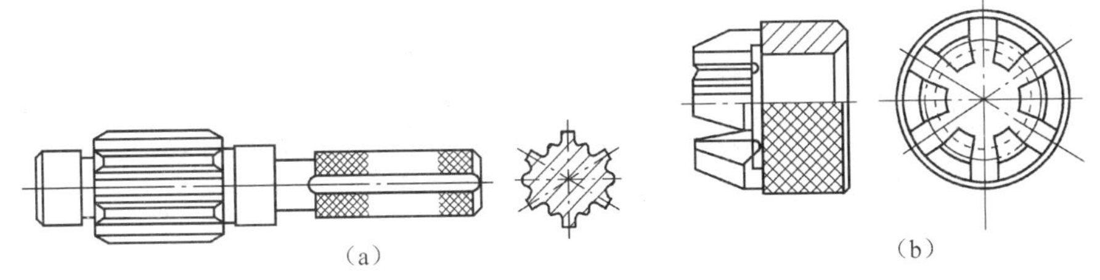

图 10.12　花键综合量规

(a) 内花键用综合塞规；(b) 外花键用综合环规

检测时，合格的标志是综合量规能通过、单项量规不能通过。

综合通规在使用过程中会有磨损，为了使它具有合理的使用寿命，允许综合通规的尺寸在使用中超出制造公差带（磨损会使量规尺寸产生变化），直到磨损至规定的磨损极限时才停止使用。

习　题

1. 键连接的特点是什么？主要使用在哪些场合？
2. 轮毂槽的配合分为哪几类？如何选择？
3. 某传动轴与带轮采用普通平键连接，配合类型选用一般连接，轴径为50 mm。试确定键的尺寸，并确定键、轴槽及轮毂槽宽和高的公差值，画出尺寸公差带图。
4. 为什么矩形花键只规定小径定心一种定心方式？其优点何在？
5. 矩形内、外花键除规定尺寸公差外，还规定哪些位置公差？
6. 矩形花键连接在装配图上的标注为：$6\times23\dfrac{H7}{g7}\times26\dfrac{H10}{a11}\times6\dfrac{H11}{f9}$，该花键副属于哪种系列？确定内、外花键的小径、大径、键槽宽的极限偏差和位置度公差，并指出各自应遵循的原则。
7. 试说明花键综合量规的作用。

【学习评价】

评　价　项　目		分值	自评分
知识目标	掌握平键连接及矩形花键连接的公差与配合	15	
	掌握平键连接及矩形花键连接的形位公差要求和标注	15	
	掌握平键连接及矩形花键连接的表面粗糙度的选用与标注	15	
	了解平键与矩形花键连接采用的基准制和检测方法	15	
能力目标	掌握车间条件下，使用量块和百分表检测键槽对称度	15	
	使用三坐标测量机检测键槽对称度	15	

续表

评 价 项 目		分值	自评分
素养目标	培养学生能正确面对困难、压力与挫折，具有积极进取、乐观向上和健康平和的心态	10	
	培养学生勇于探索，大胆实践，努力掌握新知识、新技术和新标准	10	

模块十一

圆柱齿轮传动的公差与测量

【学习目标】

知识目标

1. 了解齿轮传动的四项基本要求；

2. 理解齿轮传动评定指标，这些指标是针对齿轮传动哪方面的要求制定的；

3. 了解齿轮副的精度要求；

4. 了解齿坯的精度要求。

能力目标

1. 掌握齿轮单项误差的检测方法；

2. 熟悉齿轮精度设计的全过程，并正确标注在齿轮工作图上；

3. 使用精密检测仪器检测齿轮精度。

素养目标

1. 培养团队协作，相互帮助，树立强烈的集体荣誉感；

2. 培养吃苦耐劳、严谨细致、专注负责的工作态度，精雕细琢、精益求精的工作理念；

3. 增强自信心，提高对职业的认同感、责任感、荣誉感和使命感。

课程思政案例十

学习单元一　圆柱齿轮传动的要求

在机械产品中，齿轮传动的应用是极为广泛的。凡有齿轮传动的机器或仪器，其工作性能、承载能力、使用寿命及工作精度等都与齿轮本身的制造精度有密切关系。

随着生产和科学的发展，要求机械产品在降低自身重量的前提下，传递的功率越来越大，转速也越来越高，有些机械则对工作精度的要求越来越高，从而对齿轮传动的精度提出了更高的要求。因此，研究齿轮误差对使用性能的影响，探讨提高齿轮加工和测量精度的途径，并制订出相应的精度标准，具有重要的意义。

各种机械上所用的齿轮，对齿轮传动的要求因用途的不同而异，但归纳起来有以下四项：

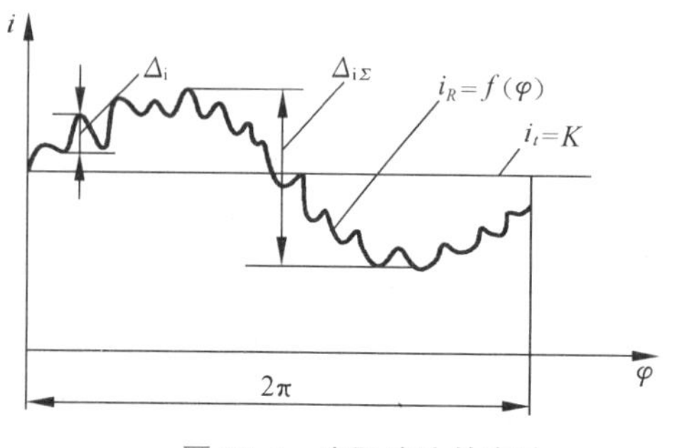

图 11.1　实际速比的变动

1. 传递运动准确性

齿轮在一转范围内实际速比 i_R 相对于理论速比 i_l 的变动量 $\Delta_{i\Sigma}$ 应限制在允许的范围内，以保证从动轮与主动轮运动协调一致（图 11.1）。

2. 传动平稳性

要求齿轮在一齿范围内其瞬时速比的变动量 Δ_i 限制在允许范围内，以减小齿轮传动中的冲击、振动和噪声。

3. 载荷分布均匀性

要求齿轮啮合时齿面接触良好，以免载荷分布不均引起应力集中，造成局部磨损，影响齿轮使用寿命。

4. 合理的齿轮副侧隙

要求齿轮啮合时非工作齿面间应有一定间隙（图 11.2），用于储存润滑油，补偿受力后的弹性变形、受热后的膨胀，以及制造和安装中的误差，以保证在传动中不致出现卡死和烧伤。

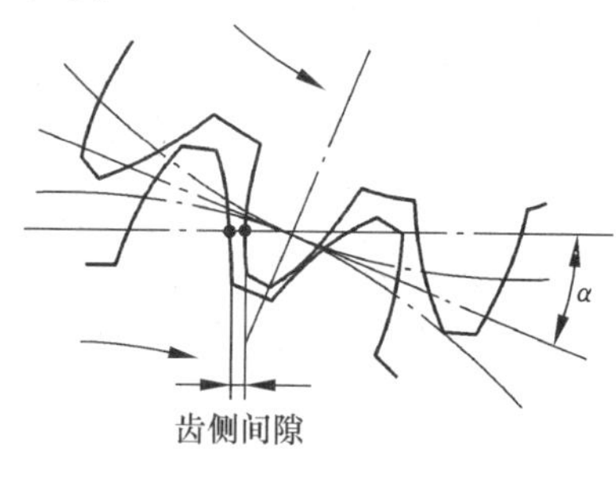

图 11.2　齿侧间隙

在生产实际中，对齿轮传动的四项使用要求，根据齿轮的不同工作条件，可以有不同的要求。

学习单元二　齿轮加工误差的主要来源及其特性

齿轮加工通常采用范成法加工，即用滚刀或插齿刀在滚齿机、插齿机上与齿坯作啮合滚

切运动，加工出渐开线齿轮。高精度齿轮还需进珩磨齿、剃齿等精加工工序。

滚切齿轮加工的误差主要来源于机床—刀具—工件系统的周期性误差，图 11.3 所示为滚切加工齿轮时的情况，主要有以下几种误差。

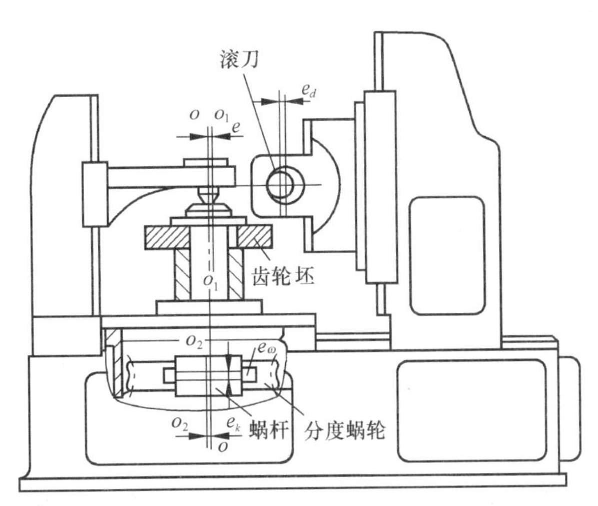

图 11.3 滚切齿轮

(1) 齿坯孔与机床心轴有安装偏心 e 时如图 11.4（a）所示，则加工出来的齿轮如图 11.4（b）所示，以孔中心 o 定位进行测量时，在齿轮一转内产生齿圈径向周期跳动误差。

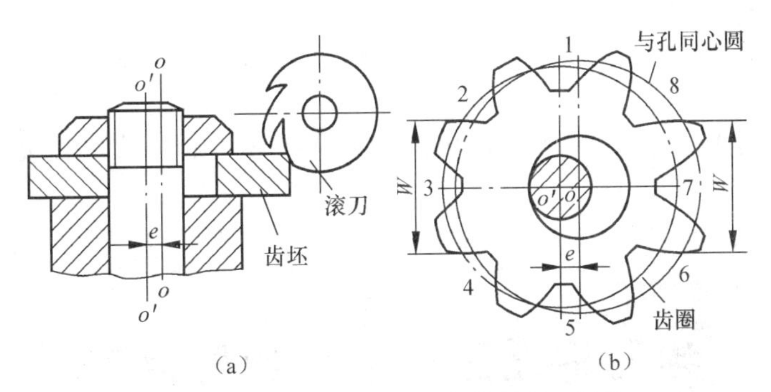

图 11.4 齿坯安装偏心引起齿轮加工误差

(a) 齿坯安装偏心；(b) 齿轮偏心

同时，齿距和齿厚也产生周期性变化。

(2) 机床分度蜗轮轴线与工作台中心线有安装偏心 e_k 时（图 11.5（a）），则加工齿坯时，蜗轮蜗杆中心距周期性地变化，相当于蜗轮的节圆半径在变化，而蜗杆的线速度是恒定不变的，则在蜗轮（齿坯）一转内，蜗轮转速必然呈周期性变化（图 11.5（b））。当角速度 ω 增加到 $\omega+\Delta\omega$ 时，切齿提前使齿距和公法线都变长，当角速度由 ω 减少到 $\omega-\Delta\omega$ 时，切齿滞后使齿距和公法线都变短，使齿轮产生切向周期性变化的误差。

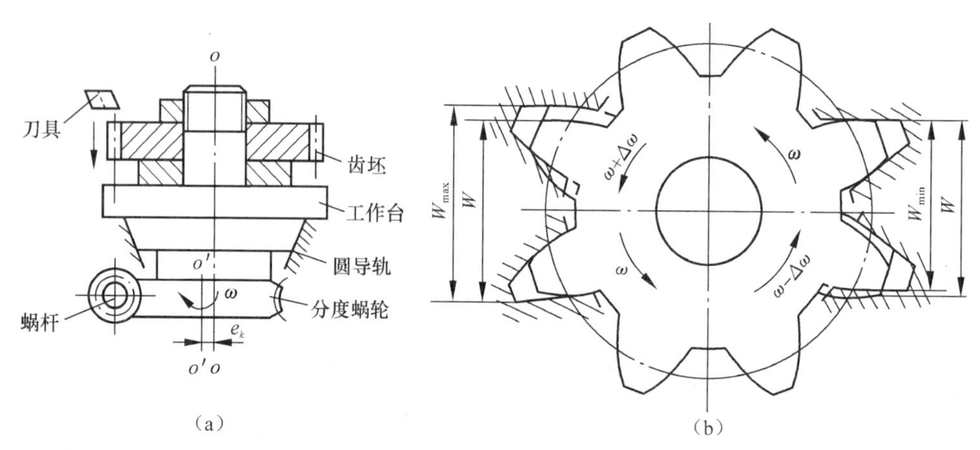

图 11.5 蜗轮安装偏心引起齿轮切向误差

(a) 蜗轮安装偏心；(b) 切出齿轮形状

以上两种偏心引起的误差以齿坯转一转为一周期，称为长周期误差。

(3) 机床分度蜗杆有安装偏心 e_w 和轴向窜动，使蜗轮（齿坯）转速不均匀，加工出的齿轮有齿距偏差和齿形误差。如蜗杆为单头，蜗轮有 n 齿，则在蜗轮（齿坯）一转中产生 n 次误差。

(4) 滚刀有偏心 e_d、轴线倾斜及轴向窜动使加工出的齿轮径向和轴向都产生误差。如滚刀单头，齿轮 z 齿，则在齿坯一转中产生 z 次误差。

(5) 滚刀本身的基节、齿形等制造误差也会复映到被加工齿轮的每一齿上，产生基节偏差和齿形误差。

以上 (3)、(4)、(5) 三项所产生的误差在齿坯一转中多次重复出现，称为短周期误差。

学习单元三 齿轮精度评定

1. 齿轮精度评定指标

上述多种因素引起多项齿轮误差，为了保证齿轮能够满足使用要求进行正常工作，应给出多项相应公差加以控制。

GB 10095—1988 是按照 4 项使用要求，将前 3 项单个齿轮误差分为Ⅰ、Ⅱ、Ⅲ组，给出 3 组公差加以限制，同时给出保证第 4 项齿轮副啮合合理侧隙的公差。

GB/T 10095.1～2—2008 参照国际新标准作了如下改动：

(1) 不再分为 3 个公差组，而是分为轮齿同侧齿面偏差、径向偏差和径向跳动 3 个方面；

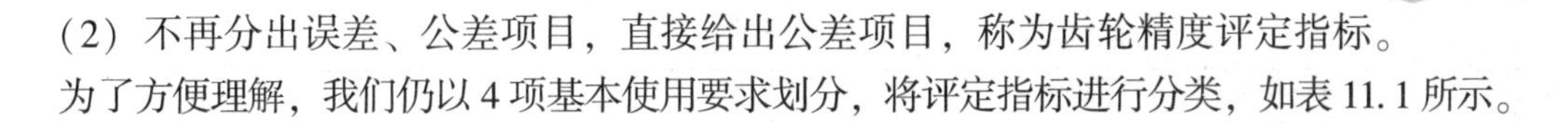

（2）不再分出误差、公差项目，直接给出公差项目，称为齿轮精度评定指标。

为了方便理解，我们仍以 4 项基本使用要求划分，将评定指标进行分类，如表 11.1 所示。

表 11.1　齿轮精度评定指标（按 4 项基本要求划分）

序号	齿轮工作要求	主要影响因素	齿轮精度评定指标
Ⅰ	传递运动准确性	齿距分布不均匀（径向误差，切向误差）	切向综合总偏差 F_i' 径向综合总偏差 F_i'' 轮廓总偏差 F_a 径向跳动 F_r 齿距累积总偏差 F_p 齿距累积偏差 F_{pk}（偏重局部控制） 公法线长度变动 F_w
Ⅱ	运动平稳性	齿形轮廓的变形（齿形误差、齿距误差、基节误差）	一齿切向综合偏差 f_i' 一齿径向综合偏差 f_i'' 轮廓形状偏差 f_{fa} 轮廓偏斜偏差 f_{Ha} 单个齿距偏差 f_{pt} 基圆齿距偏差 f_{pb}
Ⅲ	载荷分布均匀性	齿形轮廓误差（沿齿高） 齿向误差（沿齿长）	轮廓总偏差 F_a 轮廓形状偏差 f_{fa} 轮廓偏斜偏差 f_{Ha} 螺旋线总偏差 F_β 螺旋线形状偏差 $f_{f\beta}$ 螺旋线倾斜偏差 $f_{H\beta}$
	侧隙合理性	中心距偏差、齿厚偏差、公法线长度变动偏差	• 单个齿轮： 齿厚偏差 f_{sn} 公法线长度偏差 E_{Wm} • 齿轮副： 接触斑点 轴线平面内的轴线平行度误差 $f_{\Sigma\delta}$ 垂直平面上的轴线平行度误差 $f_{\Sigma\beta}$ 中心距偏差 Δf_a

为了方便查表，又将新标准按 3 个方面划分，如表 11.2 所示。

表 11.2　齿轮精度评定指标（按3个方面划分）

归类	序号	偏差项目	代号	定　义	对传动的影响	检测器具
轮齿同侧齿面偏差	1	单个齿距偏差	f_{pt}	在端面上，在接近齿高中部的一个与齿轮轴线同心的圆上，实际齿距与设计齿距的代数差	影响平稳性	齿距仪或测齿仪
	2	齿距累积偏差	F_{pk}	任意 k 个齿距的实际长度与设计弧长的代数差	影响平稳性	
	3	齿距累积总偏差	F_p	齿轮同侧齿面任意弧段内的最大齿距累积偏差	影响准确性	
	4	齿廓总偏差	F_α	实际齿廓偏离设计齿廓的量，它是在端面内且垂直于渐开线齿廓的方向计值	影响平稳性	渐开线检查仪
	5	齿廓形状偏差	$f_{f\alpha}$	在计值范围内，包容实际齿廓迹线的两条与平均齿廓迹线完全相同的曲线间的距离，且两条曲线与平均齿廓迹线的距离为常数	影响平稳性	
	6	齿廓倾斜偏差	$f_{H\alpha}$	在计值范围内，两端与平均齿廓迹线相交的两条设计齿廓迹线间的距离	影响平稳性	
	7	切向综合总偏差	F_i'	被测齿轮与精确测量齿轮单面啮合时，在被测齿轮一转内，齿轮分度圆上实际圆周位移与理论圆周位移的最大差值	影响准确性平稳性	单啮仪
	8	一齿切向综合偏差	f_i'	被测齿轮与精确测量齿轮单面啮合时，在被测齿轮一个齿距角内，实际转角与设计转角之差的最大幅度值，以分度圆弧长计	影响准确性平稳性	
	9	螺旋线总偏差	F_β	在计值范围内，包容实际螺旋线的两条设计螺旋线间的距离	影响载荷分布均匀性	渐开线螺旋线检查仪
	10	螺旋线形状偏差	$f_{f\beta}$	在计值范围内，包容实际螺旋迹线的两条与平均螺旋迹线完全相同的曲线间的距离，且两条曲线与平均螺旋迹线的距离为常数	影响载荷分布均匀性	
	11	螺旋线倾斜偏差	$f_{H\beta}$	在计值范围内，两端与平均螺旋迹线相交的设计螺旋线间的距离	影响载荷分布均匀性	
径向综合偏差	12	径向综合偏差	F_i''	被测齿轮与精确测量齿轮双面啮合时，在被测齿轮一转内，双啮中心距的最大变动量	影响准确性	双面啮合仪
	13	一齿径向综合偏差	f_i''	被测齿轮与精确测量齿轮双面啮合时，在一个齿距角内双啮中心距的最大变动量	影响平稳性	双面啮合仪
径向跳动	14	径向跳动	F_r	测头（球形、圆柱形或砧形）相继置于齿槽内时，到齿轮轴线的最大和最小径向距离之差	影响准确性	齿圈径向跳动仪
侧隙评定指标	15	齿厚偏差	f_{sn}	分度圆柱面上实际齿厚与设计齿厚之差，对于标准齿轮，法向齿厚 $S_n = \pi m_n/2$	影响传动侧隙	齿厚游标卡尺
	16	公法线长度偏差	ΔE_{Wm}	齿轮一转范围内，各部分的公法线平均计值之差	影响传动侧隙	公法线千分尺

续表

归类	序号	偏差项目	代号	定　义	对传动的影响	检测器具
齿轮副评定指标	17	中心距偏差	Δf_a	实际中心距对公称中心距之差	影响齿轮副侧隙	
	18	轴线平面内的轴线平行度偏差	$f_{\Sigma\delta}$	齿轮轴线在轴线平面内的平行度偏差	影响齿轮副侧隙和载荷分布均匀性	
	19	垂直平面上的轴线平行度偏差	$f_{\Sigma\beta}$	齿轮轴线在垂直平面内的平行度偏差	影响齿轮副侧隙和载荷分布均匀性	
	20	接触斑点		装配好的齿轮副在轻微制动下运转后齿面上分布的接触擦亮痕迹	影响载荷分布均匀性	
注：侧隙评定指标和齿轮评定指标由新标准 GB/Z18620.1～4—2008 推荐。						

2. 齿轮精度等级

1）轮齿同侧齿面的精度等级

国标 GB/T 10095.1—2008 对轮齿同侧齿面的 11 项偏差规定了 13 个精度等级，即 0，1，2，…，12 级。其中，0～2 级为超精度级；3～5 级为高精度级；6～9 级为中等精度级；10～12 级为低精度级。

适用于分度圆直径 5～10 000 mm、法向模数 0.5～70 mm、齿宽 4～1 000 mm 的渐开线圆柱齿轮。

2）径向综合偏差的精度等级

国标 GB/T 10095.2—2008 对径向综合总偏差 F''_i和一齿径向综合偏差 f''_i规定了 4，5，…，12 共 9 个精度等级，其中 4 级最高、12 级最低。适用的尺寸范围：分度圆直径为 5～1 000 mm、法向模数 0.2～10 mm。

3）径向跳动的精度等级

国标 GB/T 10095.2—2008 对径向跳动 F_r 规定了 0，1，…，12 共 13 个等级，适用的尺寸范围与轮齿同侧齿面相同。

3. 精度等级的选用

选择齿轮精度等级一般采用参照法，即根据齿轮的用途、使用要求和工作条件，查阅有关参考资料，参照经过实践验证的类似产品的精度进行选用。在进行参照时应注意以下问题：

（1）掌握不同精度等级的应用范围，表 11.3 所示为一些机械或机构所常用的齿轮精度等级。

（2）根据使用要求，轮齿同侧面各项偏差的精度等级可以相同，也可以不同。

（3）径向综合总偏差 F''_i、一齿径向综合偏差 f''_i及径向跳动 F_r 的精度等级应相同，轮齿同侧面偏差的精度等级可以相同，也可以不相同。

表 11.3　一些机械或机构常用的齿轮精度等级

应用范围	精度等级	应用范围	精度等级
单啮仪、双啮仪	2～5	载重汽车	6～9
蜗轮减速器	3～5	通用减速器	6～9
金属切削机床	3～8	轧钢机	5～10
航空发动机	4～7	矿用绞车	6～10
内燃机车、电气机车	5～8	起重机	6～9
轻型汽车	5～8	拖拉机	6～10

4. 齿轮偏差的允许值（公差）

国标 GB/T 10095.1～2—2008 对单个齿轮的 14 项偏差的允许值（公差）都给出了计算公式，根据这些公式计算出的齿轮偏差允许值，经过调整后编制成表格。查表可见相关表格内容。

5. 齿轮检验项目的确定

对齿轮检验时，没有必要按 14 个偏差项目全部进行检测。

标准规定不是必检的项目有：

齿廓和螺旋线的形状偏差和倾斜偏差（$f_{f\alpha}$、$f_{H\alpha}$、$f_{f\beta}$、$f_{H\beta}$）——为了进行工艺分析或其他某些目的时才用；

切向综合偏差（F'_i、f'_i）——可以用来代替齿距偏差；

齿距累积偏差（F_{PK}）——一般高速齿轮使用；

径向综合偏差（F''_i、f''_i）与径向跳动（F_r）——这三项偏差虽然测量方便、快速，但由于反映齿轮误差的情况不够全面，只能作为辅助检验项目。

综上所述，一般情况下齿轮的检验项目为：齿廓总偏差 F_α、单个齿距偏差 f_{pt}、螺旋线总偏差 F_β。它们分别控制运动的准确性、平稳性和接触均匀性。

此外，还应检验齿厚偏差以控制齿轮副侧隙。

例 1　一直齿圆柱齿轮，$m=3$，$\alpha=20°$，$z=32$，齿宽 $b=28$ mm，齿轮精度等级为 8 级，试确定齿轮偏差项目与偏差。

解： 根据题意，选取的偏差项目为：齿廓总偏差 F_α、单个齿距偏差 f_{pt}、螺旋线总偏差 F_β 和齿圈径向跳动公差 F_r。

分度圆直径　$d=mz=3\times32=96$（mm）

由第 11.5 节表 11.6、表 11.8、表 11.9 和表 11.12 查得：

$$f_{pt}=17\ \mu\text{m},\quad F_\alpha=22\ \mu\text{m},\quad F_\beta=24\ \mu\text{m},\quad F_r=43\ \mu\text{m}$$

6. 齿轮精度的标注

在齿轮工作图上，齿轮精度的标注为 3 部分：精度等级、精度项目和国标号。

例如①：径向综合偏差和一齿径向综合偏差均为 7 级，标注为：

$$7(F''_i、f''_i)\text{GB/T 10095.2}$$

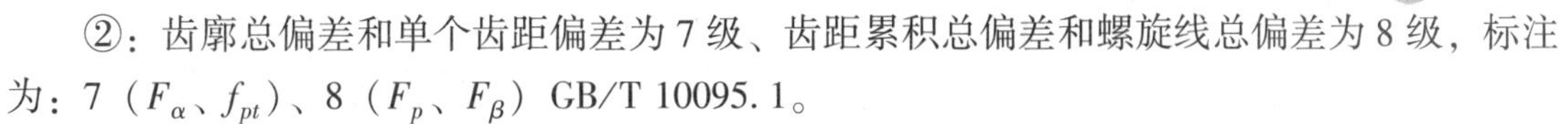

②：齿廓总偏差和单个齿距偏差为 7 级、齿距累积总偏差和螺旋线总偏差为 8 级，标注为：7（F_α、f_{pt}）、8（F_p、F_β）GB/T 10095. 1。

③：齿轮轮齿同侧齿面各项目同为一级精度等级时（如同为 7 级），可标注为：

7　GB/T 10095. 1

齿轮各检验项目及其允许值标注在齿轮工作图右上角参数表中（见图 11. 16）。

学习单元四　齿轮精度检测

1. 单个齿轮精度的检测

单个齿轮精度的检测需按确定的齿轮检验项目来进行，由于一些检验项目需用专用的检验仪器和设备，对此这里不予介绍，仅介绍在生产现场常用的检测项目：齿厚偏差、公法线长度偏差和齿圈径向跳动。

注：GB/Z 18620. 2—2008 只对齿厚偏差和公法线长度偏差作了说明，但未给出极限偏差值，故其数值仍参照 GB/T 10095—1988 进行计算，如表 11. 4、表 11. 5 所示。

表 11. 4　$m=1$ mm 时的分度圆弦齿厚 $\bar{s}^*$ 与弦齿高 $\bar{h}_a^*$

齿数	齿厚 $\bar{s}^*$	齿高 $\bar{h}_a^*$	齿数	齿厚 $\bar{s}^*$	齿高 $\bar{h}_a^*$
20	1. 569 2	1. 030 8	46	1. 057 05	1. 013 4
21	1. 569 3	1. 029 4	47		1. 013 1
22	1. 569 5	1. 028 0	48		1. 012 8
23	1. 569 6	1. 026 8	49		1. 012 6
24	1. 569 7	1. 025 7	50		1. 012 3
30	1. 570 1	1. 020 6	51		1. 012 1
31		1. 019 9	52	1. 570 6	1. 011 9
32	1. 570 2	1. 019 3	53		1. 011 6
33		1. 018 7	54		1. 011 4
34		1. 018 1	55		1. 011 2
35	1. 570 3	1. 017 6	56		1. 011 0
36		1. 017 1	57		1. 010 8
37		1. 016 7	58		1. 010 6
38		1. 016 2	59		1. 010 5
39	1. 570 4	1. 015 8	60		1. 010 3
40		1. 015 4			
41		1. 015 0			
42		1. 014 7			
43	1. 570 5	1. 014 3			
44		1. 014 0			
45		1. 013 7			

表 11.5　齿轮公法线平均长度偏差 ΔE_{Wm}

分度圆直径/mm		精度等级				
大于	到	5	6	7	8	9
—	125	12	20	28	40	50
125	400	16	25	36	50	71
400	800	20	32	45	63	90

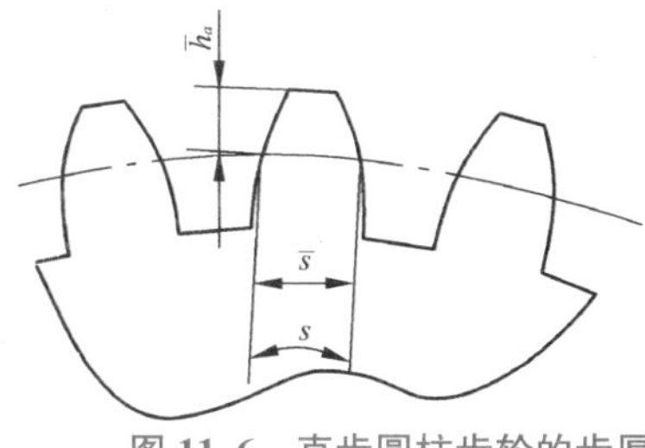
图 11.6　直齿圆柱齿轮的齿厚

1）齿厚偏差的检测

按照定义，齿厚 s 以分度圆弧长 $\widehat{S}$ 计值，但弧长不便于测量，而测量分度圆弦齿厚 $\bar{s}$ 就很方便，故在生产中常以测量弦齿厚 $\bar{s}$ 来代替测量齿厚 s，如图 11.6 所示。

齿厚偏差检测

测量齿厚时，必须先确定分度圆上弦齿高 $\bar{h}_a$。分度圆上弦齿高 $\bar{h}_a$ 可由表 11.4 来确定。

由表 11.4 可查出 $m=1$ mm 时的分度圆弦齿厚 $\bar{s}^*$ 与弦齿高 $\bar{h}_a^*$，通过公式 $\bar{s}=m\times\bar{s}^*$，$\bar{h}_a=m\times\bar{h}_a^*$ 可计算出任意模数齿轮的分度圆弦齿厚 $\bar{s}^*$ 与弦齿高 $\bar{h}_a^*$。

由齿轮的模数和精度等级确定齿轮的齿厚偏差（E_{sns}、E_{sni}）。

测量时如图 11.7 所示，用齿厚游标卡尺中竖直游标卡尺定好弦齿高 $\bar{h}_a^*$，然后将齿厚游标卡尺置于被测齿轮上，使其竖直游标卡尺的高度尺与齿顶相接触。移动水平游标卡尺的卡脚，使卡脚与齿廓接触，从水平游标卡尺上读出弦齿厚的实际值。逐个齿测量，取其中最大值作为弦齿厚的实际值，与事先确定的齿轮齿厚偏差$\pm f_{sn}$进行比较。若实测值在齿厚偏差$\pm f_{sn}$范围内即判为合格；否则为不合格。

2）齿轮公法线检测

从齿轮零件图中，可得齿轮公法线平均长度偏差 ΔE_{Wm} 和跨测齿数 k，也可从表 11.5 中查出齿轮公法线平均长度偏差 ΔE_{Wm}。

用公法线千分尺跨 k 个齿测量公法线长度如图 11.8 所示，测量出整个齿轮中公法线长度的最大值与最小值，求出最大值与最小值之差。将差值与齿轮零件图中要求的 ΔE_{Wm} 值进行比较，若差值小于 ΔE_{Wm} 值即为合格；否则为不合格。

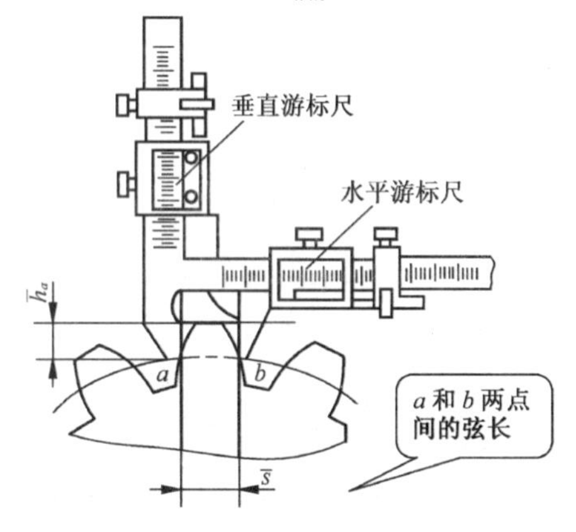

图 11.7　用齿厚游标卡尺测量齿轮分度圆弦齿厚

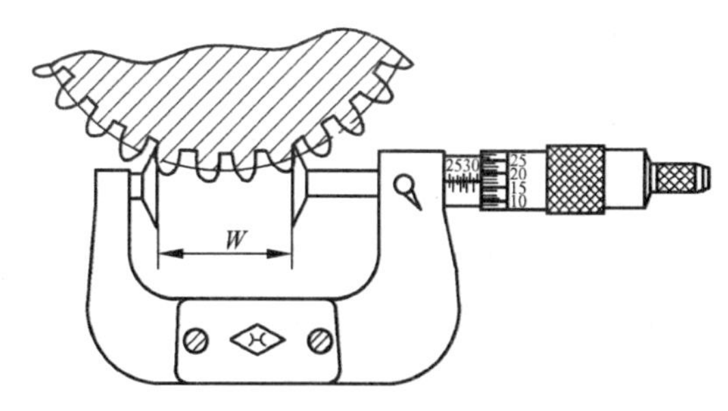

图 11.8　用公法线千分尺测量公法线长度

3）齿圈径向跳动

ΔF_r 是指在齿轮一转中测头在齿槽内或轮齿上的齿高中部与齿廓双面接触，测头相对于齿轮轴线的最大变动量，如图 11.9 所示。

齿圈径向跳动

ΔF_r 主要反映由于齿坯偏心造成的齿轮径向长周期误差。

测量方法可采用 40°的锥形测头卡入齿槽进行测量，此球的大小应保证球面在测量时高于齿顶圆以便于测量。如球测头与齿廓在分度圆附近接触，其直径可用下式近似求出：

$$d_{球}=\frac{\pi m}{2\cos\alpha},\quad \alpha=20^\circ$$

则 $d_{球}\approx 1.68\ \mathrm{m}$，$m$ 为被测齿轮模数。

在工厂中也常用圆柱棒代替球测头，如图 11.10 所示在偏摆检查仪上测量 ΔF_r，圆柱直径也可用上 $d_{球}$ 式近似求出。

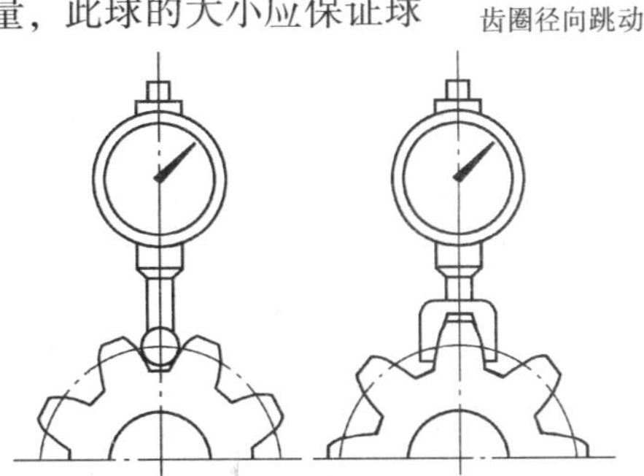

图 11.9　齿圈径向跳动 ΔF_r

2. 齿轮副精度检测

1）齿轮副的切向综合误差 $\Delta F'_{ic}$ 与齿轮副的一齿切向综合误差 $\Delta f'_{ic}$

齿轮副的切向综合误差 $\Delta F'_{ic}$ 是指装配好的齿轮副，在啮合转动足够多的转数内，一个齿轮相对另一个齿轮的实际转角与公称转角之差的最大幅度值，以分度圆弧长计值。

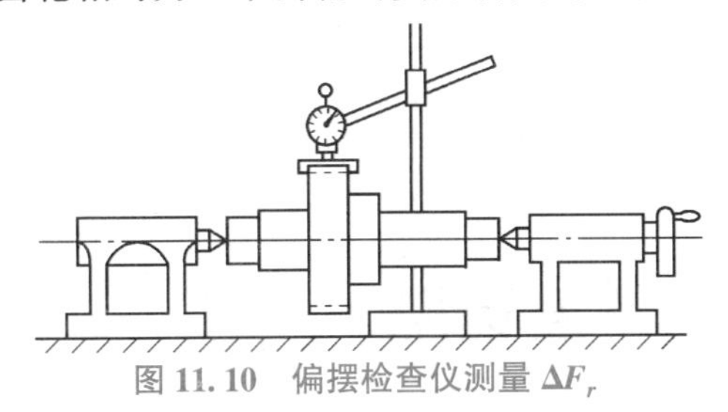

图 11.10　偏摆检查仪测量 ΔF_r

齿轮副的切向综合误差 $\Delta F'_i$ 可通过单啮仪测量。图 11.11 所示为用光栅式单啮仪。标准蜗杆与被测齿轮啮合，两者各带一个光栅盘和信号发生器，两者的角位移信号经分频器后变为同频信号。当被测齿轮有误差时，将引起其回转角有误差，此回转角的微小误差将变为两路信号的相位移，经过比相器、记录器，记录出的误差曲线如图 11.12 所示。图中的最高点与最低点之间的距离即为 $\Delta F'_i$，而单个小波纹的最大幅度值则为一齿切向综合误差 $\Delta f'_i$。

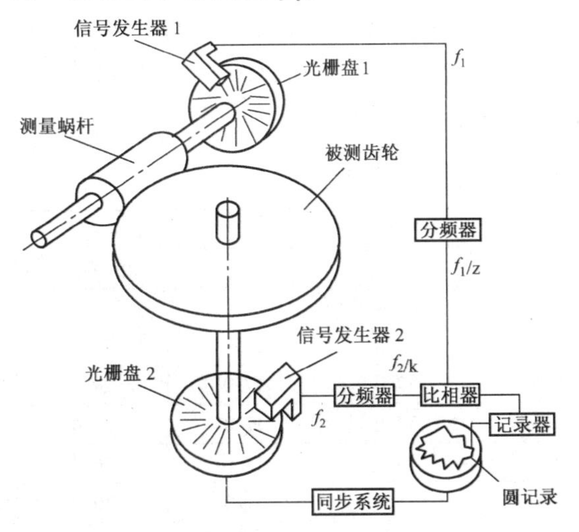

图 11.11　光栅式单啮仪工作原理图

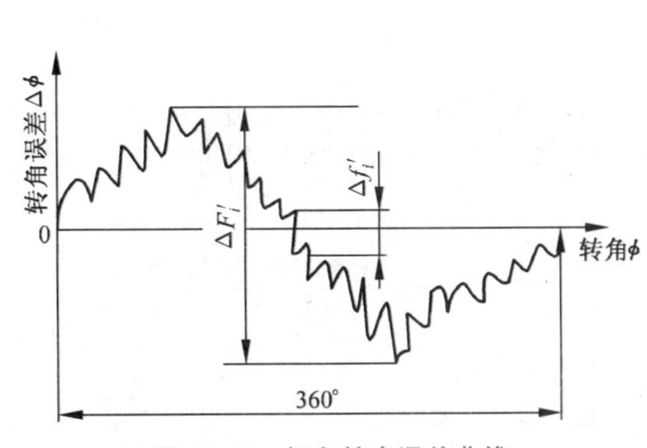

图 11.12　切向综合误差曲线

检测齿轮副的切向综合误差 $\Delta F'_{ic}$ 时，将标准蜗杆更换为组成齿轮副的齿轮，测出波纹曲线。在具有周期性的波纹曲线段上，最高点与最低点间的距离即为 $\Delta F'_{ic}$，单个小波纹的最大幅度值则为一齿切向综合误差 $\Delta f'_{ic}$。

将检测出齿轮副的切向综合误差 $\Delta F'_{ic}$ 与齿轮副的一齿切向综合误差 $\Delta f'_{ic}$ 分别与其相应的公差值对比，超出公差，可判为不合格；否则为合格。

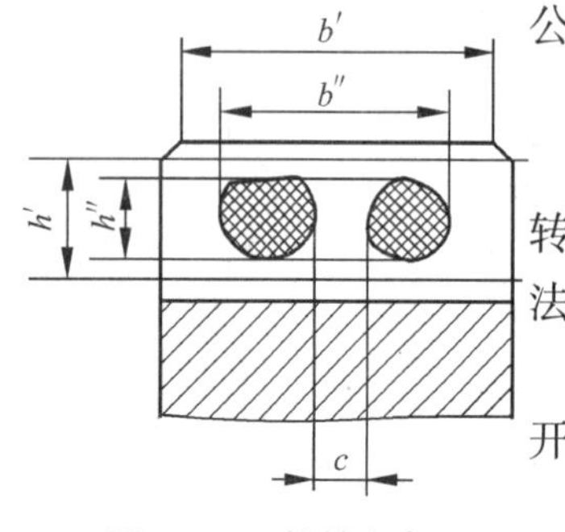

图 11.13　接触斑点

2）齿轮副的接触斑点

齿轮副的接触斑点是指装配好的齿轮副在轻微制动下运转后齿面上分布的接触擦亮痕迹，如图 11.13 所示。其评定方法是以接触擦亮痕迹占齿面展开图上的百分比来计算的。

沿齿长方向：接触擦亮痕迹长度 b'' 扣除超过模数值的断开部分长度 c 后，与工作长度 b' 之比的百分数，即

$$\frac{b''-c}{b'}\times 100\%$$

沿齿高方向：接触擦亮痕迹的平均高度 h'' 与工作高度 h' 之比的百分数，即

$$\frac{h''}{h'}\times 100\%$$

将上述计算的两个百分数与表 11.19 中相应数值比较，小于表中数值，判为不合格；否则为合格。

学习单元五　齿轮精度选用

1. 齿轮偏差的允许值

国标 GB/T 10095.1～2—2008 对单个齿轮的 14 项偏差的允许值都给出了计算公式，根据这些公式计算出齿轮的偏差或公差，经过调整后编制成表格，如表 11.6～表 11.12 所示。其中 F'_i、f'_i 和 F_{PK} 没有提供直接可用的数值，需要时可用公式计算。

表 11.6　单个齿距偏差 $\pm f_{pt}$（摘自 GB/T 10095.1—2008）

分度圆直径 d/mm	法向模数 m_n/mm	精度等级				
		5	6	7	8	9
		$\pm f_{pt}$/μm				
$20<d\leqslant 50$	$2<m_n\leqslant 3.5$	5.5	7.5	11.0	15.0	22.0
	$3.5<m_n\leqslant 6$	6.0	8.5	12.0	17.0	24.0
$50<d\leqslant 125$	$2<m_n\leqslant 3.5$	6.0	8.5	12.0	17.0	23.0
	$3.5<m_n\leqslant 6$	6.5	9.0	13.0	18.0	26.0
	$6<m_n\leqslant 10$	7.5	10.0	15.0	21.0	30.0

续表

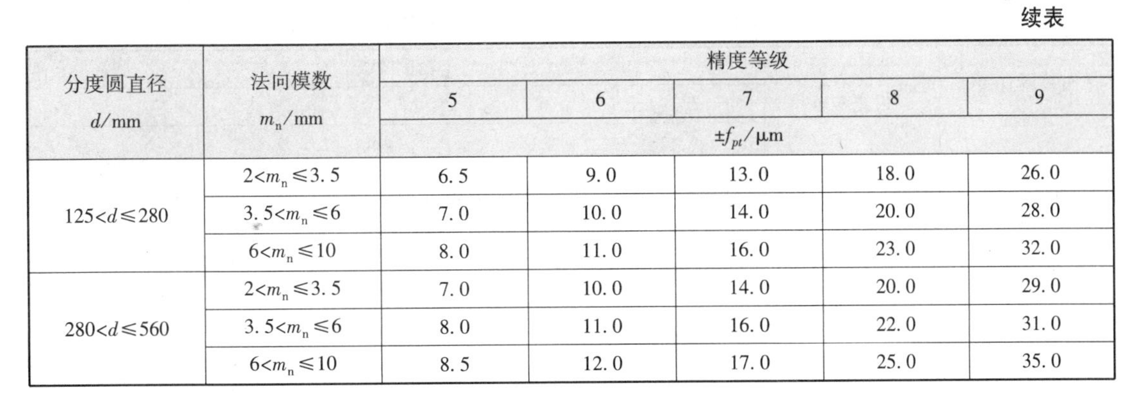

分度圆直径 d/mm	法向模数 m_n/mm	精度等级				
		5	6	7	8	9
		$\pm f_{pt}$/μm				
125<d≤280	2<m_n≤3.5	6.5	9.0	13.0	18.0	26.0
	3.5<m_n≤6	7.0	10.0	14.0	20.0	28.0
	6<m_n≤10	8.0	11.0	16.0	23.0	32.0
280<d≤560	2<m_n≤3.5	7.0	10.0	14.0	20.0	29.0
	3.5<m_n≤6	8.0	11.0	16.0	22.0	31.0
	6<m_n≤10	8.5	12.0	17.0	25.0	35.0

表 11.7　齿距累积总偏差 F_p（摘自 GB/T 10095.1—2008）

分度圆直径 d/mm	法向模数 m_n/mm	精度等级				
		5	6	7	8	9
		F_p/μm				
20<d≤50	2<m_n≤3.5	15.0	21.0	30.0	42.0	59.0
	3.5<m_n≤6	15.0	22.0	31.0	44.0	62.0
50<d≤125	2<m_n≤3.5	19.0	27.0	38.0	53.0	76.0
	3.5<m_n≤6	19.0	28.0	39.0	55.0	78.0
	6<m_n≤10	20.0	29.0	41.0	58.0	82.0
25<d≤280	2<m_n≤3.5	25.0	35.0	50.0	70.0	100.0
	3.5<m_n≤6	25.0	36.0	51.0	72.0	102.0
	6<m_n≤10	26.0	37.0	53.0	75.0	106.0
280<d≤560	2<m_n≤3.5	33.0	46.0	65.0	92.0	131.0
	3.5<m_n≤6	33.0	47.0	66.0	94.0	133.0
	6<m_n≤10	34.0	48.0	68.0	97.0	137.0

表 11.8　齿廓总偏差 F_α（摘自 GB/T 10095.2—2008）

分度圆直径 d/mm	法向模数 m_n/mm	精度等级				
		5	6	7	8	9
		F_α/μm				
20<d≤50	2<m_n≤3.5	7.0	10.0	14.0	20.0	29.0
	3.5<m_n≤6	9.0	12.0	18.0	25.0	35.0
50<d≤125	2<m_n≤3.5	8.0	11.0	16.0	22.0	31.0
	3.5<m_n≤6	9.5	13.0	19.0	27.0	38.0
	6<m_n≤10	12.0	16.0	23.0	33.0	46.0
25<d≤280	2<m_n≤3.5	9.0	13.0	18.0	25.0	36.0
	3.5<m_n≤6	11.0	15.0	21.0	30.0	42.0
	6<m_n≤10	13.0	18.0	25.0	36.0	50.0
280<d≤560	2<m_n≤3.5	10.0	15.0	21.0	29.0	41.0
	3.5<m_n≤6	12.0	17.0	24.0	34.0	48.0
	6<m_n≤10	14.0	20.0	28.0	40.0	56.0

表 11.9　螺旋线总偏差 F_β（摘自 GB/T 10095.1—2008）

分度圆直径 d/mm	齿宽 b/m	精度等级				
		5	6	7	8	9
		F_β/μm				
$20<d\leq 50$	$10<b\leq 20$	7.0	10.0	14.0	20.0	29.0
	$20<b\leq 40$	8.0	11.0	16.0	23.0	32.0
$50<d\leq 125$	$10<b\leq 20$	7.5	11.0	15.0	21.0	30.0
	$20<b\leq 40$	8.5	12.0	17.0	24.0	34.0
	$40<b\leq 80$	10.0	14.0	20.0	28.0	39.0
$25<d\leq 280$	$10<b\leq 20$	8.0	11.0	16.0	22.0	32.0
	$20<b\leq 40$	9.0	13.0	18.0	25.0	36.0
	$40<b\leq 80$	10.0	15.0	21.0	29.0	41.0
$280<d\leq 560$	$20<b\leq 40$	9.5	13.0	19.0	27.0	38.0
	$40<b\leq 80$	11.0	15.0	22.0	31.0	44.0
	$80<b\leq 160$	13.0	18.0	26.0	36.0	52.0

表 11.10　径向综合总偏差（摘自 GB/T 10095.2—2008）

分度圆直径 d/mm	法向模数 m_n/mm	精度等级				
		5	6	7	8	9
		F''_i/μm				
$20<d\leq 50$	$1.0<m_n\leq 1.5$	16	23	32	45	64
	$1.5<m_n\leq 2.5$	18	26	37	52	73
$50<d\leq 125$	$1.0<m_n\leq 1.5$	19	27	39	55	77
	$1.5<m_n\leq 2.5$	22	31	43	61	86
	$2.5<m_n\leq 4.0$	25	36	51	72	102
$25<d\leq 280$	$1.0<m_n\leq 1.5$	24	34	48	68	97
	$1.5<m_n\leq 2.5$	26	37	53	75	106
	$2.5<m_n\leq 4.0$	30	43	61	86	121
	$4.0<m_n\leq 6.0$	36	51	72	102	144
$280<d\leq 560$	$1.0<m_n\leq 1.5$	30	43	61	86	122
	$1.5<m_n\leq 2.5$	33	46	65	92	131
	$2.5<m_n\leq 4.0$	37	52	73	104	146
	$4.0<m_n\leq 6.0$	42	60	84	119	169

表 11.11　一齿径向综合公差 f''_i（摘自 GB/T 10095.2—2008）

分度圆直径 d/mm	法向模数 m_n/mm	精度等级				
		5	6	7	8	9
		f_i/μm				
$20<d\leq 50$	$1.0<m_n\leq 1.5$	4.5	6.5	9.0	13	18
	$1.5<m_n\leq 2.5$	6.5	9.5	13	19	26
$50<d\leq 125$	$1.0<m_n\leq 1.5$	4.5	6.5	9.0	13	18
	$1.5<m_n\leq 2.5$	6.5	9.5	13	19	26
	$2.5<m_n\leq 4.0$	10	14	20	29	41

续表

分度圆直径 d/mm	法向模数 m_n/mm	精度等级				
		5	6	7	8	9
		f_i/μm				
25<d≤280	1.0<m_n≤1.5	4.5	6.5	9.0	13	18
	1.5<m_n≤2.5	6.5	9.5	13	19	27
	2.5<m_n≤4.0	10	15	21	29	41
	4.0<m_n≤6.0	15	22	31	44	62
280<d≤560	1.0<m_n≤1.5	4.5	6.5	9.0	13	18
	1.5<m_n≤2.5	6.5	9.5	13	19	27
	2.5<m_n≤4.0	10	15	21	29	41
	4.0<m_n≤6.0	15	22	31	44	62

表 11.12　径向跳动公差 F_r（摘自 GB/T 10095.2—2008）

分度圆直径 d/mm	法向模数 m_n/mm	精度等级				
		5	6	7	8	9
		F_r/μm				
20<d≤50	2.0<m_n≤3.5	12	17	24	34	47
	3.5<m_n≤6.0	12	17	25	35	49
50<d≤125	2.0<m_n≤3.5	15	21	30	43	61
	3.5<m_n≤6.0	16	22	31	44	62
	6.0<m_n≤10	16	23	33	46	65
25<d≤280	2.0<m_n≤3.5	20	28	40	56	820
	3.5<m_n≤6.0	20	29	41	58	82
	6.0<m_n≤10	21	30	42	60	85
280<d≤560	2.0<m_n≤3.5	26	37	52	74	105
	3.5<m_n≤6.0	27	38	53	75	106

2. 齿轮坯的精度

齿轮坯是指在轮齿加工时供加工齿轮用的工件。齿轮坯的尺寸和形位误差对齿轮的精度、齿轮副的精度以及齿轮副的运行有着极大的影响。因此，必须对齿轮坯的尺寸和形位误差予以规范和限制。

1）基准面与安装面的尺寸公差

基准面是指确定基准轴线的面。安装面分工作安装面和制造安装面。工作安装面是指齿轮处于工作时与其他零件的配合面。制造安装面是指齿轮处于制造或检测时，用来安装齿轮的面。

齿轮内孔或齿轮轴的轴承配合面是工作安装面，也常作基准面和制造安装面，它们的尺寸公差参照表 11.13 选取。

表 11.13　基准面与安装面的尺寸公差

齿轮精度等级	6	7	8	9
孔	IT6	IT7		IT8
颈	IT5	IT6		IT7
顶圆柱面	IT8			IT9

2）基准面与安装面的形状公差

基准面与安装面的形状公差可选取表 11.14 中的数值。

表 11.14　基准面与安装面的形状公差（摘自 GB/Z 18620.3—2008）

确定轴线的基准面	公差项目		
	圆度	圆柱度	平面度
两个“短的”圆柱或圆锥形基准面	0.04（L/b）F_β 或 0.1F_p，取两者中的小值		
一个“长的”圆柱或圆锥形基准面		0.04（L/b）F_β 或 0.1F_p，取两者中的小值	
一个短的圆柱和一个端面	0.06F_p		0.06（D_d/b）F_β
注：① 齿轮坯的公差应减至能经济制造的最小值。 ② L—较大的轴承跨距；D_d—基准面直径；b—齿宽。			

3）安装面的跳动公差

当工作安装面或制造安装面与基准面不重合时，必须规定它们对基准面的跳动公差，其值可从表 11.15 中选取。

表 11.15　安装面的跳动公差（摘自 GB/Z 18620.3—2008）

确定轴线基准面	跳动量（总的指示幅度）	
	径　向	轴　向
仅圆柱或圆锥形基准面	0.15（L/b）F_β 或 0.3F_p，取两者中的大值	
一个圆柱面和一个端面基准面	0.3F_p	0.2（D_d/b）F_β

4）各表面的粗糙度

齿坯各表面的粗糙度可从表 11.16 中选取。

表 11.16　齿坯各表面的粗糙度

齿轮精度等级	6	7	8	9
基准孔	1.25	1.25～2.5		5
基准轴颈	0.063	1.25	2.5	
基准端面	2.5～5		5	
顶圆柱面	5			

3. 关于轮齿齿面粗糙度

齿轮齿面粗糙度影响齿轮传动的平稳性和齿轮表面的承载能力，必须给予限制。表11.17列出了齿面粗糙度 Ra 的推荐值，以供选取。

表 11.17　轮齿齿面粗糙度 Ra 的推荐值（摘自 GB/Z 18620.4—2008）

等级	Ra 模数 m/mm $m<6$	Ra 模数 m/mm $6<m<25$	Ra 模数 m/mm $m>25$	等级	Ra 模数 m/mm $m<6$	Ra 模数 m/mm $6<m<25$	Ra 模数 m/mm $m>25$
1		0.04		7	1.25	1.6	2.0
2		0.08		8	2.0	2.5	3.2
3		0.16		9	3.2	4.0	5.0
4		0.32		10	5.0	6.3	8.0
5	0.5	0.63	0.80	11	10.0	12.5	16
6	0.8	1.00	1.25	12	20	25	32

4. 齿轮副精度

由于齿轮是成对使用，组合一起形成一对齿轮副才能实现传动。为了满足齿轮传动的4项要求，必须对齿轮副的精度给予规范和限定。在国标 GB/T 10095.1～2—2008《圆柱齿轮精度制》中制定了齿轮副的精度。

1）中心距偏差

中心距偏差是实际中心距对公称中心距的差值。中心距偏差主要影响齿轮副的齿侧间隙，其允许值的确定涉及许多因素，设计时可以参考表11.18来选择。

表 11.18　中心距偏差 $\pm f_\alpha$

齿轮精度等级	1～2	3～4	5～6	7～8	9～10	11～12
f_α	$\frac{1}{2}$IT4	$\frac{1}{2}$IT6	$\frac{1}{2}$IT7	$\frac{1}{2}$IT8	$\frac{1}{2}$IT9	$\frac{1}{2}$IT11

2）轴线平行度偏差 $f_{\Sigma\delta}$ 和 $f_{\Sigma\beta}$

$f_{\Sigma\beta}$ 是一对齿轮的轴线在轴线平面内的平行度偏差，如图11.14所示。轴线平面是用两轴承距中较长的一个和另一根轴上的一个轴承来确定的。

$f_{\Sigma\beta}$ 是一对齿轮的轴线在垂直平面内的平行度偏差。

$f_{\Sigma\delta}$ 和 $f_{\Sigma\beta}$ 主要影响齿轮副的侧隙和载荷分布均匀性，而且 $f_{\Sigma\beta}$ 的影响更为敏感，它们的最大允许值可由下列公式求出：

$$f_{\Sigma\beta} = 0.5\left(\frac{L}{b}\right)F_\beta \tag{11.1}$$

$$f_{\Sigma\delta} = 2f_{\Sigma\beta} \tag{11.2}$$

3）轮齿接触斑点

轮齿接触斑点是指装配好（在箱体内或啮合台上）的齿轮副，在轻微制动下运转后齿

面的接触痕迹。

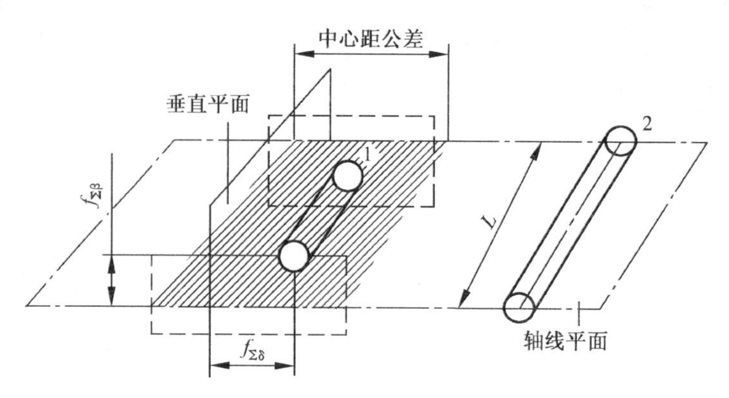

图 11.14　轴线平行度偏差

轮齿的接触斑点的大小反映了载荷分布的均匀性。产品齿轮在啮合试验台上与测量齿轮的接触斑点可反映齿廓和螺旋线偏差（主要用于大齿轮不能装在现有检查仪或工作现场没有其他检查仪器可用的场合）。

接触斑点可用沿齿高方向和沿齿长方向的百分数来表示。图 11.13 所示为接触斑点分布示意图。表 11.19 为直齿轮装配后应达到的接触斑点。

表 11.19　直齿轮装配后的接触斑点（摘自 GB/Z 18620.4—2008）　%

精度等级按 GB/T 10095	b_{c1} 占齿宽的百分比	h_{c1} 占有效齿面高度的百分比	b_{c2} 占齿宽的百分比	h_{c2} 占有效齿面高度的百分比
4 级及更高	50	70	40	50
5 和 6	45	50	35	30
7 和 8	35	50	35	30
9 至 12	25	50	25	30

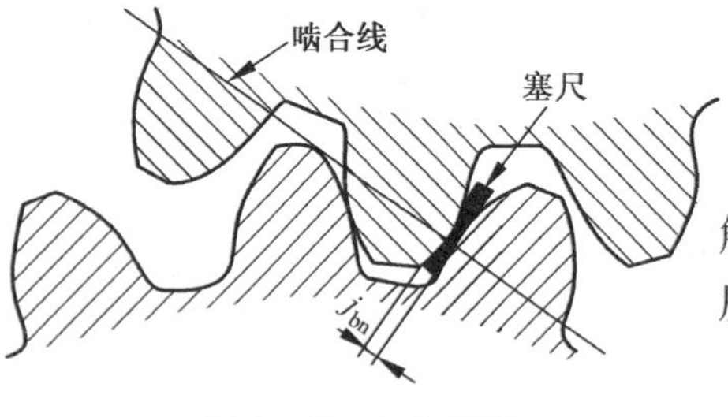

图 11.15　法向侧隙

4）法向侧隙及齿厚偏差

（1）法向侧隙 j_{bn}。

法向侧隙 j_{bn} 是当两个齿轮的工作齿面互相接触时，非工作面之间的最短距离，如图 11.15 所示。

（2）最小法向侧隙 j_{bnmin}。

最小法向侧隙 j_{bnmin} 是当一个齿轮的轮齿以最大允许实效齿厚与另一个也具有最大允许实效齿厚的相配齿轮在最紧的允许中心距相啮合时，在静态条件下的最小允许侧隙。用来补偿由于轴承、箱体、轴等零件的制造、安装误差以及润滑、温度的影响，以保证在带负载运行于最不利的工作条件下仍有足够的侧隙。

齿轮副最小法向侧隙值可通过经验法、查表法和计算法来确定。国标 GB/Z 18620.2—2008 在附录 A 中列出了对工业装置推荐的最小法向侧隙，如表 11.20 所示，适用大、中模

数黑色金属制造的齿轮和箱体，工作时节圆速度<15 m/s，轴承、轴和箱体均采用常用的制造公差。

表 11.20　j_{bnmin}的推荐值（摘自 GB/Z 18620.2—2008）

m_n	最小中心距 a_i					
	50	100	200	400	800	1600
1.5	0.09	0.11	—	—	—	—
2	0.10	0.12	0.15	—	—	—
3	0.12	0.14	0.17	0.24	—	—
5	—	0.18	0.21	0.28	—	—
8	—	0.24	0.27	0.34	0.47	—
12	—	—	0.35	0.42	0.55	—
18	—	—	—	0.54	0.67	0.94

表中数据也可用下式计算：

$$j_{bnmin}=\frac{2}{3}(0.06+0.0005|a_i|+0.03m_n) \tag{11.3}$$

（3）齿厚上偏差 E_{sns}。

齿厚上偏差 E_{sns}即齿厚的最小减薄量。在中心距确定情况下，齿厚上偏差决定齿轮副的最小侧隙。

齿厚上偏差的确定方法通常有以下 3 种。

① 经验类比法。参考成熟的同类产品或有关资料（如《机械设计手册》等）来选取齿厚上偏差。

② 简易计算法。根据已确定的最小法向侧隙j_{bnmin}，用简易公式计算：

$$E_{sns1}+E_{sns2}=-j_{bnmin}/\cos\alpha_n \tag{11.4}$$

式中，E_{sns1}和E_{sns2}分别为小齿轮和大齿轮的齿厚上偏差。

若大、小齿轮的齿数相差不大，可取$E_{sns1}=E_{sns2}$，即

$$E_{sns1}=E_{sns2}=-j_{bnmin}/\cos\alpha_n \tag{11.5}$$

若大、小齿轮的齿数相差较大，一般使大齿轮的齿厚减薄量大一些，小齿轮的齿厚减薄量小一些，以使大、小齿轮的强度匹配。

③ 计算法。较细致地考虑齿轮的制造、安装误差对侧隙的影响，用较复杂公式计算出齿厚偏差。

（4）齿厚下偏差 E_{sni}。

齿厚下偏差 E_{sni}影响最大侧隙。除精密读数机构或对最大侧隙有特殊要求的齿轮外，一般情况下最大侧隙并不影响传递运动的性能。因此在很多场合允许较大的齿厚公差，以求获得经济制造成本。

齿厚下偏差可用经验类比法确定，也可用下面的公式计算：

$$E_{sni}=E_{sns}-T_{sn} \tag{11.6}$$

式中，T_{sn}为齿厚公差，可用下式计算求得：

$$T_{sn}=\left(\sqrt{F_r^2+b_r^2}\right)2\tan\alpha_n \tag{11.7}$$

式中，F_r 为径向跳动公差；b_r 为切齿径向进刀公差，可按表 11.21 选用。表中的 IT 值按分度圆直径从标准公差数值表中选取。

表 11.21　切齿时径向进刀公差 b_r

齿轮精度等级	4	5	6	7	8	9
b_r	1.26（IT7）	IT8	1.26（IT8）	IT9	1.26（IT9）	IT10

5. 关于齿轮精度设计示例

例 2　某减速器的上直齿齿轮副，$m=3$ mm，$\alpha=20°$。小齿轮结构如图 11.16 所示，$z_1=32$，$z_2=70$，齿宽 $b=20$ mm，小齿轮孔径 $D=40$ mm，圆周速度 $v=6.4$ m/s，小批量生产。试对小齿轮进行精度设计，并将有关要求标注在齿轮工作图上。

解：（1）确定检验项目。

必检项目应为单个齿距偏差 f_{pt}、齿距累积总偏差 F_p、齿廓总偏差 F_α 和螺旋线总偏差 F_β。

除这 4 个必检项目外，还可检验径向综合总偏差 F_i'' 和一齿径向综合偏差 f_i''，作为辅助检验项目。

（2）确定精度等级。

参考表 11.3，考虑到减速器对运动准确性要求不高，所以影响运动准确性的项目（如 F_p、F_i''）取 8 级，其余项目取 7 级，即

$$8(F_p)、7(f_{pt}、F_\alpha、F_\beta)\text{GB/T 10095.1}$$
$$8(F_i'')、7(f_i'')\text{GB/T 10095.2}$$

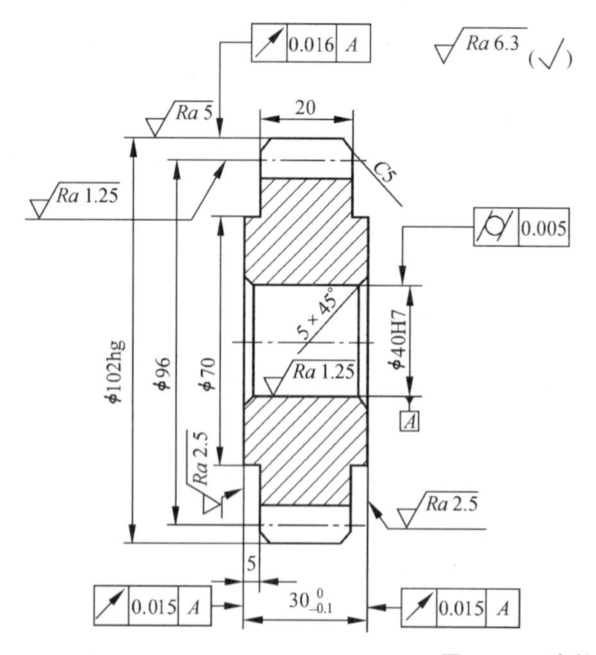

模数	m	3
齿数	z	32
齿形角	α	20°
齿顶高系数	h_a	1
配对齿轮	图号	
齿厚及其偏差	$S_{E_{sni}}^{E_{sns}}$	$4.17_{-0.166}^{-0.080}$
精度等级	8（F_p）7（$f_{pt}F_\alpha F_\beta$）GB/T 10095.1 8（F_i''）7（f_i''）GB/T 10095.2	
检验项目	代号	允许值/μm
齿距偏差	$\pm f_{pt}$	±12
累积总偏差	F_p	53
螺旋线总偏差	F_β	15
齿廓总偏差	F_α	16
径向综合总偏差	F_i''	72
一齿径向综合公差	f_i''	20

图 11.16　齿轮工作图

(3) 确定检验项目的允许值。

查表 11.6 得 $f_{pt}=12\ \mu m$；　查表 11.7 得 $F_p=53\ \mu m$；　查表 11.8 得 $F_\alpha=16\ \mu m$

查表 11.9 得 $F_\beta=15\ \mu m$；　查表 11.10 得 $F_i''=72\ \mu m$；　查表 11.11 得 $f_i''=20\ \mu m$

(4) 确定齿厚偏差。

① 确定最小法向侧隙 j_{bnmin}：采用查表法，已知中心距 $\alpha=\frac{m}{2}(z_1+z_2)=\frac{3}{2}\times(32+70)=153$ (mm)

由式 (11.3) 得

$$j_{bnmin}=\frac{2}{3}(0.06+0.005|\alpha_i|+0.03m_n)$$

$$=\frac{2}{3}\times(0.06+0.0005\times153+0.03\times3)=0.151(mm)$$

② 确定齿厚上偏差 E_{sns}：采用简易计算法，并取 $E_{sns1}=E_{sns2}$，由式 (11.4) 得

$$E_{sns}=-j_{bnmin}/2\cos\alpha_n=-0.151/2\cos20°=-0.080(mm)$$

③ 计算齿厚公差 T_{sn}：查表 11.12 (按 8 级查) 得 $F_r=43\ \mu m$。查表 11.21 得 $b_r=1.26IT9\times87\ \mu m=109.6\ \mu m$，代入式 (11-7) 得

$$T_{sn}=(\sqrt{F_r^2+b_r^2})2\tan\alpha_n$$

$$=(\sqrt{43^2+109.6^2})\times2\times\tan20°\ mm=85.703\ \mu m\approx86\ \mu m$$

④ 计算齿厚下偏差 E_{sni}：由式 (11-6) 得 $E_{sni}=E_{sns}-T_{sn}=(-0.080-0.086)=-0.166$ (mm)

(5) 确定齿坯精度。

根据齿轮结构，齿轮内孔既是基准面又是工作安装面和制造安装面。

① 齿轮内孔的尺寸公差：参照表 11.13，孔的尺寸公差为 7 级，取 H7，即 $\phi40H7(^{+0.025}_{0})$。

② 齿顶圆柱的尺寸公差：齿顶圆是检测齿厚的基准，参照表 11.13，齿顶圆柱面的尺寸公差为 8 级，取 h8，即 $\phi102h8(^{0}_{-0.054})$。

③ 齿轮内孔的形状公差：由表 11.14 可得圆柱度公差为 $0.1F_p=0.1\times0.053=0.0053\approx0.005$ mm。

④ 两端面的跳动公差：两端面在制造和工作时都是定位的基准，参照表 11.15，选其跳动公差为 $0.2(D_d/b)F_\beta=0.2\times(70/20)\times0.015=0.0105\approx0.011$ (mm)。参考圆跳动公差表，此精度相当于 5 级，不是经济加工精度，故适当放大公差，改为 6 级，公差值为 0.015 mm。

⑤ 顶圆的径向跳动公差：顶圆柱面在加工齿形时常作为找正基准，按表 11.15，其跳动公差为 $0.3F_p=0.3\times0.053=0.0159\approx0.016$ (mm)。

⑥ 齿面及其余各表面的粗糙度：按照表 11.16 和表 11.17 选取各表面的粗糙度，如图 11.16 所示。

(6) 绘制齿轮工作图。

齿轮工作图如图 11.16 所示。有关参数须列表并放在图样的右上角。

习　题

1. 各种不同用途的齿轮传动，对精度各有何不同要求？

2. 导致齿轮加工时出现误差的因素有哪些？

3. 直齿圆柱齿轮的公差项目有哪些？

4. 齿轮偏差项目中，哪些对传递运动准确性有影响？哪些对传动平稳性有影响？哪些对载荷分布有影响？

5. 试述下列标注的含义。

① 6GB/T 10095.1　② 6（F_α、f_{pt}）7（F_p、F_β）GB/T 10095.1

③ 8（F_i''、f_i''）GB/T 10095.2

【学习评价】

评价项目		分值	自评分
知识目标	了解齿轮传动的四项基本要求	10	
	理解齿轮传动评定指标，这些指标是针对齿轮传动哪方面的要求制定的	10	
	了解齿轮副的精度要求	10	
	了解齿坯的精度要求	10	
能力目标	掌握齿轮单项误差的检测方法	10	
	熟悉齿轮精度设计的全过程，并正确标注在齿轮工作图上	10	
	使用精密检测仪器检测齿轮精度	10	
素养目标	培养团队协作，相互帮助，树立强烈的集体荣誉感	10	
	培养吃苦耐劳、严谨细致、专注负责的工作态度，精雕细琢、精益求精的工作理念	10	
	增强自信心，提高对职业的认同感、责任感、荣誉感和使命感	10	

模块十二 尺寸链

【学习目标】

知识目标

1. 了解尺寸链的概念、组成、特点及实际应用中的作用；
2. 掌握尺寸链的建立、分析、计算的主要方法；
3. 掌握用完全互换法、不完全互换法和其他方法解算尺寸链的特点及适用场合。

能力目标

1. 会用一种方法解算尺寸链。

素养目标

1. 鼓励学生构建合理科学的课程体系，善于归纳，勤于思考，巧于总结。

课程思政案例十一

学习单元一　尺寸链的基本概念

任何机器都是由若干个相互联系的零、部件组成，它们彼此之间存在着尺寸联系。我们在设计过程中，或生产实践中经常会遇到以下问题：如何分析机械产品中零件之间的尺寸关系？如何制定零件的尺寸公差和形位公差？如何保证机械产品的装配精度和技术要求？这些问题，很大程度上可归纳为尺寸链的问题进行研究。

1. 尺寸链的含义和特点

在机器装配或零件加工过程中，由相互连接的尺寸形成封闭的尺寸组，称为尺寸链。

如图 12.1 所示，车床主轴与尾座轴线高度差 A_0 与主轴轴线高度 A_1、尾座轴线高度 A_2、尾架底座厚度 A_3 有关。$A_1+A_0-A_2-A_3=0$。这四个相互联系的尺寸组成一个装配尺寸链。

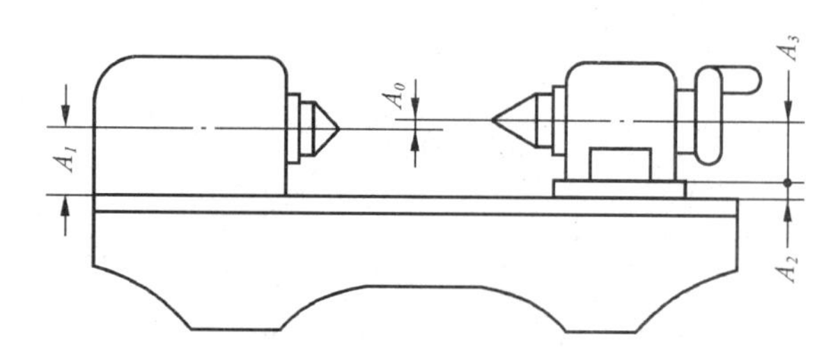

图 12.1　车床主轴中心与尾架中心装配尺寸

如图 12.2 所示，图中零件上三个平面间的尺寸 A_1、A_2 和 A_0 组成一个尺寸链。

对于复杂零、部件的尺寸，为了比较方便地进行分析、计算，也可以将尺寸链单独画出。图 12.3（a）、图 12.3（b）即为图 12.1 和图 12.2 结构尺寸的尺寸链线图。

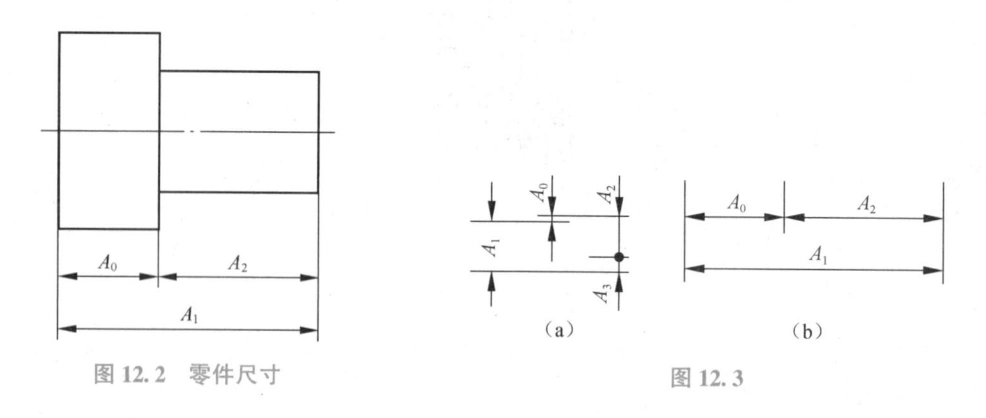

图 12.2　零件尺寸

图 12.3

从以上两例可以看出，尺寸链的基本特征如下：

（1）封闭性，即必须由一系列相互关联的尺寸连接成为一个封闭回路。

（2）制约性，即某一个尺寸变化，必将影响其他尺寸的变化。

2. 尺寸链的组成和分类

1）尺寸链的组成

尺寸链由环组成，列入尺寸链中的每一个尺寸都称为环。图 12.1 中 A_0、A_1、A_2、A_3 四个环；图 12.2 中的 A_0 和 A_1、A_2 三个环。按环的不同性质可分为封闭环和组成环。

（1）封闭环。

在装配过程中最后形成的或加工过程中间接获得的一环称为封闭环，一个尺寸链只有一个封闭环。对于单个零件加工而言，封闭环通常是零件设计图样上未标注的尺寸，即最不重要的尺寸。对于若干零、部件的装配而言，封闭环通常是对有关要素间的联系所提出的技术要求，如位置精度、距离精度、装配间隙或过盈等，它是将事先已获得尺寸的零部件进行总装之后，才形成且得到保证的。这里规定封闭环用符号"A_0"表示，如图 12.1 和图 12.2 所示。

（2）组成环。

尺寸链中对封闭环有影响的全部环称为组成环。组成环中任一环的变动必然引起封闭环的变动。这里我们用符号 A_1，A_2，A_3，…，A_n（n 为尺寸链的总环数）表示组成环。组成环见图 12.1 中的 A_1、A_2，A_3；图 12.2 中的 A_1，A_2。

根据组成环尺寸变动对封闭环影响的不同，又可把组成环分为增环和减环。

增环：该环的变动引起封闭环同向变动。同向变动指该环增大时封闭环也增大，该环减小时封闭环也减小。增环见图 12.1 中的 A_2，A_3，图 12.2 中的 A_1。

减环：该环的变动引起封闭环反向变动。反向变动指该环增大时封闭环减小，该环减小时封闭环增大。减环见图 12.1 中的 A_1，图 12.2 中的 A_2。

组成环是决定封闭环的原始要素，所有组成环的变动，都将集中的在封闭环上显示出来，这正说明机械零件制造过程中，各尺寸不是孤立的，而是彼此联系、彼此制约的，也说明机械产品零件的制造误差影响产品的装配误差。

（3）传递系数。

表示组成环对封闭环影响大小的系数。第 i 个组成环的传递系数记为 ξ_i。

2）尺寸链的分类

按尺寸链的应用场合不同，可分为以下几类：

（1）装配尺寸链，全部组成环为不同零件设计尺寸所形成的尺寸链，如图 12.1 所示。

（2）零件尺寸链，全部组成环为同一零件设计尺寸所形成的尺寸链，如图 12.2 所示。

（3）工艺尺寸链，全部组成环为同一零件工艺尺寸所形成的尺寸链，如图 12.4 所示。

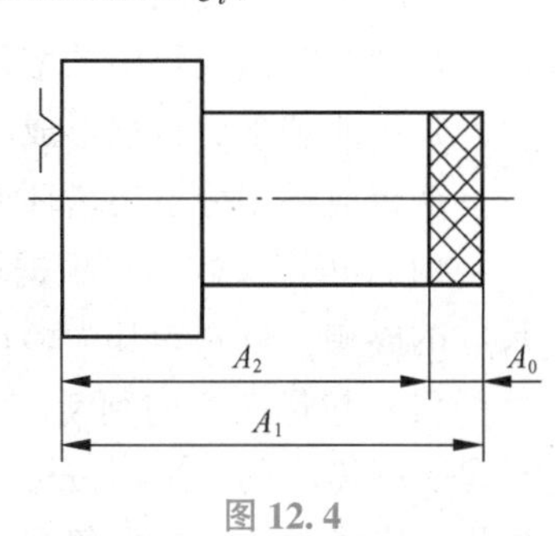

图 12.4

按尺寸链中环的相互位置，可分为以下几类：

（1）直线尺寸链，全部组成环平行于封闭环的尺寸链。

（2）平面尺寸链，全部组成环位于一个或几个平行平面内，但某些组成环不平行于封闭环的尺寸链。

（3）空间尺寸链，组成环位于几个不平行平面内的尺寸链。

平面尺寸链或空间尺寸链，均可用投影的方法得到两个或三个方位的直线尺寸链，最后综合求解平面或空间尺寸链。本章仅研究直线尺寸链。

按尺寸链中各环尺寸的几何特征，可分为以下两类：

（1）长度尺寸链，全部环为长度尺寸的尺寸链。本章所列的各尺寸链（除图 12.5）均属此类。

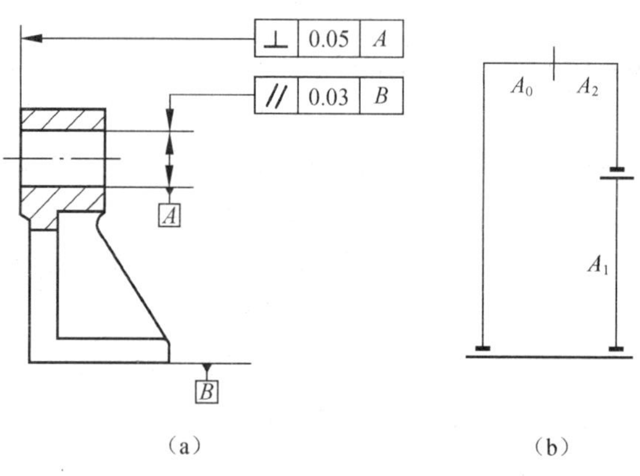

图 12.5　滑动轴承座位置公差及尺寸链图

（2）角度尺寸链，全部环为角度尺寸的尺寸链。角度尺寸链常用于分析和计算机械结构中有关零件要素的位置精度，如平行度、垂直度等。如图 12.5 所示，要保证滑动轴承座孔端面与轴承底面 B 垂直，但公差标注是要求孔轴线与底面 B 平行、孔端面与孔轴线 A 垂直，则这三个关联的位置尺寸构成一个角度尺寸链。

3. 尺寸链图及其画法

要进行尺寸链分析和计算，首先必须画出尺寸链图。所谓尺寸链图，就是由封闭环和组成环构成的一个封闭回路图。

绘制尺寸链图时，可从某一加工（或装配）基准出发，按加工（或装配）顺序依次画出各个环。环与环之间不得间断，最后用封闭环构成一个封闭回路。用尺寸链图很容易确定封闭环及断定组成环中的增环或减环。

加工或装配后自然形成的环，就是封闭环。

从组成环中分辨出增环或减环，常用以下两种方法：

（1）按定义判断。根据增、减环的定义，对逐个组成环，分析其尺寸的增减对封闭环尺寸的影响，以判断其为增环还是减环。

（2）按箭头方向判断。对于环数较多，结构较复杂的尺寸链按箭头方向判断增环和减环是一种简明的方法：按尺寸链图作一封闭路线（图 12.6（b）虚线所示），由任意位置开始沿一定指向画一单向箭头，再沿已定箭头方向对应于 A_0，A_1，A_2，…，A_n 各画一箭头，使所画各箭头依次彼此首尾相连，组成环中箭头与封闭环箭头相同者为减环，相异者为增环。按此方法可以判定，在图 12.6 所示的尺寸链中，A_1 和 A_3 为减环，A_2 和 A_4 为增环。

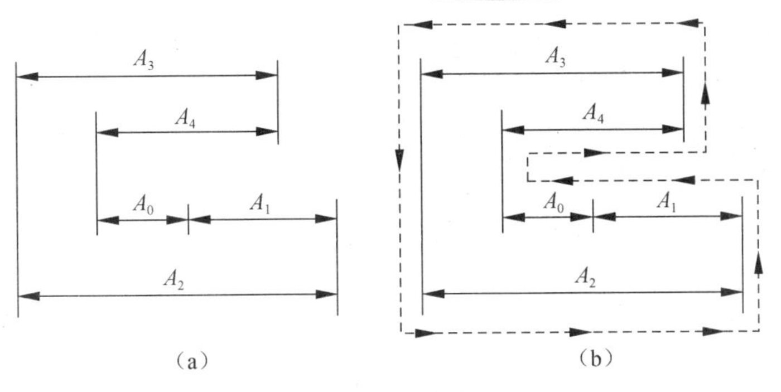

图 12.6　尺寸链图

学习单元二　尺寸链的计算

计算尺寸链的目的是为了在设计过程中能够正确合理地确定尺寸链中各环的基本尺寸、公差和极限偏差，以便采用最经济的方法达到一定的技术要求。根据不同的需要，计算尺寸链一般可分为三类。

(1) 正计算：已知组成环的基本尺寸和极限偏差，求封闭环的基本尺寸和极限偏差。正计算常用于审核图纸上标注的各组成环的基本尺寸和上、下极限偏差，在加工后是否能满足总的技术要求，即验证设计的正确性。

(2) 反计算：已知封闭环的基本尺寸和极限偏差及各组成环的基本尺寸，求各组成环的公差和极限偏差。反计算常用于设计时根据总的技术要求来确定各组成环的上、下极限偏差，既属于设计工作方面问题，也可理解为解决公差的分配问题。

(3) 中间计算：已知封闭环及某些组成环的基本尺寸和极限偏差，求某一组成环的基本尺寸和极限偏差。中间计算多属于工艺尺寸计算方面的问题，如制订工序公差等。

解尺寸链的方法，又根据不同的产品设计要求、结构特征、精度等级、生产批量和互换性要求而分别采用完全互换法、概率法、分组互换法、修配补偿法和调整补偿法。

本书仅介绍直线尺寸链利用完全互换法、概率法进行计算。

1. 完全互换法

完全互换法从尺寸链各环的极限值出发来进行计算，所以又称为极值法。应用此方法不考虑实际尺寸的分布情况，装配时，全部产品的组成环都不需要挑选或改变其大小和位置，装入后即能达到精度要求。

对于直线尺寸链来说，因为增环的传递系数为+1，减环的传递系数为-1，其完全互换法计算的公式如下。

1) 基本公式

(1) 封闭环的基本尺寸：封闭环的基本尺寸等于所有增环基本尺寸之和减去所有减环基本尺寸之和，即

$$A_0 = \sum_{i=1}^{m} \overrightarrow{A}_i - \sum_{j=m+1}^{n} \overleftarrow{A}_j \tag{12.1}$$

式中 A_0——封闭环的基本尺寸；

$\overrightarrow{A}_i$——组成环中增环的基本尺寸；

$\overleftarrow{A}_j$——组成环中减环的基本尺寸；

m——增环数；

n——组成环数。

（2）封闭环公差：封闭环公差等于各组成环公差之和，即

$$T_0 = \sum_{i=1}^{n} T_i \tag{12.2}$$

（3）封闭环的极限偏差：封闭环的上极限偏差 ES_0 等于所有增环上极限偏差 $\mathrm{ES_i}$ 之和减去所有减环 $\mathrm{EI_j}$ 下极限偏差之和；封闭环的下极限偏差 EI_0 等于所有增环下极限偏差 $\mathrm{EI_i}$ 之和减去所有减环上极限偏差 $\mathrm{ES_j}$ 之和。

$$\mathrm{ES}_0 = \sum_{i=1}^{m} \mathrm{ES_i} - \sum_{j=m+1}^{n} \mathrm{EI_j} \tag{12.3}$$

$$\mathrm{EI}_0 = \sum_{i=1}^{m} \mathrm{EI_i} - \sum_{j=m+1}^{n} \mathrm{ES_j} \tag{12.4}$$

（4）封闭环的中间偏差：封闭环的中间偏差 Δ_0 等于所有增环中间偏差 Δ_i 之和减去所有减环中间偏差 Δ_j 之和。

$$\Delta_0 = \sum_{i=1}^{m} \Delta_i - \sum_{j=m+1}^{n} \Delta_j \tag{12.5}$$

中间偏差 Δ 为上极限偏差与下极限偏差的平均值，即

$$\Delta = \frac{1}{2}(\mathrm{ES} + \mathrm{EI}) \tag{12.6}$$

由上面的公式可以看出：

（1）尺寸链封闭环的公差等于所有组成环公差之和，所以封闭环的公差最大，因此在零件工艺尺寸链中一般选择最不重要的环节作为封闭环。

（2）在装配尺寸链中封闭环是装配的最终要求。在封闭环的公差确定后，组成环越多则每一环的公差越小，所以，装配尺寸链的环数应尽量减少，称为最短尺寸链原则。

确定组成环上、下极限偏差的基本原则：“偏差向体内原则”。当组成环为包容面尺寸时，则令其下极限偏差为零；当组成环为被包容面尺寸时，则令其上极限偏差为零。有时，组成环既不是包容面尺寸，也不是被包容面尺寸，如孔距尺寸，此时规定其上极限偏差为 $T_A/2$，下极限偏差为 $-T_A/2$。

2）尺寸链计算

例 1 如图 12.7 所示套类零件尺寸 $A_1 = 30^{+0.05}_{0}$ mm，$A_2 = 60^{+0.05}_{-0.05}$ mm，$A_3 = 40^{+0.10}_{+0.05}$ mm，求 B 面和 C 面的距离 A_0 及其偏差。

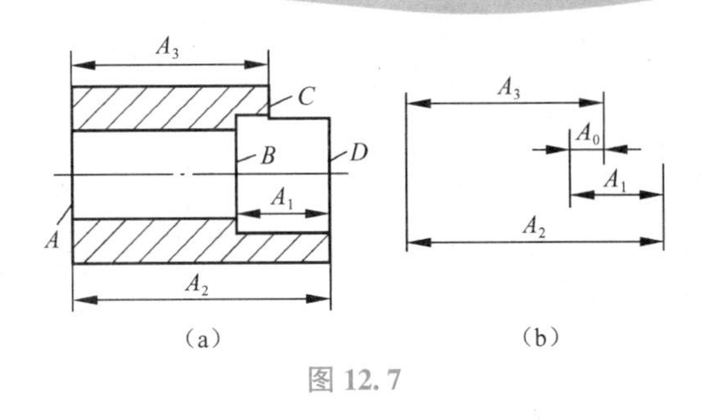

图 12.7

解：画出尺寸链图（如图 12.7（b）），经分析 A_0 为封闭环，A_1、A_3 为增环，A_2 为减环。

用完全互换法计算：

① 计算封闭环的基本尺寸

由公式（12.1）

$$A_0=(A_1+A_3)-A_2=30+40-60=10(\text{mm})$$

② 计算封闭环的极限偏差

由公式（12.3）

$$\text{ES}_0=(\text{ES}_1+\text{ES}_3)-\text{EI}_2=(0.05+0.10)-(-0.05)=0.20(\text{mm})$$

由公式（12.4）

$$\text{EI}_0=(\text{EI}_1+\text{EI}_3)-\text{ES}_2=(0+0.05)-0.05=0$$

由此封闭环尺寸及偏差

$$A_0=10^{+0.20}_{\ 0}\ \text{mm}$$

例 2　如图 12.8 所示一轴套类零件，已知零件的 A、B、C 面都已经加工完成。现在欲采用调整法加工 D 面，并选择端面 A 为定位基准，且按工序尺寸 A_3 对刀进行加工。为了保证车削 D 后获得的间接尺寸 A_0 符合图纸要求，必须将 A_3 加工误差控制在一定的范围内，试计算工序尺寸 A_3 及其极限偏差。

解：画出尺寸链图，经分析 A_0 为封闭环，A_2、A_3 为增环，A_1 为减环。

用完全互换法计算：

① 计算工序尺寸 A_3 的基本尺寸

由公式（12.1）

$$20=(90+A_3)-110$$

所以

$$A_3=20+110-90=40\ (\text{mm})$$

② 计算工序尺寸 A_3 的极限偏差

由公式（12.3）

$$0=(0.08+\text{ES}_3)-0$$

所以 A_3 的上极限偏差为

$$\text{ES}_3=0.08$$

由公式（12.4）

$$-0.26=(0+\text{EI}_3)-0.1$$

所以 A_3 的下极限偏差为

$$\text{EI}_3=-0.16$$

由此工序尺寸 A_3 及其上、下极限偏差为

$$A_3=40^{-0.08}_{-0.16}\ \text{mm}$$

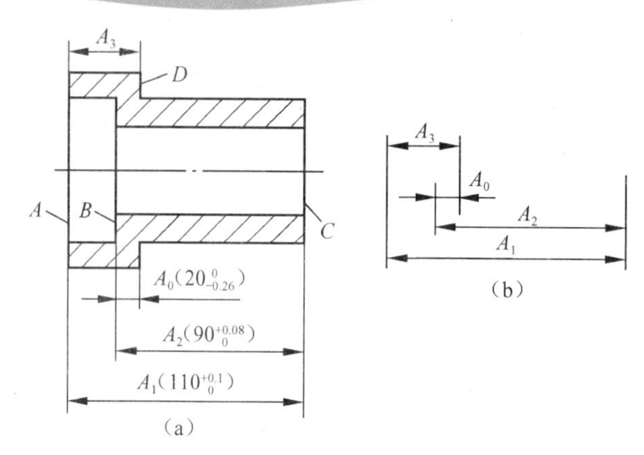

图 12.8　轴套零件

按“偏差向体内原则”标注为 $A_3=39.92^{\ 0}_{-0.08}$ mm

例 3　如图 12.9 所示装配关系，轴系在对开齿轮箱中装配完成之后，要求使用间隙 A_0 控制在 1～1.75 mm 的范围内，已知各零件的基本尺寸是 $A_1=101$ mm，$A_2=50$ mm，$A_3=A_5=5$ mm，$A_4=140$ mm，试求各环的尺寸偏差。

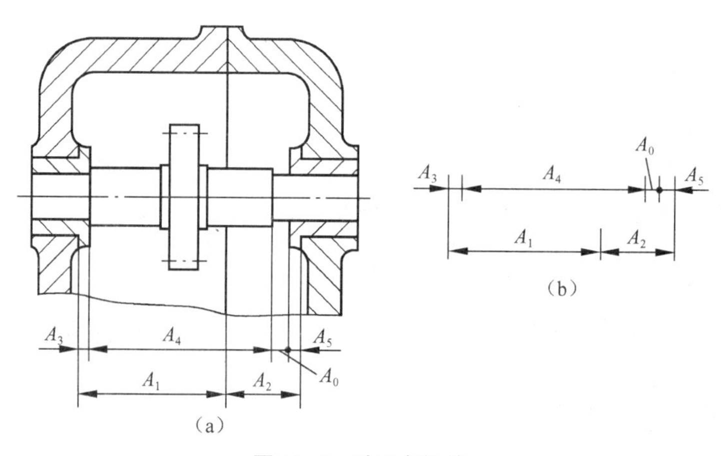

图 12.9　对开齿轮箱

解：画出尺寸链图（图 12.9（b）），经分析 A_0 为封闭环，A_1、A_2 为增环，A_3、A_4、A_5 为减环。

① 封闭环 A_0 的基本尺寸和极限偏差

$$A_0=(101+50)-(5+140+5)=1(\text{mm})$$

由题意知：$T_0=1.75-1=0.75$（mm）

所以
$$A_0=1^{+0.75}_{\ 0}\ \text{mm}$$

② 计算各组成环的尺寸偏差

由公式（12.2）知道封闭环的公差等于各组成环的公差之和，在计算各环公差时，可以先采用等精度法，初步估算公差值，然后根据实际情况合理确定各环的公差值。

对于尺寸小于 500 mm 的零件的公差值 T 可以按照第 2 章 $T=ai=a\ (0.45\sqrt[3]{A_i}+0.001A_i)$

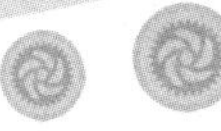
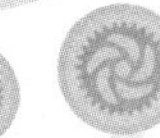

公式进行计算，a 是公差等级系数。

$$T_0 = a_{av}\sum_{i=1}^{m}\left(0.45\sqrt[3]{A_i} + 0.001A_i\right)$$

A_i 为各组成环的尺寸，a_{av}为平均公差等级系数。

$$a_{av} = \frac{T_0}{\sum_{i=1}^{m}\left(0.45\sqrt[3]{A_i} + 0.001A_i\right)} = \frac{750}{2.2 + 1.7 + 0.77 + 2.47 + 0.77} = \frac{750}{7.9} = 94.8$$

查第 2 章标准公差计算式表 2.2，$a_{av}=94.8$ 相当于公差等级为 IT11 级。

根据各环尺寸 $A_1=101$ mm，$A_2=50$ mm，$A_3=A_5=5$ mm，$A_4=140$ mm，查标准公差表得：$T_1=0.22$ mm、$T_2=0.16$ mm、$T_3=T_5=0.075$ mm。A_4 为轴段长度，易于加工测量，以它为协调环，则 $T_4=T_0-(T_1+T_2+T_3+T_5)=0.75-0.53=0.22$（mm）。

查表 2.4 取 $T_4=0.16$ mm（IT10 级）。

验算 $ES_0=0.69$ mm、$EI_0=0$，满足要求。

应当指出，用完全互换法计算尺寸链，方法简单，能保证产品完全互换性。但它是根据极大极小的极端情况来建立封闭环和各组成环的关系式。当封闭环为既定值时，获得各组成环的公差过于严格，经常会使组成环公差过小，而难于加工，经济性不好。因此，完全互换法多用于环数较少或精度较低的尺寸链的计算。

2. 概率法

概率法（大数互换法）是考虑各组成环尺寸分布情况，按统计公差公式进行计算的。应用此法装配时，绝大多数产品的组成环不需挑选或改变其大小和位置，装入后即能达到封闭环的公差要求。

这种方法适用于大批量生产时，产品组成环较多$(m\geqslant5)$而精度要求又较高的场合。

1）基本公式

概率法是根据概率论的基本原理，将尺寸链各组成环看成是独立的随机变量，在其公差带内可能会出现各种形式的分布。在大批量生产并且具有稳定的过程中，实际尺寸接近于正态分布，如图 12.10 所示。

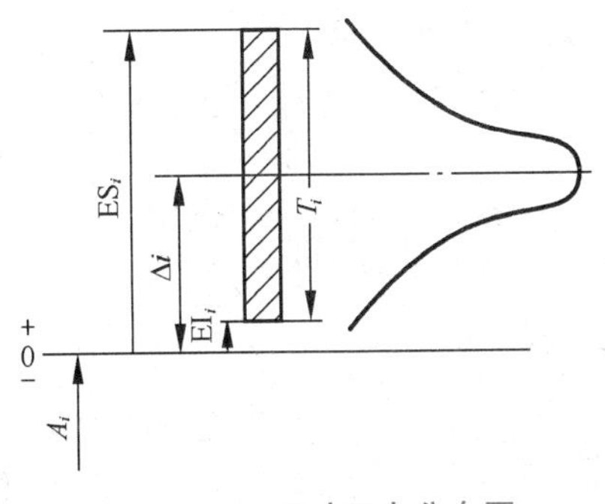

图 12.10　尺寸正态分布图

直线尺寸链封闭环的公差 T_0 为

$$T_0 = \sqrt{\sum_{i=1}^{m} T_i^2} \tag{12.7}$$

2）尺寸链计算

例 4　试用概率法求解例 1。

解：① 封闭环的公差

$$T_0 = \sqrt{\sum_{i=1}^{m} T_i^2} = \sqrt{T_1^2 + T_2^2 + T_3^2} = \sqrt{0.05^2 + 0.1^2 + 0.05^2} = 0.12(\text{mm})$$

② 封闭环的中间偏差

$$\Delta_0 = \sum_{i=1}^{m} \Delta_i - \sum_{j=m+1}^{n} \Delta_j = (\Delta_1 + \Delta_3) - \Delta_2 = (0.025 + 0.075) - 0 = 0.10(\text{mm})$$

③ 封闭环的极限偏差

$$ES_0 = \Delta_0 + \frac{T_0}{2} = 0.10 + \frac{0.12}{2} = 0.16(\text{mm})$$

$$EI_0 = \Delta_0 - \frac{T_0}{2} = 0.10 - \frac{0.12}{2} = 0.04(\text{mm})$$

所以有 $A_0 = 10^{+0.16}_{+0.04}$ mm

由上面的计算可以看出一样的组成环精度，采用概率法计算出的封闭环精度高于完全互换法。

例5 试用概率法求解例2。

解：

$$T_0 = a_{av}\sqrt{\sum_{i=1}^{m} i_i^2} = a_{av}\sqrt{\sum_{i=1}^{m}\left(0.45\sqrt[3]{A_i} + 0.001A_i\right)^2}$$

所以有 $a_{av} = \dfrac{750}{\sqrt{2.2^2+1.7^2+0.77^2+2.47^2+0.77^2}} = \dfrac{750}{\sqrt{15.06}} = 193.3$

查第2章标准公差计算式表2.2，$a_{av}=193.3$ 相当于公差等级为IT12～IT13级。

根据各环尺寸 $A_1=101$ mm，$A_2=50$ mm，$A_3=A_5=5$ mm，$A_4=140$ mm，查标准公差表得：$T_1=0.54$ mm、$T_2=0.39$ mm、$T_3=T_5=0.12$ mm。A_4 为轴段长度，易于加工测量，以它为协调环，则

$$T_4 = \sqrt{0.75^2 - 0.54^2 - 0.39^2 - 0.12^2 - 0.12^2} = 0.30(\text{mm})$$

查表2.4取 $T_4=0.25$ mm（IT11级）。

根据向体内原则，确定各组成环的极限偏差

$$A_1 = 101^{+0.54}_{\ \ 0}\ \text{mm},\quad A_2 = 50^{+0.39}_{\ \ 0}\ \text{mm},\quad A_3 = A_5 = 5^{\ \ 0}_{-0.12}\ \text{mm}$$

由公式（12.5）

$$\Delta_0 = \sum_{i=1}^{m} \Delta_i - \sum_{j=m+1}^{n} \Delta_j = (\Delta_1 + \Delta_2) - (\Delta_3 + \Delta_4 + \Delta_5)$$

$$\Delta_4 = (0.27 + 0.195) - [(-0.06) + (-0.06) + 0.375] = 0.21(\text{mm})$$

所以有

$$ES_4 = \Delta_4 + \frac{T_4}{2} = 0.21 + \frac{0.25}{2} = 0.335\ (\text{mm})$$

$$EI_4 = \Delta_4 - \frac{T_4}{2} = 0.21 - \frac{0.25}{2} = 0.085\ (\text{mm})$$

故 $A_4 = 140^{+0.335}_{+0.085}$ mm

由本例可以看出在封闭环等精度的情况下，采用概率法计算获得的组成环的公差值要大一些，使加工比较经济。

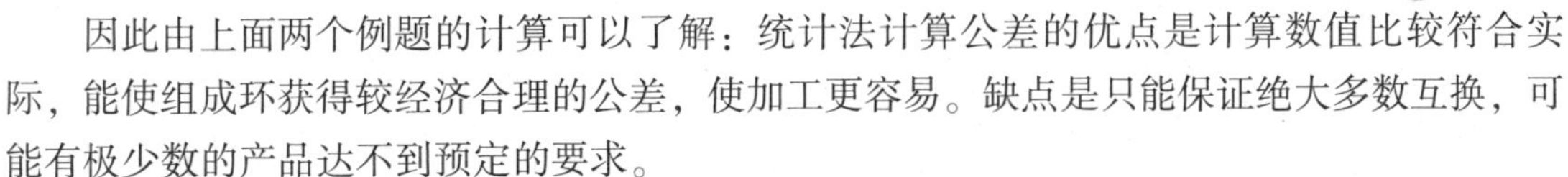

因此由上面两个例题的计算可以了解：统计法计算公差的优点是计算数值比较符合实际，能使组成环获得较经济合理的公差，使加工更容易。缺点是只能保证绝大多数互换，可能有极少数的产品达不到预定的要求。

在某些情况下，当装配精度要求很高，应用上述方法难以达到或不经济时，还可以采用其他方法，如分组互换法、修配补偿法和调整补偿法等，这些方法的计算本书未列入，需要时，可参阅 GB 5847—1986《尺寸链的计算方法》。

习　题

1. 何谓尺寸链？它有什么特点？

2. 尺寸链是由哪些环组成的？如何区分？

3. 能不能说，在尺寸链中只有一个未知尺寸时，该尺寸一定是封闭环？

4. 图 12.11 所示的尺寸链中，A_0 为封闭环，试分析个组成环中，哪些是增环，哪些是减环？

5. 正计算、反计算和中间计算的特点和应用场合是什么？

6. 反计算中各组成环公差是否能任意给定，为什么？

7. 解尺寸链的基本方法有几种？极值法和概率法解尺寸链的根本区别是什么？各应用在什么场合？

8. 某套筒零件的尺寸标注如图 12.12 所示，试计算其壁厚尺寸。已知加工顺序为先车外圆至 $A_1=\phi60_{-0.04}^{-0.02}$ mm，其次镗内孔至 $A_2=\phi50_{0}^{+0.04}$ mm，内孔和外圆的同轴度允差为±0.02 mm。

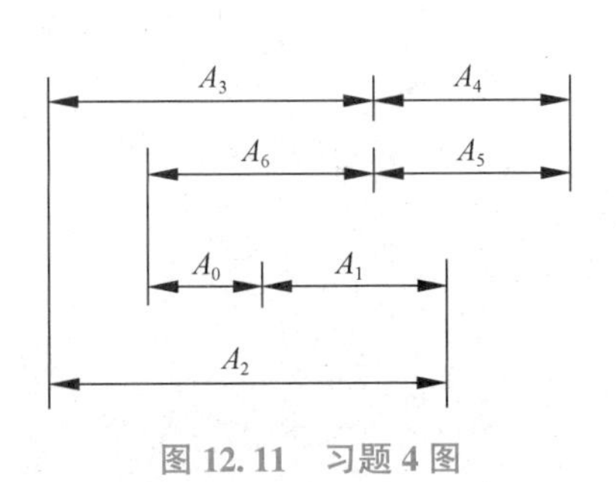

图 12.11　习题 4 图

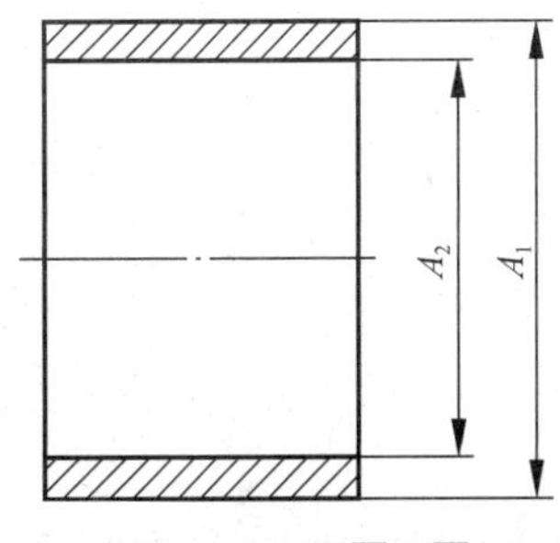

图 12.12　习题 8 图

9. 图 12.13 所示小轴的部分工艺过程为：车外圆 $A_1=\phi70.5_{-0.10}^{0}$ mm，铣键槽 A_2，磨外圆 $A_3=\phi70_{-0.06}^{0}$ mm，要求磨完外圆后保持键槽深度 $A_0=\phi62_{-0.30}^{0}$ mm，试分别采用完全互换法、概率法计算 A_2。

10. 如图 12.14 所示，一链轮传动机构，要求链轮与轴承端面之间保持间隙 $A_0=0.5$～0.90 mm 之间，试分别采用完全互换法、概率法计算有关尺寸和偏差。

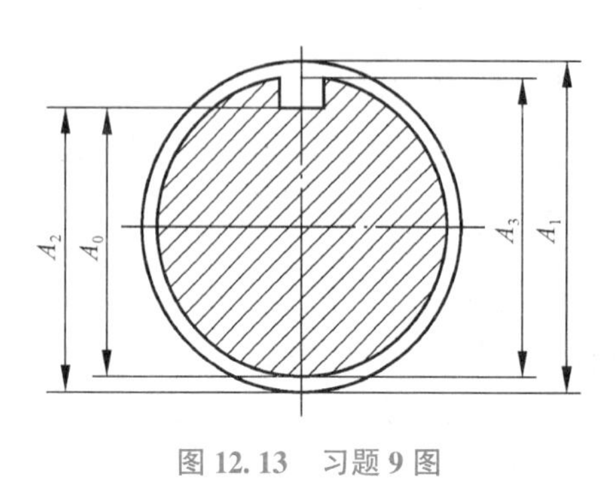

图 12.13　习题 9 图

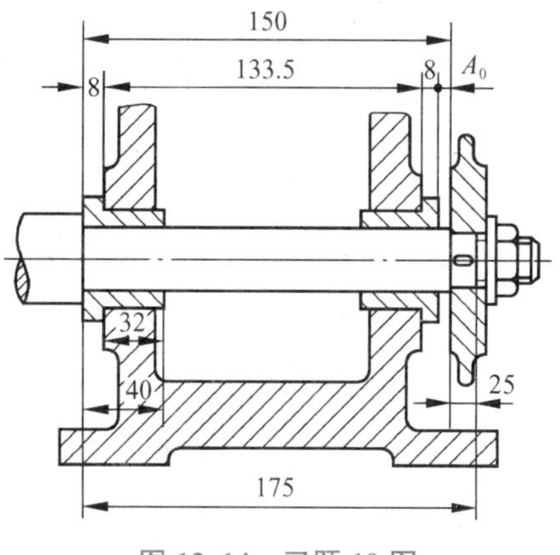

图 12.14　习题 10 图

【学习评价】

评　价　项　目		分值	自评分
知识目标	了解尺寸链的概念、组成、特点及实际应用中的作用	20	
	掌握尺寸链的建立、分析、计算的主要方法	20	
	掌握用完全互换法、不完全互换法和其他方法解算尺寸链的特点及适用场合	20	
能力目标	会用一种方法解算尺寸链	20	
素养目标	鼓励学生构建合理科学的课程体系，善于归纳，勤于思考，巧于总结	20	

参 考 文 献

[1] 刘庚寅. 公差测量基础与应用 [M]. 北京：机械工业出版社，1996.
[2] 翟轰. 测量技术 [M]. 南京：东南大学出版社，1999.
[3] 薛彦成. 公差配合与技术测量 [M]. 北京：机械工业出版社，1999.
[4] 何镜明. 公差配合实用指南 [M]. 北京：机械工业出版社，1991.
[5] 王伯平. 互换性与测量技术基础 [M]. 北京：机械工业出版社，2000.
[6] 刘品，刘丽华. 互换性与测量技术基础 [M]. 哈尔滨工业大学出版社，2001.
[7] 甘永立. 几何量公差与检测 [M]. 上海：上海科学技术出版社，1987.
[8] 何镜明. 互换性与测量技术基础 [M]. 北京：国防工业出版社，1990.
[9] 徐茂功. 公差配合与技术测量 [M]. 北京：机械工业出版社，1995.
[10] 李洪，曲中谦. 实用轴承手册 [M]. 沈阳：辽宁科学技术出版社，2001.
[11] 刘越. 公差配合与技术测量 [M]. 北京：化学工业出版社，2004.
[12] 吕永智. 公差配合与技术测量 [M]. 北京：机械工业出版社，2003.
[13] 韩进宏. 公差配合与技术测量 [M]. 北京：机械工业出版社，2004.
[14] 汪恺. 机械工业基础标准应用手册 [M]. 北京：机械工业出版社，2001.
[15] GB/T 131—2006 产品几何技术规范（GPS）技术产品文件中表面结构的表示法 [S].
[16] GB/T 1800—2009 产品几何技术规范（GPS）极限与配合 [S].
[17] GB 307. 3—2005 滚动轴承、通用技术规则 [S].
[18] GB 10095—2008 圆柱齿轮精度制 [S].
[19] GB/T 5847—2004 尺寸链、计算方法 [S].
[20] 朱超. 互换性与零件几何量检测 [M]. 北京：清华大学出版社，2009.
[21] 方昆凡. 公差与配合实用手册 [M]. 北京：机械工业出版社，2006.
[22] 王宇平. 公差配合与几何精度检测 [M]. 北京：人民邮电出版社，2007.
[23] GB/Z 18620—2008 圆柱齿轮检验实施规范 [S].
[24] 胡照海. 公差配合与测量技术. 北京：人民邮电出版社，2006.